人工智能数学基础

廖盛斌 ◎ 编著

電子工業出版社
Publishing House of Electronics Industry
北京•BEIJING

内 容 简 介

本书分为7章，其内容包括代数学和分析学的基础概念、微积分的基础概念、矩阵与线性变换、矩阵分解、最优化理论与算法、概率模型和信息论的基础概念。本书强调数学概念，并采用图形化的方式对其进行解释，以利于读者理解，同时，本书给出了数学知识在机器学习和人工智能领域的具体应用，将数学知识和工程实践有机结合，以使读者能对数学知识有更深层次的理解。

本书可供高等院校计算机科学与技术、数据科学、人工智能、网络通信、控制、运筹与优化、应用数学等专业大学教师、高年级本科生和研究生阅读，也可供相关领域的工程技术人员与产品开发人员参考。

图书在版编目（CIP）数据

人工智能数学基础 / 廖盛斌编著. —北京：电子工业出版社，2023.9

ISBN 978-7-121-46307-5

Ⅰ. ①人… Ⅱ. ①廖… Ⅲ. ①人工智能—应用数学 Ⅳ. ①TP18②O29

中国国家版本馆 CIP 数据核字（2023）第 172958 号

责任编辑：米俊萍　　　　特约编辑：田学清
印　　刷：北京捷迅佳彩印刷有限公司
装　　订：北京捷迅佳彩印刷有限公司
出版发行：电子工业出版社
　　　　　北京市海淀区万寿路 173 信箱　　邮编：100036
开　　本：787×1092　1/16　印张：15　　字数：318 千字
版　　次：2023 年 9 月第 1 版
印　　次：2024 年 10 月第 5 次印刷
定　　价：78.00 元

凡所购买电子工业出版社图书有缺损问题，请向购买书店调换。若书店售缺，请与本社发行部联系，联系及邮购电话：（010）88254888，88258888。

质量投诉请发邮件至 zlts@phei.com.cn，盗版侵权举报请发邮件至 dbqq@phei.com.cn。

本书咨询联系方式：mijp@phei.com.cn。

前言

机器学习与人工智能在过去的十多年中得到了飞速发展。特别是 ChatGPT 等深度学习模型的崛起和应用，使得各行各业都开始高度关注机器学习与人工智能，这也驱动越来越多的人投入机器学习与人工智能领域的学习中。由于机器学习与人工智能的理论学习离不开数学知识，因此人们想要理解机器学习与人工智能算法的底层逻辑也离不开数学知识。

本书所有数学知识经过系统梳理，自成一个体系，覆盖了学习机器学习与人工智能所需的基础数学知识。本书的目标是为机器学习与人工智能相关专业的学生或从业者及学习相关技术知识的工程技术人员或爱好者打下坚实的数学基础。

第 1 章介绍了代数学和分析学的基础概念相关知识，其内容包括向量与范数、矩阵的定义及其基本运算、行列式、函数的极限与连续性。本章突出数学概念的重要性，并采用图形化的方式对数学概念进行解释，给出了这些概念在机器学习与人工智能中的应用要点。第 2 章介绍了微积分的基础概念相关知识，其内容包括导数、微分、积分、常微分方程。第 3 章介绍了矩阵与线性变换的相关知识，其内容包括矩阵秩的概述、向量组的线性相关性、特征值与特征向量、线性空间、线性变换、内积空间。第 4 章介绍了矩阵分解的相关知识，其内容包括矩阵的 LU 分解、矩阵的 QR 分解、矩阵的特征值分解、矩阵的奇异值分解，并结合案例给出相关知识点的具体应用。第 5 章介绍了最优化理论与算法的相关知识，其内容包括凸集与凸函数、最优化问题与求解算法的一般形式、最优性条件、梯度下降法、牛顿法、优化算法在机器学习中的应用。第 6 章介绍了概率模型的相关知识，其内容包括随机变量及其分布、随机变量的数字特征、极限理论、机器学习中的参数估计，本章也采用图形化的方式对相关概念进行解释，并结合案例给出相关知识点的具体应用。第 7 章介绍了信息论的基础概念相关知识，其内容包括熵、交叉熵与损失函数、KL 散度，并结合案例给出相关知识点的具体应用。

本书内容丰富，结构合理，采用图形化的方式对数学概念进行解释，通俗易懂。在介绍相关知识点后，本书从机器学习与人工智能应用的视角，给出了相关知识点的应用要点与应用方法，同时结合一些具体案例，给出了相关知识点在机器学习与人工智能中的典型应用，以帮助读者提高从数学理论到工程实践的行动能力。

本书部分工作和出版得到了国家自然科学基金(No. 61072051)和国家重点研发计划(No. 2021YFC3340802)的资助，编著者在此表示感谢！

编著者衷心感谢硕士期间的导师马知恩教授和博士期间的导师杨宗凯教授，因为他们在学习和工作中给予了我很多的鼓励和帮助。感谢国家数字化学习工程技术研究中心和教育大数据应用技术国家工程实验室的领导和同事在本书撰写过程中给予的大力支持。感谢本书的责任编辑米俊萍，她对本书的稿件进行了认真、细致的编辑校对，提出了许多修改意见，为本书的出版做了大量耐心的工作。感谢我的同学、朋友和家人，因为他们以不同的形式给予了我很多理解、宽容和帮助。

由于编著者水平有限，本书内容难免存在不妥之处，欢迎读者批评指正。

廖盛斌

2023 年 3 月 8 日

目录

第 1 章　代数学和分析学的基础概念

1.1　人工智能需要数学的原因

人工智能是一个典型的多学科交叉领域。自从 1950 年图灵提出图灵测试和 1956 年学者在达特茅斯会议上提出人工智能的概念以来，人工智能一直备受关注。机器学习是目前人工智能研究的主流范式之一。狭义的人工智能是指利用计算机模拟人的思维以发现事物之间的规律，并对未来做出预测或者智能化处理。从数学的维度来说，人工智能是指学习表示一个函数空间或者参数空间的最优化问题，可见人工智能与数学在方法论上具有一致性[1]。

人工智能是从数学基础研究中发展起来的。著名数学家希尔伯特在 1900 年巴黎国际数学家大会上提出的 23 个著名数学问题中，第 2 个问题和第 10 个问题就与人工智能密切相关。以数学基础为导向，首先弄清楚人类认识与机器认识共同遵循的数学原理，然后通过强有力的数学手段实现通用人工智能，这是一种新的人工智能研究范式和研究路径[2]。同时，数学是用于各种学科的语言与建模工具，其中的知识蕴含着处理智能问题的基本思想与方法，并且它是理解机器学习复杂问题和设计复杂问题求解算法的必备要素。

因此，无论是深入理解人工智能算法背后的理论，还是在算法上理解模型代码及在工程上构建应用系统，数学都对其有着极其重要的意义。因此，人工智能需要数学。人们要学习人工智能，首先要掌握必要的数学知识。本章将对代数学和分析学的基础概念进行介绍。

1.2　向量与范数

1.2.1　向量和线性空间

向量是由一组实数构成的有序数组，是同时具有大小和方向的量。向量一般用黑斜体小写英文字母（如 $\boldsymbol{x}$、$\boldsymbol{y}$、$\boldsymbol{z}$）或小写希腊字母（如 $\boldsymbol{\alpha}$、$\boldsymbol{\beta}$、$\boldsymbol{\gamma}$ 等）来表示。一个 n 维向量

$\boldsymbol{x}$ 由 n 个有序实数构成，其表示如下所示。

$$\boldsymbol{x}=\begin{pmatrix} x_1 \\ x_2 \\ \vdots \\ x_n \end{pmatrix} \quad \text{或} \quad \boldsymbol{x}^{\mathrm{T}}=(x_1, x_2, \cdots, x_n)$$

其中，$\boldsymbol{x}^{\mathrm{T}}$ 是向量 $\boldsymbol{x}$ 的转置。

线性空间又称为向量空间。若 $\mathcal{V}$ 是一个非空的向量集合，在其上定义了加法和数乘两种运算，且集合 $\mathcal{V}$ 对于向量的加法运算和数乘运算满足

$$\forall\ \boldsymbol{a}\in\mathcal{V},\ \boldsymbol{b}\in\mathcal{V},\ \boldsymbol{a}+\boldsymbol{b}\in\mathcal{V}$$

$$\forall\ \boldsymbol{a}\in\mathcal{V},\ c\in\mathbf{R},\ c\cdot\boldsymbol{a}\in\mathcal{V}$$

时，则称 $\mathcal{V}$ 是线性空间，其中，向量的加法和向量的数乘称为向量的线性运算。

1.2.2 向量的内积

两个向量的内积也称为两个向量的点乘，它是这两个向量对应分量相乘之后求和的结果。向量的内积是一个标量。向量 $\boldsymbol{x}=(x_1, x_2, \cdots, x_n)^{\mathrm{T}}$ 和向量 $\boldsymbol{y}=(y_1, y_2, \cdots, y_n)^{\mathrm{T}}$ 的内积公式是

$$\boldsymbol{x}\cdot\boldsymbol{y}=\boldsymbol{x}^{\mathrm{T}}\boldsymbol{y}=\sum_{i=1}^{n}x_i y_i$$

定义了线性运算和内积的 $\mathbf{R}^n$ 称为欧氏空间。欧氏空间的详细定义会在后续章节给出。欧氏空间是一种常用的线性空间，欧氏空间中向量的加法和数乘定义是

$$\begin{pmatrix} x_1 \\ x_2 \\ \vdots \\ x_n \end{pmatrix}+\begin{pmatrix} y_1 \\ y_2 \\ \vdots \\ y_n \end{pmatrix}=\begin{pmatrix} x_1+y_1 \\ x_2+y_2 \\ \vdots \\ x_n+y_n \end{pmatrix}$$

$$c\cdot\begin{pmatrix} x_1 \\ x_2 \\ \vdots \\ x_n \end{pmatrix}=\begin{pmatrix} cx_1 \\ cx_2 \\ \vdots \\ cx_n \end{pmatrix}$$

其中，x_i、y_i、$c\in\mathbf{R}$ 是标量。

向量 $\boldsymbol{x}$ 的大小为它内积的平方根，即 $\sqrt{\boldsymbol{x}\cdot\boldsymbol{x}}$，记为 $|\boldsymbol{x}|$，也称为向量的模。向量内积满足定理 1.1（柯西-施瓦茨不等式）。

定理 1.1　向量的内积满足

$$|\boldsymbol{x}\cdot\boldsymbol{y}|\leqslant|\boldsymbol{x}||\boldsymbol{y}| \tag{1.1}$$

证明： 当 $\boldsymbol{y}=\boldsymbol{0}$ 时，式（1.1）显然成立。假设 $\boldsymbol{y}\neq\boldsymbol{0}$，令

$$\varphi=\boldsymbol{x}-\frac{\boldsymbol{x}\cdot\boldsymbol{y}}{|\boldsymbol{y}|^2}\boldsymbol{y}$$

则有

$$\varphi\cdot\boldsymbol{y}=\boldsymbol{x}\cdot\boldsymbol{y}-\frac{\boldsymbol{x}\cdot\boldsymbol{y}}{|\boldsymbol{y}|^2}\boldsymbol{y}\cdot\boldsymbol{y}=\boldsymbol{x}\cdot\boldsymbol{y}-\boldsymbol{x}\cdot\boldsymbol{y}=0$$

又因为

$$0\leqslant\varphi\cdot\varphi=\varphi\cdot\left(\boldsymbol{x}-\frac{\boldsymbol{x}\cdot\boldsymbol{y}}{|\boldsymbol{y}|^2}\boldsymbol{y}\right)=\varphi\cdot\boldsymbol{x}-\frac{\boldsymbol{x}\cdot\boldsymbol{y}}{|\boldsymbol{y}|^2}\varphi\cdot\boldsymbol{y}=\varphi\cdot\boldsymbol{x}$$

$$=\left(\boldsymbol{x}-\frac{\boldsymbol{x}\cdot\boldsymbol{y}}{|\boldsymbol{y}|^2}\boldsymbol{y}\right)\cdot\boldsymbol{x}=\boldsymbol{x}\cdot\boldsymbol{x}-\frac{(\boldsymbol{x}\cdot\boldsymbol{y})^2}{|\boldsymbol{y}|^2}=|\boldsymbol{x}|^2-\frac{(\boldsymbol{x}\cdot\boldsymbol{y})^2}{|\boldsymbol{y}|^2}$$

等式两边开方有

$$|\boldsymbol{x}\cdot\boldsymbol{y}|\leqslant|\boldsymbol{x}||\boldsymbol{y}|$$

若两个向量的内积等于零，则称它们正交。若线性空间 $\mathcal{V}$ 的一个向量 $\boldsymbol{v}\in\mathcal{V}$ 与 $\mathcal{V}$ 的子空间 $\mathcal{W}$（$\mathcal{W}\subset\mathcal{V}$）中的任意向量 $\boldsymbol{w}$ 正交，即对于 $\forall\boldsymbol{w}\in\mathcal{W}$，有 $\boldsymbol{v}\cdot\boldsymbol{w}=0$，则称向量 $\boldsymbol{v}$ 与子空间 $\mathcal{W}$ 正交。两个向量正交可以理解为它们之间的夹角为 90°，任意两个向量 $\boldsymbol{x}$ 和 $\boldsymbol{y}$ 之间的夹角可以用余弦定理来表示，即

$$\cos\theta=\frac{\boldsymbol{x}\cdot\boldsymbol{y}}{|\boldsymbol{x}||\boldsymbol{y}|} \tag{1.2}$$

应用要点： 在机器学习与人工智能的应用中，经常需要评估不同样本（将样本表示为向量）之间的相似性度量。式（1.2）就是一种常用的相似性度量，称为余弦相似度。余弦相似度的取值范围为-1～1，值越大说明两个向量越相似，值越小说明两个向量越不相似。

1.2.3　向量的外积

两个向量 $\boldsymbol{x}$ 和 $\boldsymbol{y}$ 的外积（也称为叉积）是一个向量，记为 $\boldsymbol{x}\times\boldsymbol{y}$，它的大小是

$$|\boldsymbol{x}\times\boldsymbol{y}|=|\boldsymbol{x}||\boldsymbol{y}|\sin\theta \tag{1.3}$$

式中，θ 是向量 $\boldsymbol{x}$ 和 $\boldsymbol{y}$ 的夹角，$\boldsymbol{x}\times\boldsymbol{y}$ 的方向与 $\boldsymbol{x}$ 和 $\boldsymbol{y}$ 构成的平面垂直，并且按 $\boldsymbol{x}$、$\boldsymbol{y}$、$\boldsymbol{x}\times\boldsymbol{y}$ 的顺序遵守右手定则[①]，如图 1.1 所示。

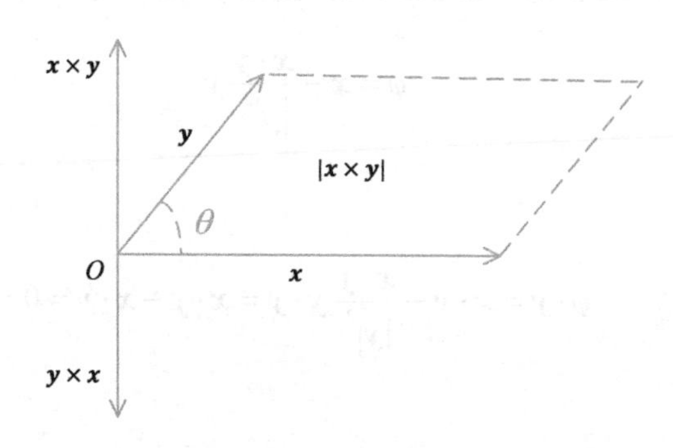

图 1.1　向量的外积

根据图 1.1 和式（1.3）可以看出，向量 $\boldsymbol{x}\times\boldsymbol{y}$ 的大小等于向量 $\boldsymbol{x}$ 和 $\boldsymbol{y}$ 构成的平行四边形的面积。

应用要点：向量的外积经常用来计算平面的法向量。与平面内任意向量都垂直的向量称为该平面的法向量。根据向量外积的定义可知，两个向量 $\boldsymbol{x}$ 和 $\boldsymbol{y}$ 的外积 $\boldsymbol{x}\times\boldsymbol{y}$ 是它们构成平面的法向量[②]。

1.2.4　向量的范数

范数是用来度量线性空间中向量长度或大小的数学概念。若 $\|\cdot\|$ 是线性空间 $\mathcal{V}$ 上的非负函数，且满足

$$\text{非负性：}\forall \boldsymbol{v}\in\mathcal{V},\ \|\boldsymbol{v}\|\geqslant 0\ ;\ \|\boldsymbol{v}\|=0\Leftrightarrow \boldsymbol{v}=\boldsymbol{0}$$

$$\text{齐次性：}\forall \boldsymbol{v}\in\mathcal{V},\ c\in\mathbf{R},\ \|c\boldsymbol{v}\|=|c|\,\|\boldsymbol{v}\|$$

$$\text{三角不等式：}\forall \boldsymbol{u}、\boldsymbol{v}\in\mathcal{V},\ \|\boldsymbol{u}+\boldsymbol{v}\|\leqslant\|\boldsymbol{u}\|+\|\boldsymbol{v}\|$$

则 $\|\cdot\|$ 称为线性空间 $\mathcal{V}$ 上的范数。对于一个 n 维向量 $\boldsymbol{v}$，它的常用范数是 p-范数，即

$$\|\boldsymbol{v}\|_p=\left(|v_1|^p+|v_2|^p+\cdots+|v_n|^p\right)^{\frac{1}{p}}$$

其中，$p\geqslant 0$ 是一个标量参数，$p=1$ 称为 1-范数，$p=2$ 称为 2-范数，$p=\infty$ 称为 ∞-范数。

① 右手定则是指当人右手的四指从 $\boldsymbol{x}$ 以不超过 180° 的转角转向 $\boldsymbol{y}$ 时，竖起大拇指的指向为 $\boldsymbol{x}\times\boldsymbol{y}$ 的方向。

② 平面的法向量不唯一。

（1）1-范数。向量 $\boldsymbol{v}$ 各个元素的绝对值之和是

$$\|\boldsymbol{v}\|_1 = |v_1| + |v_2| + \cdots + |v_n|$$

（2）2-范数。向量 $\boldsymbol{v}$ 各个元素平方和的平方根是

$$\|\boldsymbol{v}\|_2 = \left(|v_1|^2 + |v_2|^2 + \cdots + |v_n|^2\right)^{\frac{1}{2}}$$

（3）∞-范数。向量 $\boldsymbol{v}$ 各个元素的最大绝对值是

$$\|\boldsymbol{v}\|_\infty = \max\left\{|v_1|, |v_2|, \cdots, |v_n|\right\}$$

应用要点： 机器学习中的常用方法是监督机器学习，即定义模型和损失函数后，模型在训练过程中通过最小化损失函数来确定其参数。但是这种方法因为模型参数过多，会导致模型复杂度上升，容易导致过拟合，即在模型训练过程中，模型的训练误差很小，但是在实际测试和应用中，其训练误差较大，或者说模型的泛化性能较差。而模型训练的最终目标不是其训练误差较小，而是其测试误差较小（或泛化性能较好）。在所有可能选择的模型中，人们应该选择能够很好地拟合训练样本并且简单的模型。“简单的模型”可以理解为在能够很好地拟合或解释训练样本的所有模型中，参数较少的模型。于是机器学习的目标是在保证模型“简单”的基础上其测试误差最小，这样得到的参数才具良好的泛化性能。通过模型参数的 1-范数和 2-范数来构建正则化项是实现简单模型的常用方法。

模型“简单”常常通过正则化来实现。正则化的使用可以约束人们选择模型的特征。这样人们可以将先验知识融入模型中，以使学习到的模型具有人们期望的特征，如稀疏。在损失函数后添加 1-范数和 2-范数是实现正则化的常用方法。若损失函数是 $L\left(y_i, f\left(x_i;\boldsymbol{\omega}\right)\right)$，其中 $\left(x_i, y_i\right)$ 是第 i 个训练样本，$\boldsymbol{\omega}$ 是模型参数，则 1-范数和 2-范数正则化模型中的目标函数是

$$\min_{\boldsymbol{\omega}} \sum_i L\left(y_i, f\left(x_i;\boldsymbol{\omega}\right)\right) + \lambda\|\boldsymbol{\omega}\|_1 \tag{1.4}$$

$$\min_{\boldsymbol{\omega}} \sum_i L\left(y_i, f\left(x_i;\boldsymbol{\omega}\right)\right) + \lambda\|\boldsymbol{\omega}\|_2 \tag{1.5}$$

上述模型中的目标函数由损失函数和正则化项（1-范数或 2-范数）构成，λ 是大于零的正则化因子（从最优化理论的角度也可以理解为惩罚因子）。在损失函数中添加正则化项后，训练的模型可能会具有人们期望的特征。为了更好地理解 1-范数和 2-范数正则化给模型

带来的影响及区别，我们可将式（1.4）和式（1.5）图形化，如图 1.2 所示。图 1.2（a）所示为 1-范数正则化模型，该图中的圆圈表示损失函数的等高线，矩形表示 1-范数。图 1.2（b）所示为 2-范数正则化模型，该图中上面的圆圈表示损失函数的等高线，下面的圆圈表示 2-范数。

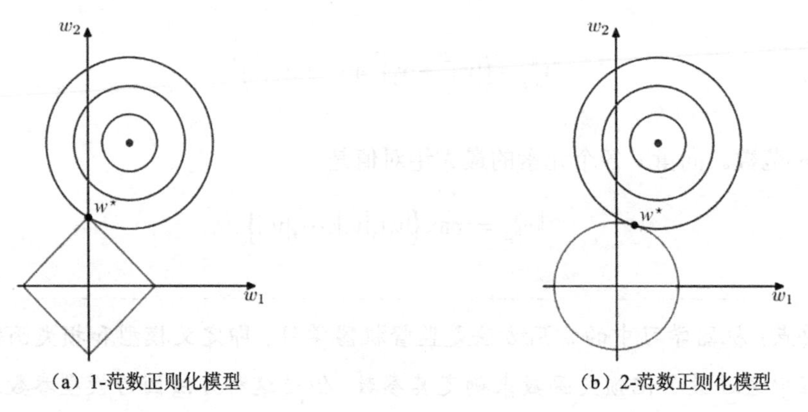

图 1.2　范数正则化比较

由图 1.2（a）可知，要求解式（1.4）的最优解 $\boldsymbol{\omega}^*$，损失函数的等高线要与表示 1-范数的矩形相切，其相切的点有可能落在坐标轴上，因此其只有一个坐标分量不为零，其他坐标分量为零，即 1-范数正则化模型获得的最优解 $\boldsymbol{\omega}^*$ 是稀疏的。这里“稀疏”可以理解为最优解 $\boldsymbol{\omega}^*$ 中的大多数参数都是零向量，只有少量的参数是非零向量，这说明通过机器学习得到的模型是“简单”的。在实际的机器学习问题中，1-范数正则化使得一些模型参数为零向量，忽略了一些无关的或次要的特征，提高了学习到的模型的泛化性能。

由图 1.2（b）可知，要求解式（1.5）的最优解 $\boldsymbol{\omega}^*$，损失函数的等高线要与表示 2-范数的圆圈相切，其相切的点有很大可能不落在坐标轴上。而要使得目标函数最小化会导致在显著减小损失函数（目标函数的第一项）方向上的参数被相对完整的保留，而无助于损失函数减小方向上的参数在模型训练过程中会逐渐衰减趋向零向量。因此，1-范数正则化与 2-范数正则化的区别是，1-范数正则化使得模型参数很多变为零向量，而 2-范数正则化使得很多模型参数大小变得越来越小，趋向于零向量，即 2-范数正则化通过抑制一些模型参数，使得这些参数大小很小，从而让这些参数对应的特征发挥较小的影响，来达到避免过拟合的目的。由于 PCA（Principal Component Analysis，主成分分析）方法[3]的思路是剔除了一些对拟合贡献较小的特征，而 2-范数正则化只是将部分无关特征权值缩放至零附近，因此 2-范数正则化也常被称为 Soft-PCA。若读者要从理论角度深入理解 2-范数正则化能避免过拟合的原因，则需要借助矩阵分析的知识，具体内容见文献[4]。

1.3　矩阵的定义及其基本运算

1.3.1　矩阵的定义

由 $m \times n$ 个数 a_{ij}（$i=1,2,\cdots,m$; $j=1,2,\cdots,n$）排成的数表

$$\begin{bmatrix} a_{11} & a_{12} & \cdots & a_{1n} \\ a_{21} & a_{22} & \cdots & a_{2n} \\ \vdots & \vdots & & \vdots \\ a_{m1} & a_{m2} & \cdots & a_{mn} \end{bmatrix}$$

称为 m 行 n 列矩阵，简称 $m \times n$ 矩阵，简记为 $\boldsymbol{A}=\left[a_{ij}\right]_{m\times n}$、$\boldsymbol{A}=\left[a_{ij}\right]$、$\boldsymbol{A}_{m\times n}$ 或 $\boldsymbol{A}_{mn}$，数 a_{ij} 称为矩阵 $\boldsymbol{A}$ 的第 i 行第 j 列元素。行数和列数相等的矩阵 $\boldsymbol{A}$ 称为 n 阶方阵。n 阶方阵中的元素 a_{11}、a_{22}、…、a_{nn} 称为 $\boldsymbol{A}$ 的主对角元素。主对角元素全是 1，其余元素全是 0 的方阵称为单位矩阵，记为 $\boldsymbol{I}$ 或 $\boldsymbol{I}_n$。

除主对角元素外，其余元素都是 0 的方阵称为对角矩阵，记为 $\mathrm{diag}(a_1,a_2,\cdots,a_n)$，其中 a_1、a_2、…、a_n 是主对角线上元素。所有元素都是 0 的矩阵称为零矩阵，记为 $\boldsymbol{O}$。

设矩阵 $\boldsymbol{A}=\left[a_{ij}\right]$ 和矩阵 $\boldsymbol{B}=\left[b_{ij}\right]$ 都是 $m \times n$ 矩阵，若它们对应的元素也相等，即

$$a_{ij}=b_{ij}，\ i=1,2,\cdots,m;\ j=1,2,\cdots,n$$

则称矩阵 $\boldsymbol{A}$ 与矩阵 $\boldsymbol{B}$ 相等，记为 $\boldsymbol{A}=\boldsymbol{B}$。

1.3.2　矩阵的基本运算

（1）矩阵的加法运算。当两个矩阵相加时，它们的行数和列数必须相等。设矩阵 $\boldsymbol{A}=\left[a_{ij}\right]$ 和矩阵 $\boldsymbol{B}=\left[b_{ij}\right]$ 都是 $m \times n$ 矩阵，它们相加后还是 $m \times n$ 矩阵，第 i 行第 j 列对应的元素是 $a_{ij}+b_{ij}$，即

$$\boldsymbol{C}_{m\times n}=\boldsymbol{A}_{m\times n}+\boldsymbol{B}_{m\times n}=\left[a_{ij}\right]_{m\times n}+\left[b_{ij}\right]_{m\times n}=\left[a_{ij}+b_{ij}\right]_{m\times n}$$

（2）矩阵的数乘运算。矩阵的数乘运算是指将一个数与一个矩阵相乘，即这个数与矩阵的每个元素相乘。若 k 是一个数，$\boldsymbol{A}=\left[a_{ij}\right]$ 是 $m \times n$ 矩阵，则数 k 与矩阵 $\boldsymbol{A}$ 的数乘定义是

$$k\boldsymbol{A}=k\left[a_{ij}\right]=\left[ka_{ij}\right]，\ i=1,2,\cdots,m;\ j=1,2,\cdots,n$$

（3）矩阵的乘法运算。矩阵的乘法运算是指当两个矩阵相乘时，用左边矩阵的行乘以右边矩阵的列得到新矩阵的元素。因此，矩阵 $\boldsymbol{A}$ 乘以矩阵 $\boldsymbol{B}$，要求矩阵 $\boldsymbol{A}$ 的列数等于矩阵 $\boldsymbol{B}$ 的行数，否则两个矩阵不能进行乘法运算。设矩阵 $\boldsymbol{A}=\left[a_{ij}\right]$ 是 $m \times q$ 矩阵，矩阵 $\boldsymbol{B}=\left[b_{ij}\right]$

是 $q\times n$ 矩阵，定义矩阵 $\boldsymbol{A}$ 与矩阵 $\boldsymbol{B}$ 的乘积是一个 $m\times n$ 矩阵 $\boldsymbol{C}_{m\times n}$，其中矩阵 $\boldsymbol{C}_{m\times n}$ 的第 i 行第 j 列元素是

$$c_{ij}=\sum_{k=1}^{q}a_{ik}b_{kj}\quad(i=1,2,\cdots,m;\ j=1,2,\cdots,n)\tag{1.6}$$

矩阵的乘法运算可以简记为 $\boldsymbol{C}=\boldsymbol{AB}$。

例 1.1 设矩阵 $\boldsymbol{A}$ 和 $\boldsymbol{B}$ 是

$$\boldsymbol{A}=\begin{bmatrix}-1&4\\1&-1\end{bmatrix},\ \boldsymbol{B}=\begin{bmatrix}1&4\\-3&3\end{bmatrix}$$

计算矩阵乘积 $\boldsymbol{AB}$ 和 $\boldsymbol{BA}$。

解：根据式（1.6），有

$$\boldsymbol{AB}=\begin{bmatrix}-1&4\\1&-1\end{bmatrix}\begin{bmatrix}1&4\\-3&3\end{bmatrix}=\begin{bmatrix}-13&8\\4&1\end{bmatrix}$$

$$\boldsymbol{BA}=\begin{bmatrix}1&4\\-3&3\end{bmatrix}\begin{bmatrix}-1&4\\1&-1\end{bmatrix}=\begin{bmatrix}3&0\\6&-15\end{bmatrix}$$

根据例 1.1 可得，矩阵的乘法运算不满足交换律，即在一般情况下，$\boldsymbol{AB}\neq\boldsymbol{BA}$。根据矩阵的乘法运算可以定义矩阵的幂运算。设矩阵 $\boldsymbol{A}$ 是 n 阶方阵，k 个矩阵 $\boldsymbol{A}$ 相乘称为矩阵 $\boldsymbol{A}$ 的 k 次幂，记为 $\boldsymbol{A}^k$。当 k 等于零时，$\boldsymbol{A}^0$ 记为单位矩阵，即 $\boldsymbol{A}^0=\boldsymbol{I}$。一般来说，$(\boldsymbol{AB})^k\neq\boldsymbol{A}^k\boldsymbol{B}^k$。

（4）矩阵的逐点乘积。矩阵 $\boldsymbol{A}$ 和矩阵 $\boldsymbol{B}$ 对应的元素相乘称为矩阵 $\boldsymbol{A}$ 和矩阵 $\boldsymbol{B}$ 的逐点乘积，记为

$$\boldsymbol{A}\odot\boldsymbol{B}=\left[a_{ij}b_{ij}\right]$$

（5）矩阵的转置运算。矩阵 $\boldsymbol{A}$ 的行换成同序号的列得到的新矩阵称为 $\boldsymbol{A}$ 的转置矩阵，一般记作 $\boldsymbol{A}^{\mathrm{T}}$。若矩阵 $\boldsymbol{A}$ 是

$$\boldsymbol{A}=\begin{bmatrix}-1&0&3\\1&9&6\end{bmatrix}$$

则矩阵 $\boldsymbol{A}$ 的转置是

$$\boldsymbol{A}^{\mathrm{T}}=\begin{bmatrix}-1&1\\0&9\\3&6\end{bmatrix}$$

例 1.2 设矩阵 $\boldsymbol{A}$ 和矩阵 $\boldsymbol{B}$ 是可以相乘的，证明 $(\boldsymbol{AB})^{\mathrm{T}}=\boldsymbol{B}^{\mathrm{T}}\boldsymbol{A}^{\mathrm{T}}$。

证明： 不妨假设矩阵 $\boldsymbol{A}$ 和矩阵 $\boldsymbol{B}$ 分别是 $\boldsymbol{A}=(a_{ij})_{m\times q}$ ，$\boldsymbol{B}=(b_{ij})_{q\times n}$ ，记 $\boldsymbol{C}=(c_{ij})_{m\times n}=\boldsymbol{AB}$ ，则矩阵 $\boldsymbol{C}$ 转置的元素是

$$c_{ji}=\sum_{k=1}^{q}a_{jk}b_{ki}$$

记 $\boldsymbol{D}=(d_{ij})_{n\times m}=\boldsymbol{B}^{\mathrm{T}}\boldsymbol{A}^{\mathrm{T}}$ ，$\boldsymbol{B}^{\mathrm{T}}$ 的第 i 行是矩阵 $\boldsymbol{B}$ 的第 i 列，即 $[b_{1i},b_{2i},\cdots,b_{qi}]$，同样可以得到 $\boldsymbol{A}^{\mathrm{T}}$ 的第 j 列是 $[a_{j1},a_{j2},\cdots,a_{jq}]^{\mathrm{T}}$ ，因此有

$$d_{ij}=\sum_{k=1}^{q}b_{ki}a_{jk}=c_{ji}=\sum_{k=1}^{q}a_{jk}b_{ki}$$

所以有 $\boldsymbol{D}=\boldsymbol{C}^{\mathrm{T}}$ ，从而有 $(\boldsymbol{AB})^{\mathrm{T}}=\boldsymbol{B}^{\mathrm{T}}\boldsymbol{A}^{\mathrm{T}}$ 。

对称矩阵与 Hermite 矩阵。若方阵 $\boldsymbol{A}$ 满足 $\boldsymbol{A}^{\mathrm{T}}=\boldsymbol{A}$，即 $a_{ij}=a_{ji}$ ，则 $\boldsymbol{A}$ 是对称矩阵。当矩阵 A 的元素 a_{ij} 是复数时，用 $\overline{a}_{ij}$ 表示 a_{ij} 的共轭复数，记 $\overline{\boldsymbol{A}}=(\overline{a}_{ij})$，称 $\overline{\boldsymbol{A}}$ 是矩阵 $\boldsymbol{A}$ 的共轭矩阵。满足 $\overline{\boldsymbol{A}^{\mathrm{T}}}=\boldsymbol{A}$ 的复方阵是 Hermite 矩阵，一般记作 $\boldsymbol{A}^{\mathrm{H}}$，它表示矩阵 $\boldsymbol{A}$ 的转置取共轭，即 $\boldsymbol{A}^{\mathrm{H}}=\overline{\boldsymbol{A}^{\mathrm{T}}}$ 。

1.3.3　逆矩阵

假设矩阵 $\boldsymbol{A}$ 是 n 阶方阵，若存在一个 n 阶方阵 $\boldsymbol{B}$，使得

$$\boldsymbol{AB}=\boldsymbol{BA}=\boldsymbol{I}$$

则称矩阵 $\boldsymbol{A}$ 是可逆的，并把矩阵 $\boldsymbol{B}$ 称为矩阵 $\boldsymbol{A}$ 的逆矩阵，记为 $\boldsymbol{A}^{-1}=\boldsymbol{B}$ 。

可逆矩阵的基本性质如下所示。

（1）若矩阵 $\boldsymbol{A}$ 是可逆的，则它的逆矩阵是唯一的。

（2）若矩阵 $\boldsymbol{A}$ 是可逆的，常数 $k\neq 0$，则 $k\boldsymbol{A}$ 可逆，且有

$$(k\boldsymbol{A})^{-1}=\frac{1}{k}\boldsymbol{A}^{-1}$$

（3）若矩阵 $\boldsymbol{A}$ 和矩阵 $\boldsymbol{B}$ 是同阶可逆方阵，则 $\boldsymbol{AB}$ 也可逆，且有

$$(\boldsymbol{AB})^{-1}=\boldsymbol{B}^{-1}\boldsymbol{A}^{-1}$$

（4）若矩阵 $\boldsymbol{A}$ 是可逆的，则 $\boldsymbol{A}^{-1}$ 也可逆，且有

$$(\boldsymbol{A}^{-1})^{-1}=\boldsymbol{A}$$

1.3.4 深入理解矩阵因子的几何意义

任意一个向量 $\boldsymbol{x}$ 或矩阵 $\boldsymbol{A}$ 与另外一个矩阵 $\boldsymbol{B}$ 相乘，它们的本质含义是什么？根据矩阵 $\boldsymbol{B}$ 的类型，有以下几种典型的含义。

为方便可视化，下面以二维或三维向量和矩阵进行说明。如果矩阵 $\boldsymbol{B}$ 是一个对角矩阵，$\boldsymbol{x}$ 是一个三维向量，可以发现两者相乘存在如下关系。

$$\boldsymbol{Bx}=\begin{bmatrix} b_1 & 0 & 0 \\ 0 & b_2 & 0 \\ 0 & 0 & b_3 \end{bmatrix}\begin{pmatrix} x_1 \\ x_2 \\ x_3 \end{pmatrix}=\begin{bmatrix} b_1x_1 \\ b_2x_2 \\ b_3x_3 \end{bmatrix}$$

根据以上关系可知，当矩阵 $\boldsymbol{B}$ 是一个对角矩阵时，矩阵因子起到了对向量坐标进行缩放的作用，并且沿每个坐标轴缩放的尺度刚好等于矩阵对角线上元素的大小。矩阵因子的缩放示意图一如图 1.3 所示。

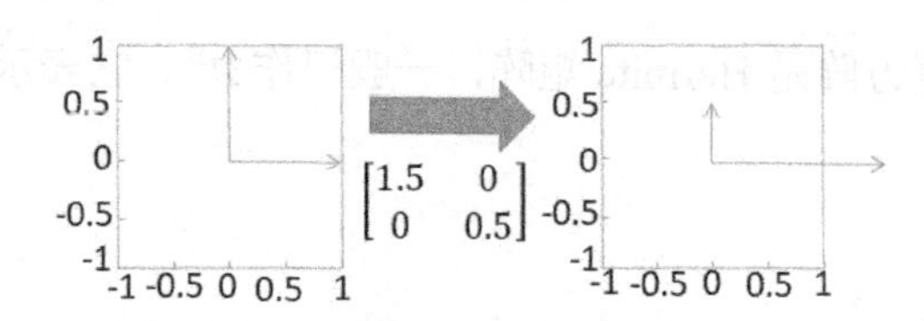

图 1.3 矩阵因子的缩放示意图一

当然，矩阵与矩阵相乘也有类似关系，即

$$\boldsymbol{BA}=\begin{bmatrix} b_1 & 0 \\ 0 & b_2 \end{bmatrix}\begin{bmatrix} a_{11} & a_{12} \\ a_{21} & a_{22} \end{bmatrix}=\begin{bmatrix} b_1a_{11} & b_1a_{12} \\ b_2a_{21} & b_2a_{22} \end{bmatrix}$$

矩阵因子的缩放示意图二如图 1.4 所示。

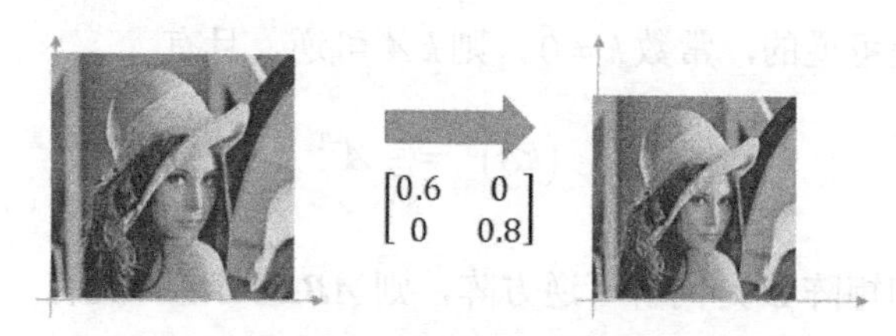

图 1.4 矩阵因子的缩放示意图二

如果矩阵 $\boldsymbol{B}$ 是一个正交矩阵（正交矩阵将在后续章节进行介绍），它与一个向量或矩阵相乘相当于对原来点（或向量）构成的对象进行了旋转，但没有改变原来对象的形状。假设矩阵 $\boldsymbol{B}$ 是如下正交矩阵，点 (p_1,p_2) 经旋转变换之后变为点 (q_1,q_2)，则有

$$\begin{bmatrix} q_1 \\ q_2 \\ 1 \end{bmatrix} = \begin{bmatrix} \cos\theta & -\sin\theta & 0 \\ \sin\theta & \cos\theta & 0 \\ 0 & 0 & 1 \end{bmatrix} \begin{bmatrix} p_1 \\ p_2 \\ 1 \end{bmatrix} = \begin{bmatrix} x\cos\theta - y\sin\theta \\ x\sin\theta + y\cos\theta \\ 1 \end{bmatrix} \tag{1.7}$$

读者可通过图 1.5 所示的矩阵因子的旋转示意图一来理解上述变换，假设点(p_1, p_2)和坐标原点O构成的夹角是α，到坐标原点的距离是r，如果将坐标轴绕原点顺时针旋转θ，这样旋转后的点(q_1, q_2)与新坐标系的夹角是$\alpha+\theta$，于是有

$$q_1 = r\cos(\alpha+\theta) = r\cos\alpha\cos\theta - r\sin\alpha\sin\theta = p_1\cos\theta - p_2\sin\theta$$

$$q_2 = r\sin(\alpha+\theta) = r\sin\alpha\cos\theta + r\cos\alpha\sin\theta = p_1\sin\theta + y\cos\theta$$

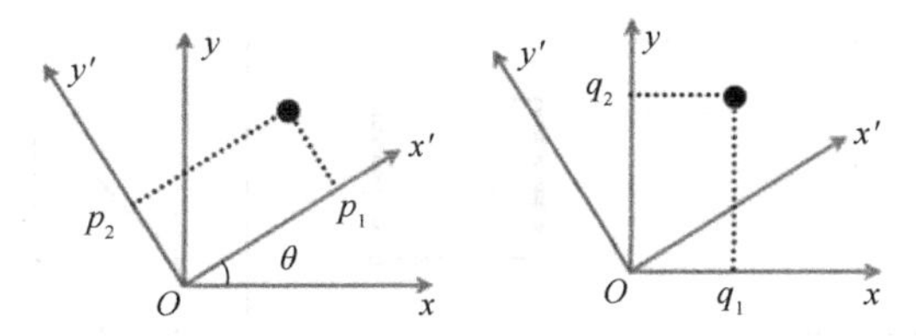

图 1.5　矩阵因子的旋转示意图一

根据以上关系即可得到式（1.7）。坐标轴绕原点旋转过程解释了矩阵因子的旋转作用。图 1.5 很形象地展示了这个过程①。

图 1.5 是针对矩阵与一个向量（或一个点）相乘的解释。在图 1.5 的分析中，旋转对象是坐标轴。对于固定坐标系，旋转向量的本质也是一样的。对图 1.5 的简单解释是将向量(1,0)和(0,1)旋转分别变为了$(\cos\theta, \sin\theta)$和$(-\sin\theta, \cos\theta)$。如果由多个点构成的一个集合（或一个对象）进行旋转，只要将每个点都进行相应的变换即可，如图 1.6 所示。由图 1.6 可知，矩阵因子只是对作用对象进行了旋转，并没有改变对象的其他属性（如形状）。

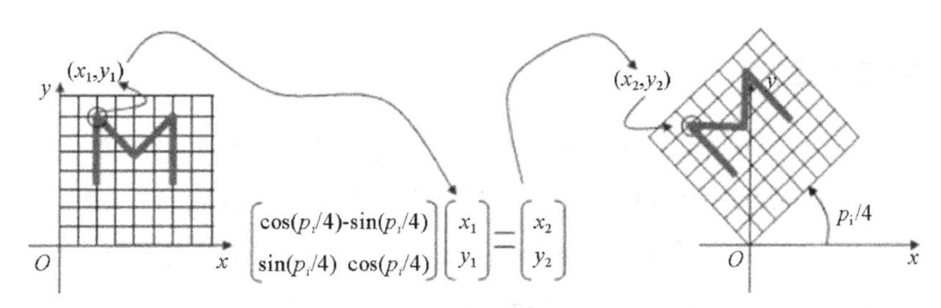

图 1.6　矩阵因子的旋转示意图二

当矩阵 **B** 是一个上三角矩阵（或下三角矩阵）时，它与一个向量相乘相当于对向量进行旋转和缩放，即非均匀拉伸或者切边。图 1.7 所示为上三角矩阵矩阵因子的切边示意图。图 1.8 所示为下三角矩阵矩阵因子的切边示意图。从图 1.7 和图 1.8 可以看出，切边改变了

① 该图及 1.3.4 节中的部分图参考了文献[5]中的内容。

作用对象的大小和方向属性。

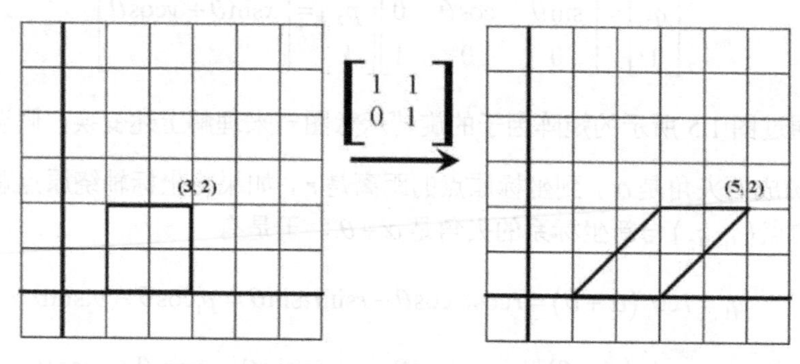

图 1.7　上三角矩阵矩阵因子的切边示意图

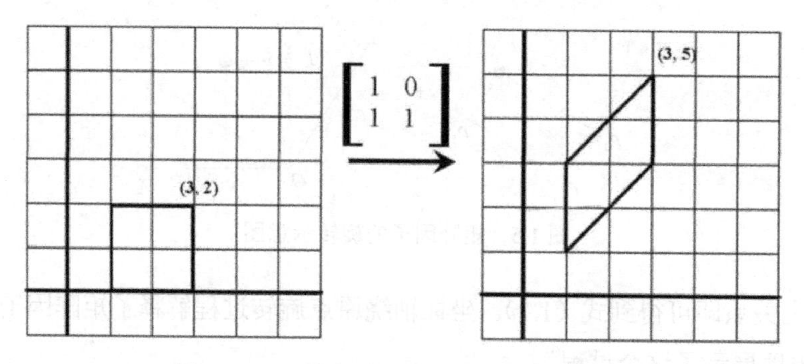

图 1.8　下三角矩阵矩阵因子的切边示意图

综上所述，矩阵因子（或矩阵乘法）的本质是对作用对象的缩放、旋转和切边。它在图像处理、机器学习算法设计、数据挖掘与分析中有广泛应用。

1.4　行列式

1.4.1　行列式的定义

假设 A 是一个 n 阶方阵，把 $D=|A_{n\times n}|$ 称为 n 阶行列式，有时也记作 $D=\det(A_{n\times n})$，它是一个标量，等于所有取自矩阵 A 的不同行不同列的 n 个元素乘积 $a_{1j_1}a_{2j_2}\cdots a_{nj_n}$ 的代数和。其中，$j_1j_2\cdots j_n$ 是 $1,2,\cdots,n$ 的一个排列，$a_{1j_1}a_{2j_2}\cdots a_{nj_n}$ 的符号按下列规则确定：当 $j_1j_2\cdots j_n$ 是偶排列时该项带有正号；当 $j_1j_2\cdots j_n$ 是奇排列时该项带有负号。

根据以上定义可知，n 阶行列式是由 $n!$ 项组成的代数和，它可以写为如下形式。

$$D=\begin{vmatrix} a_{11} & a_{12} & \cdots & a_{1n} \\ a_{21} & a_{22} & \cdots & a_{2n} \\ \vdots & \vdots & & \vdots \\ a_{n1} & a_{n2} & \cdots & a_{nn} \end{vmatrix}=\sum(-1)^t a_{1j_1}a_{2j_2}\cdots a_{nj_n}$$

其中，t 是排列 $j_1 j_2 \cdots j_n$ 的逆序数。

根据行列式的定义，可得常用的二阶行列式和三阶行列式是

$$\begin{vmatrix} a_{11} & a_{12} \\ a_{21} & a_{22} \end{vmatrix} = a_{11}a_{22} - a_{12}a_{21}$$

$$\begin{vmatrix} a_{11} & a_{12} & a_{13} \\ a_{21} & a_{22} & a_{23} \\ a_{31} & a_{32} & a_{33} \end{vmatrix} = a_{11}a_{22}a_{33} + a_{12}a_{23}a_{31} + a_{13}a_{21}a_{32} - a_{11}a_{23}a_{32} - a_{12}a_{21}a_{33} - a_{13}a_{22}a_{31}$$

在 n 阶行列式$|\boldsymbol{A}_{n\times n}|$中，将元素 a_{ij} 所在的第 i 行和第 j 列所有元素删除后，构成的 n−1 阶行列式叫作元素 a_{ij} 的余子式，记为 M_{ij}。令 $A_{ij} = (-1)^{i+j} M_{ij}$，则 A_{ij} 是元素 a_{ij} 的代数余子式。

1.4.2　行列式的性质

（1）行列式与它的转置行列式相等，即

$$D = \begin{vmatrix} a_{11} & a_{12} & \cdots & a_{1n} \\ a_{21} & a_{22} & \cdots & a_{2n} \\ \vdots & \vdots & & \vdots \\ a_{n1} & a_{n2} & \cdots & a_{nn} \end{vmatrix} = D^{\mathrm{T}} = \begin{vmatrix} a_{11} & a_{21} & \cdots & a_{n1} \\ a_{12} & a_{22} & \cdots & a_{n2} \\ \vdots & \vdots & & \vdots \\ a_{1n} & a_{2n} & \cdots & a_{nn} \end{vmatrix}$$

行列式 D^{T} 称为行列式 D 的转置行列式。性质（1）说明行列式中的行与列具有等同的地位，即行列式对行满足的性质，对列也同样满足，反之亦然。

（2）互换行列式的两行（或两列），行列式的值变号。

根据这个性质容易得到，若行列式有两行（或两列）完全相同，则此行列式的值等于零。这是因为若将行列式相同的两行（或两列）互换，则有 $D=-D$，这样得到 $D=0$。

（3）把一个行列式的某一行（或某一列）的所有元素乘以同一个常数 k 等于用常数 k 乘以这个行列式。

人们通过这个性质可以得到行列式计算中常用的一些结论。例如：若一个行列式的某一行（或某一列）的所有元素都是零，则这个行列式的值是零；一个行列式某一行（或某一列）的公因子可以提到行列式记号的前面；若一个行列式的某两行（或某两列）对应成比例，则此行列式的值是零。

（4）行列式某一行（或某一列）的各个元素乘以同一个数以后，将其加到该行列式另一行（或另一列）的对应元素上，行列式的值不变。

（5）行列式等于它的任意一行（或列）的各个元素与对应代数余子式的乘积之和[①]。这个性质本质上是按一行或一列把行列式展开的，起到降维的作用。

（6）如果矩阵 $\boldsymbol{A}$ 可逆，那么 $\det(\boldsymbol{A}_{n\times n})\neq 0$；反之，如果矩阵 $\boldsymbol{A}$ 不可逆（或奇异矩阵），那么 $\det(\boldsymbol{A}_{n\times n})=0$。

（7）两个矩阵乘积的行列式等于这两个矩阵行列式的乘积，即 $\det(\boldsymbol{AB})=\det(\boldsymbol{A})\det(\boldsymbol{B})$。这个性质可以用来计算逆矩阵的行列式，即 $\det\left(\boldsymbol{A}^{-1}\right)=\dfrac{1}{\det\left(\boldsymbol{A}\right)}$。

（8）令 A_{ij} 为方阵 $\boldsymbol{A}$ 的元素 a_{ij} 的代数余子式，方阵 $\boldsymbol{A}$ 的伴随矩阵 $\mathrm{adj}\boldsymbol{A}$ 可定义为 $\mathrm{adj}\boldsymbol{A}=\left[A_{ij}\right]^{\mathrm{T}}$。方阵 $\boldsymbol{A}$ 与它的伴随矩阵 $\mathrm{adj}\boldsymbol{A}$ 之间的关系是

$$\boldsymbol{A}\cdot\mathrm{adj}\boldsymbol{A}=\mathrm{adj}\boldsymbol{A}\cdot\boldsymbol{A}=\det\left(\boldsymbol{A}\right)\boldsymbol{I}$$

根据性质（8）可知，$\boldsymbol{A}$ 可逆的充分必要条件是 $\boldsymbol{A}$ 的行列式不等于零，且 $\boldsymbol{A}$ 可逆时有

$$\boldsymbol{A}^{-1}=\frac{1}{\det\left(\boldsymbol{A}\right)}\mathrm{adj}\boldsymbol{A}$$

伴随矩阵 $\mathrm{adj}\boldsymbol{A}$ 也常常记为 $\boldsymbol{A}^{*}$。

（9）含有 n 个未知数 x_1、x_2、…、x_n 的 n 元线性方程组是

$$\begin{cases}a_{11}x_1+a_{12}x_2+\cdots+a_{1n}x_n=b_1\\ a_{21}x_1+a_{22}x_2+\cdots+a_{2n}x_n=b_2\\ \qquad\vdots\\ a_{n1}x_1+a_{n2}x_2+\cdots+a_{nn}x_n=b_n\end{cases}\tag{1.8}$$

若它的系数行列式不等于零，则线性方程组有唯一解，即

$$x_1=\frac{D_1}{D},\ x_2=\frac{D_2}{D},\ \cdots,\ x_n=\frac{D_n}{D}$$

其中，D 是系数行列式，D_j（$j=1,2,\cdots,n$）是把系数行列式 D 中第 j 列的元素用式（1.8）等式右边的常数项代替后得到的行列式，即

$$D_j=\begin{vmatrix}a_{11} & a_{12} & \cdots & a_{1,j-1} & b_1 & a_{1,j+1} & a_{1,j+2} & \cdots & a_{1n}\\ a_{21} & a_{22} & \cdots & a_{2,j-1} & b_2 & a_{2,j+1} & a_{2,j+2} & \cdots & a_{2n}\\ \vdots & \vdots & & \vdots & \vdots & \vdots & \vdots & & \vdots\\ a_{n1} & a_{n2} & \cdots & a_{n,j-1} & b_n & a_{n,j+1} & a_{n,j+2} & \cdots & a_{nn}\end{vmatrix}$$

性质（9）也称为克拉默法则。

① 根据这个性质容易得到，行列式某一行（或某一列）的元素与另一行（或另一列）对应元素的代数余子式乘积之和为零。

1.4.3　行列式的几何意义

n 阶行列式的每一列可看作一个 n 维向量。n 阶行列式表示在 n 维空间中由这 n 个向量为邻边构成的空间几何体的体积。以二阶行列式为例，以从原点出发的两个向量 $\boldsymbol{a}_1$、$\boldsymbol{a}_2$ 为邻边构成的平行四边形的面积是 $\det(\boldsymbol{a}_1,\boldsymbol{a}_2)$ 的绝对值[①]。如果 $\boldsymbol{a}_1=(a_{11},a_{12})^{\mathrm{T}}$，$\boldsymbol{a}_2=(a_{21},a_{22})^{\mathrm{T}}$，根据行列式的性质可得

$$\det(\boldsymbol{a}_1,\boldsymbol{a}_2)=\begin{vmatrix} a_{11} & a_{21} \\ a_{12} & a_{22} \end{vmatrix}=\begin{vmatrix} a_{11} & 0 \\ a_{12} & a_{22}-\dfrac{a_{21}}{a_{11}}a_{12} \end{vmatrix}=\begin{vmatrix} a_{11} & 0 \\ 0 & a_{22}-\dfrac{a_{21}}{a_{11}}a_{12} \end{vmatrix}$$

上式最右边行列式的值等于向量 $(a_{11},0)^{\mathrm{T}}$ 和向量 $\left(0,a_{22}-\dfrac{a_{21}}{a_{11}}a_{12}\right)^{\mathrm{T}}$ 围成的矩形面积，如图 1.9（a）所示。图 1.9（b）所示的平行四边形 $OBEF$ 是以向量 $\boldsymbol{a}_1$ 和向量 $\boldsymbol{a}_2$ 为邻边构成的，可以得到矩形 $OACG$ 与平行四边形 $OBDG$ 同底（OG）等高，因此它们的面积相等。平行四边形 $OBDG$ 与平行四边形 $OBEF$ 同底（OB）等高，因此它们的面积相等，这样就得到矩形 $OACG$ 与平行四边形 $OBEF$ 的面积相等，即二阶行列式 $\det(\boldsymbol{a}_1,\boldsymbol{a}_2)$ 的值等于以向量 $\boldsymbol{a}_1$ 和向量 $\boldsymbol{a}_2$ 为邻边构成的平行四边形的面积。

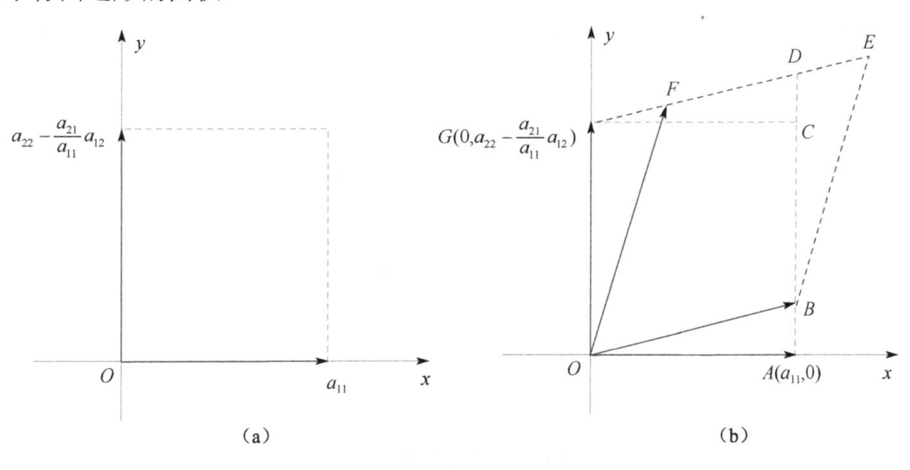

图 1.9　二阶行列式的几何意义

同样地，对于三个从原点出发的向量，若它们不共面，以它们为邻边构成一个平行六面体，则这个平行六面体的体积等于这三个向量构成行列式值的绝对值。二阶行列式和三阶行列式的几何意义用图示比较直观。对于任意 n 个向量组成的 n 维平行多面体，这个结论也成立。

① 由于面积大于或等于零，因此这里要取行列式的绝对值。

1.5 函数的极限与连续性

1.5.1 函数的极限

假设函数 $f(x)$ 在点 x_0 的某去心邻域内有定义，即存在一个常数 A，对任意给定的 $\varepsilon>0$，总存在 $\delta>0$，使得当 x 满足 $0<|x-x_0|<\delta$ 时，函数 $f(x)$ 满足 $|f(x)-A|<\varepsilon$，则称 A 是当 x 趋向 x_0 时函数 $f(x)$ 的极限，记作 $\lim\limits_{x\to x_0} f(x)=A$。

在函数的极限定义中，人们假设函数 $f(x)$ 在点 x_0 的某去心邻域内有定义，这说明函数 $f(x)$ 在点 x_0 处可能没有定义。从不等式 $0<|x-x_0|<\delta$ 的左边可以看出，自变量 x 的取值没有考虑其在点 x_0 处的情况，但它在点 x_0 处可能存在极限。例如，根据函数极限定义，可以得到

$$\lim_{x\to 0}\frac{\sin x}{x}=1$$

从上式可知，函数 $y=\frac{\sin x}{x}$ 在原点处没有定义，但它在原点处的极限为 1。这说明函数极限定义表示自变量 x 的取值无限接近点 x_0 时，函数值 $f(x)$ 的趋势。

图 1.10 所示为函数极限的几何意义。人们根据图 1.10 可以更好地理解函数极限的定义。

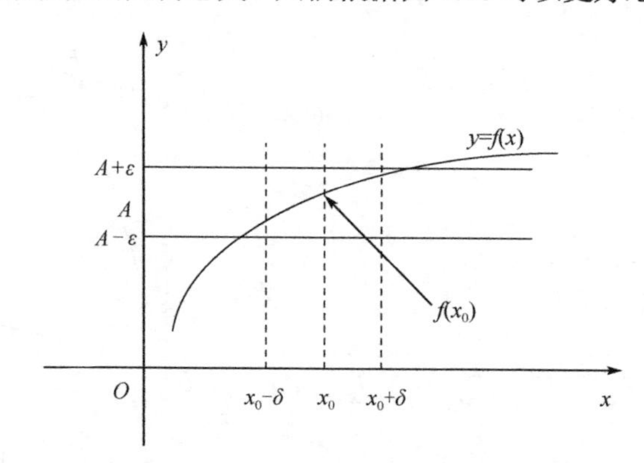

图 1.10 函数极限的几何意义

由图 1.10 可知，当 δ 比较小时，函数 $y=f(x)$ 位于 x_0 的 δ 邻域范围内的取值（图 1.10 中虚线 $x=x_0-\delta$ 和虚线 $x=x_0+\delta$ 之间的部分）落在直线 $y=A-\varepsilon$ 与直线 $y=A+\varepsilon$ 围成的带形区域内部。一般来说，正数 ε 越小，δ 也越小。要注意的是图 1.10 中 $f(x_0)$ 可能有定义，也可能没有定义。

上述函数极限定义是针对自变量 x 趋向一个有限值 x_0 时给出的。而当自变量 x 趋向无穷大及自变量 x 从点 x_0 的左侧或右侧趋向 x_0 时，函数的极限定义与上述函数极限定义类似，

分别记为$\lim\limits_{x\to\infty} f(x)=A$，$\lim\limits_{x\to x_0^-} f(x)=A$，$\lim\limits_{x\to x_0^+} f(x)=A$，具体内容见文献[6]。函数趋向点$x_0$的极限定义并没有说明自变量$x$到底是从点$x_0$的左侧趋向点$x_0$，还是从点$x_0$的右侧趋向点$x_0$，显然自变量$x$无论从左侧还是右侧趋向点$x_0$都应该满足$|f(x)-A|<\varepsilon$。

函数$f(x)$在点x_0的极限是A等价于函数$f(x)$在点x_0的左极限和右极限都存在并且两个极限都是A，即

$$\lim_{x\to x_0} f(x)=A \Leftrightarrow \lim_{x\to x_0^+} f(x)=A \text{且} \lim_{x\to x_0^-} f(x)=A$$

对于自变量x趋向无穷大时，上面的结论也成立。

1.5.2　函数的连续性

假设函数$y=f(x)$在点x_0的某邻域内有定义，且有$\lim\limits_{x\to x_0} f(x)=f(x_0)$，则称函数$y=f(x)$在点$x_0$处连续。类似地可以定义函数在某一点处左连续和右连续。从函数的连续性定义可知，函数$y=f(x)$在点x_0处连续必须满足三个条件，即$f(x)$在点x_0有定义；$f(x)$在点x_0处的极限存在；$f(x)$在点x_0处的极限等于$f(x_0)$。从这三个条件也可以看出函数$y=f(x)$在点x_0处有极限与它在该点处连续的区别。

以上给出的函数在点x_0处连续定义的另一种常用等价形式为，记$\Delta x=x-x_0$，$\Delta y=f(x)-f(x_0)$，这样就有x趋向x_0等价于Δx趋向零；$f(x)$趋向$f(x_0)$等价于Δy趋向零。于是函数$y=f(x)$在点x_0处连续的定义为，假设函数$y=f(x)$在点x_0的某邻域内有定义，且有$\lim\limits_{\Delta x\to 0}\Delta y=0$，则称函数$y=f(x)$在点$x_0$处连续。

若函数在开区间(a,b)内的每一点处都连续，则称函数$y=f(x)$在区间(a,b)上连续。若函数$y=f(x)$在右端点a处连续，在左端点b处连续，并且在区间(a,b)上连续，则称函数$y=f(x)$在闭区间$[a,b]$上连续。关于函数的连续性，有下面几个重要的性质。

（1）闭区间上的连续函数在该区间上一定有界，即存在一个正常数C，使得对于任意的$x\in[a,b]$，满足$|f(x)|\leqslant C$。

（2）闭区间上的连续函数在该区间上一定能取得最大值和最小值。开区间上的连续函数不能保证其存在最大值和最小值。

（3）若函数$y=f(x)$在闭区间$[a,b]$上连续，c是位于$f(a)$与$f(b)$之间的一个数，则在区间$[a,b]$中存在一个点x，使得$f(x)=c$。

（4）若函数$y=f(x)$在其定义域D上严格单调且连续，则其反函数f^{-1}也在其定义域$f(D)$（$f(x)$的值域）上严格单调且连续。这个性质中的严格单调保证了反函数的存在性，也就是说，若一个函数连续，且存在反函数，则其反函数也连续。

1）函数的一致连续性

假设函数 $y=f(x)$ 在区间 D 上有定义，若对任意给定的 $\varepsilon>0$，总存在 $\delta>0$，使得对任意的 $x_1,x_2\in D$，当 $|x_1-x_2|<\delta$ 时，都有 $|f(x_1)-f(x_2)|<\varepsilon$，则称函数 $f(x)$ 在区间 D 上一致连续。从函数一致连续性的定义可知，它是针对区间定义的，而上面介绍的函数连续性定义是针对某个点定义的。并且函数的一致连续性定义的关键是 δ 只与 ε 有关，而与选取的点 x_1、x_2 无关，而在函数的连续性定义中，δ 不仅与 ε 有关，还与选取点 x_0 的位置有关。因此，如果函数在一个区间上满足一致连续性，那么其在该区间上一定满足连续性；如果函数在一个区间上满足连续性，那么其在该区间上不一定满足一致连续性。

例 1.3 证明函数 $y=\dfrac{1}{x}$ 在区间 $(0,1)$ 上连续，但不满足一致连续性。

证明：由于该函数的定义域是(0,1)，自变量 x 的取值不可能是零，这样该函数在区间(0,1)上连续，但是该函数不满足一致连续性，主要是当两个点趋向区间的左端点时，有可能尽管这两个点很接近，但它们对应的函数值的差还是比较大。实际上我们可以取 $x_1=\dfrac{1}{n}$，$x_2=\dfrac{1}{n+1}$，当 n 取值很大时，点 x_1 和点 x_2 无限接近，但是始终有 $f(x_1)-f(x_2)=1$。这样当选取定义中的 ε 满足 $0<\varepsilon<1$ 时，无法满足 $|f(x_1)-f(x_2)|<\varepsilon$，因此该函数在区间 $(0,1)$ 上不满足一致连续性。

闭区间上连续函数的重要性质为闭区间上的连续函数在该区间上满足一致连续性。

2）函数的利普希茨连续性

假设函数 $y=f(x)$ 在区间 D 上有定义，对任意的 $x_1,x_2\in D$，都存在常数 K，使得 $|f(x_1)-f(x_2)|\leqslant K|x_1-x_2|$，则称函数 $y=f(x)$ 在区间 D 上满足利普希茨连续性或函数 $y=f(x)$ 在区间 D 上满足利普希茨条件。很显然这个定义中常数 K 的取值不唯一，而满足 $|f(x_1)-f(x_2)|\leqslant K|x_1-x_2|$ 中的最小 K 值称为利普希茨常数。

例 1.4 假设函数 $y=f(x)$ 在区间 D 上满足利普希茨连续性，证明它在该区间上满足一致连续性。

证明：根据利普希茨连续性的定义可知，对任意的 $x_1,x_2\in D$，都存在常数 K，使得 $|f(x_1)-f(x_2)|\leqslant K|x_1-x_2|$。对任意给定的 $\varepsilon>0$，取 $\delta=\dfrac{\varepsilon}{K}$，当 $|x_1-x_2|<\delta$ 时，有

$$|f(x_1)-f(x_2)|\leqslant K|x_1-x_2|<K\delta=\varepsilon$$

因此，函数 $y=f(x)$ 在区间 D 上满足一致连续性。根据这个例子可知，利普希茨连续性是比一致连续性更强的一个概念。

本章参考文献

[1] 徐宗本. AI 与数学: 融通共进[R]. 青岛: 2019 年中国人工智能大会(CCAI 2019), 2019.

[2] 吕陈君. 机器认识论:基于数学统一性的通用人工智能[R]. 上海: 中国思维科学会议CCNS2019 暨上海市社联学术活动月思维科学学术讨论会, 2019.

[3] 周志华. 机器学习[M]. 北京: 清华大学出版社, 2016.

[4] 张贤达. 矩阵分析与应用[M]. 北京: 清华大学出版社, 2013.

[5] 史春奇. 矩阵分解(乘法篇)[DB/OL]. [2022-3-10]. http://www.360doc.com/content/18/0108/10/1489589_720143682.shtml.

[6] 陈传璋, 金福临, 朱学炎, 等. 数学分析[M]. 北京: 高等教育出版社, 1983.

第 2 章　微积分的基础概念

2.1　导数

2.1.1　导数、偏导数与方向导数

1. 函数的导数

函数 $y = f\left(x\right)$ 在点 x_0 处导数的定义是

$$f'\left(x_0\right) = \lim_{\Delta x \to 0} \frac{f\left(x_0 + \Delta x\right) - f\left(x_0\right)}{\Delta x} \tag{2.1}$$

式中，Δx 是自变量 x 在点 x_0 附近的增量。根据 Δx 的含义，显然式（2.1）等价于以下等式。

$$f'\left(x_0\right) = \lim_{x \to x_0} \frac{f\left(x\right) - f\left(x_0\right)}{x - x_0}$$

由式（2.1）可知，导数是指因变量 y 在点 x_0 处的变化率，它反映了因变量随自变量的变化而变化的快慢程度。从几何意义上来说，函数在某点的导数值是过这一点的切线斜率。导数的几何意义如图 2.1 所示。

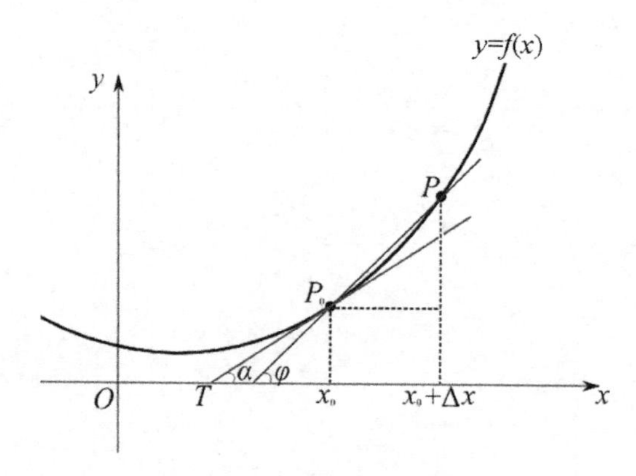

图 2.1　导数的几何意义

在式（2.1）中，$\dfrac{f(x_0+\Delta x)-f(x_0)}{\Delta x}$表示图 2.1 中函数 $y=f(x)$的割线 PP_0 的斜率。当 Δx 趋向零时，点 P 沿着函数曲线趋向点 P_0，这时割线就变成了函数 $y=f(x)$在点 P_0 处的切线，即 $f'(x_0)=\tan\alpha$，α 是切线的倾斜角。式（2.1）左边的式子也常常记为$\dfrac{\mathrm{d}y}{\mathrm{d}x}$或$\dfrac{\mathrm{d}y}{\mathrm{d}x}|_{x=x_0}$。

2. 函数可导的条件

上面介绍了导数的概念，那么函数 $y=f(x)$是不是在它定义域范围内的任意一点都存在导数？答案是否定的。根据式（2.1）可知，函数要在点 x_0 处存在导数，该点处的右极限要存在，否则函数在该点处不存在导数。在机器学习中，为了提高模型的泛化性能，经常需要在模型中添加正则化项。一种常见的正则化项是 1-范数，为方便可视化，对一元函数而言，1-范数就相当于绝对值函数 $f(x)=|x|$，这个函数可以直接根据导数的定义公式计算发现，当 Δx 从大于零的方向趋向零时，极限是 1，即该函数在点 $x=0$ 处的右导数是 1；当 Δx 从小于零的方向趋向零时，极限是−1，即该函数在点 $x=0$ 处的左导数是−1，因为它在点 $x=0$ 处的左右导数不相等，所以它在点 $x=0$ 处的导数不存在。

对于一元函数而言，若函数在定义域内的某一点左右两侧的导数都存在，并且相等，则函数在该点处的导数存在。这个结论可推广到一般的 n 元函数，即若函数在定义域范围内的某一点沿着任意方向趋向该点处的导数都存在，并且相等，则函数在该点处的导数存在。

3. 连续与可导的关系

因为绝对值函数 $f(x)=|x|$ 在点 $x=0$ 处连续但不可导，其说明了连续的函数不一定可导。实际上人们可以根据导数的定义得到，可导的函数一定连续。

假设函数 $y=f(x)$ 在点 x_0 处可导，不妨设它在点 x_0 处的导数是 a，则有

$$\lim_{x\to x_0}\frac{f(x)-f(x_0)}{x-x_0}=a$$

因为

$$f(x)-f(x_0)=(x-x_0)\frac{f(x)-f(x_0)}{x-x_0}$$

对上式两边取极限有

$$\lim_{x\to x_0}\left(f(x)-f(x_0)\right)=\lim_{x\to x_0}\left[(x-x_0)\frac{f(x)-f(x_0)}{x-x_0}\right]=\lim_{x\to x_0}(x-x_0)\lim_{x\to x_0}\frac{f(x)-f(x_0)}{x-x_0}=0\times a=0$$

因为 $f(x_0)$ 是常数，所以上式说明 $\lim\limits_{x\to x_0}f(x)=f(x_0)$，于是得到函数 $y=f(x)$ 在点 x_0 处连续。

应用要点：导数的概念在工程技术中应用广泛，因为导数反映了函数在某一点函数值的变化速度，因此在图像处理中，常用导数绝对值大的点来判断该点是否是图像的边缘点[1]。

以导数在深度网络模型构建中的应用为例。HE 等学者提出了图 2.2 所示的残差模块[2]。残差模块可以形式化地描述为[3]

$$h_{t+1} = h_t + f\left(h_t, \theta_t\right)$$

其中，h_t 是神经网络第 t 层隐藏单元的输出值；f 是通过 θ_t 参数化的神经网络。将以上式子改写为残差形式，即

$$\frac{h_{t+1} - h_t}{1} = f\left(h_t, \theta_t\right)$$

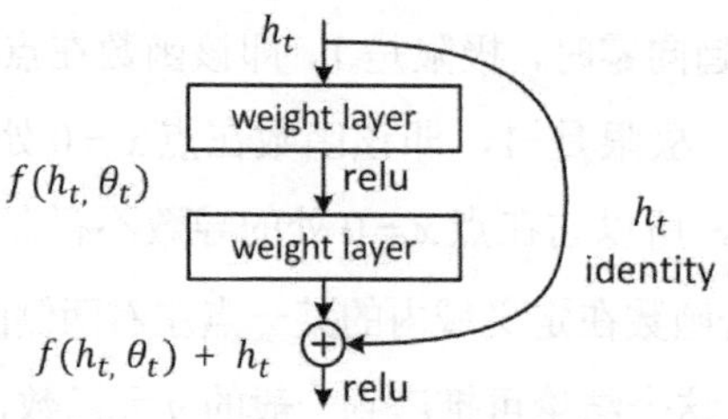

图 2.2　残差模块

由于神经网络的层与层之间是离散的，或者说第 t 层与第 $t+1$ 层之间是没有定义的，且上式左边式子的分母为 1，因此神经网络的两个层级之间相差 1，如果给出两个层级之间的定义，添加无穷多层，即神经网络的两个层级之间的差值趋向零，这样根据导数的定义，上式左边的式子就变成了隐藏层对 t 的导数[3]，即

$$\frac{\mathrm{d}h(t)}{\mathrm{d}t} = f\left(h(t), t, \theta\right)$$

由于上式右边式子是一个神经网络，并且通过导数的定义说明隐藏层状态的变化（h_t 的导数）可以通过神经网络来建模，这就是文献[3]的核心思想，即神经常微分方程，这里使用神经网络参数化隐藏层状态的导数，而不是直接使用神经网络参数化隐藏层状态。

4．偏导数

在一元函数中，导数表示函数的变化率。而在多元函数中，自变量不止一个，因变量与自变量的关系比一元函数复杂，如果先考虑多元函数关于其中一个自变量的变化率，这就引出了偏导数的概念。以二元函数 $z = f\left(x, y\right)$ 为例，当 y 固定为 y_0 时，x 在点 x_0 处的变化量为 Δx，则 $z = f\left(x, y\right)$ 关于 x 的偏导数是

$$f_x(x_0, y_0) = \frac{\partial f}{\partial x} = \lim_{\Delta x \to 0} \frac{f(x_0 + \Delta x, y_0) - f(x_0, y_0)}{\Delta x}$$

上式中关于 x 的偏导数符号也可表示为

$$\left.\frac{\partial f}{\partial x}\right|_{\substack{x=x_0\\y=y_0}} \quad 或 \quad \left.\frac{\partial z}{\partial x}\right|_{\substack{x=x_0\\y=y_0}}$$

对 y 的偏导数定义与此类似。

注意：导数一般对一元函数而言，多元函数往往指偏导数。如果 $f'(x)$、$f_x(x,y)$、$f_y(x,y)$ 可导，类似上面可以给出高阶导数和高阶偏导数的定义，那么我们可以定义 $y=f(x)$ 的二阶导数和 $z=f(x,y)$ 的二阶偏导数，如下所示。具体内容见文献[4]和文献[5]。

$$f'(x_0) = \lim_{x \to x_0} \frac{f''(x) - f''(x_0)}{x - x_0}$$

$$\frac{\partial f^2(x_0, y_0)}{\partial x^2} = \frac{\partial}{\partial x}\left(f_x(x_0, y_0)\right) = \frac{\partial}{\partial x}\left(\frac{\partial f}{\partial x}\right) = \left.\frac{\partial f^2}{\partial x^2}\right|_{\substack{x=x_0\\y=y_0}} = f_{xx}(x_0, y_0)$$

$$\frac{\partial f^2(x_0, y_0)}{\partial y^2} = \frac{\partial}{\partial y}\left(f_x(x_0, y_0)\right) = \frac{\partial}{\partial y}\left(\frac{\partial f}{\partial y}\right) = \left.\frac{\partial f^2}{\partial y^2}\right|_{\substack{x=x_0\\y=y_0}} = f_{yy}(x_0, y_0)$$

$$\frac{\partial f^2(x_0, y_0)}{\partial x \partial y} = \frac{\partial}{\partial y}\left(f_x(x_0, y_0)\right) = \frac{\partial}{\partial y}\left(\frac{\partial f}{\partial x}\right) = \left.\frac{\partial f^2}{\partial x \partial y}\right|_{\substack{x=x_0\\y=y_0}} = f_{xy}(x_0, y_0)$$

$$\frac{\partial f^2(x_0, y_0)}{\partial y \partial x} = \frac{\partial}{\partial x}\left(f_y(x_0, y_0)\right) = \frac{\partial}{\partial x}\left(\frac{\partial f}{\partial y}\right) = \left.\frac{\partial f^2}{\partial y \partial x}\right|_{\substack{x=x_0\\y=y_0}} = f_{yx}(x_0, y_0)$$

根据上面最后两个公式可以看出，多元函数的高阶偏导数与执行偏导数的顺序有关。那么，$f_{xy}(x_0, y_0)$ 与 $f_{yx}(x_0, y_0)$ 是否相等？关于这个问题，有如下结论[5]。

若 f_{xy} 和 f_{yx} 都存在，且在点 (x,y) 处都连续，则有 $f_{xy}(x,y) = f_{yx}(x,y)$。

由上面可知一元函数可导必定连续。但是对于多元函数并没有这样的结论。例如，对于二元函数 $z=f(x,y)$，如果 $f(x,y)$ 关于 x 或 y 可导，即$f_x(x,y)$、$f_y(x,y)$ 存在，只能得到 $z=f(x,y)$ 关于 x或y 连续，并不能得到 $z=f(x,y)$ 在点 (x,y) 处连续。因此，多元函数的偏导数存在，并不能得出它是连续的。

5. 方向导数

偏导数实际上反映了多元函数沿坐标轴方向的变化率，那么函数沿某一非坐标轴方向的变化率如何衡量呢？这就有了方向导数的概念。

假设l是xOy平面上过点$p(x_0,y_0)$的一条射线，$\boldsymbol{d}_l=(\cos\alpha,\sin\alpha)^{\mathrm{T}}$是与$l$同方向的单位向量，则射线$l$的参数方程是

$$x=x_0+t\cos\alpha$$

$$y=y_0+t\sin\alpha$$

而$P(x_0+t\cos\alpha,\ y_0+t\sin\alpha)$是射线$l$上的另外一点，$f(x,y)$在点$p(x_0,y_0)$沿着$\boldsymbol{d}_l$方向的方向导数是

$$\frac{\partial f}{\partial l}\Big|_{(x_0,y_0)}=\lim_{t\to 0^+}\frac{f(x_0+t\cos\alpha,y_0+t\sin\alpha)-f(x_0,y_0)}{t}$$

根据偏导数的定义，可得以上方向导数等价于

$$\frac{\partial f}{\partial l}\Big|_{(x_0,y_0)}=f_x(x_0,y_0)\cos\alpha+f_y(x_0,y_0)\sin\alpha \tag{2.2}$$

方向导数也可记为$\mathrm{D}f\left((x_0,y_0);\boldsymbol{d}_l\right)$。

6. 求导法则

除可以根据导数的定义求导数外，还有一些常见的求导法则可以帮助人们简化函数的求导过程。最常见的求导法则是导数的四则运算法则和链式法则。

假设函数$u=u(x)$，$v=v(x)\neq 0$都可导，C是一个常数，则导数的四则运算法则是

$$(Cu)'=Cu'，\ (uv)'=u'v+uv'$$

$$(u\pm v)'=u'\pm v'，\ \left(\frac{u}{v}\right)'=\frac{u'v-uv'}{v^2}$$

复合函数的求导常常采用链式法则。若函数$u=u(x)$在点x处可导，函数$y=f(u)$在点u处可导，则复合函数$y=f(u(x))$在点x处可导，其导数是

$$\frac{\mathrm{d}y}{\mathrm{d}x}=\frac{\mathrm{d}y}{\mathrm{d}u}\frac{\mathrm{d}u}{\mathrm{d}x}$$

上式也等价于

$$y'=f'(u)g'(x)$$

多元函数也可以得到类似的链式法则。若函数 $u=u(x,y)$ 在点 (x,y) 处可导，函数 $v=v(x,y)$ 在点 (x,y) 处可导，函数 $z=f(u,v)$ 在点 (u,v) 处可导，则复合函数 $z=f\left(u(x,y),v(x,y)\right)$ 在点 (x,y) 处可导，其偏导数是

$$\frac{\partial z}{\partial x}=\frac{\partial z}{\partial u}\frac{\partial u}{\partial x}+\frac{\partial z}{\partial v}\frac{\partial v}{\partial x}\ ,\quad \frac{\partial z}{\partial y}=\frac{\partial z}{\partial u}\frac{\partial u}{\partial y}+\frac{\partial z}{\partial v}\frac{\partial v}{\partial y}$$

若上述函数 u 和 v 只依赖于一个变量 t，即函数 $u=u(t)$ 在点 t 处可导，函数 $v=v(t)$ 在点 t 处可导，函数 $z=f(u,v)$ 在点 (u,v) 处可导，则复合函数 $z=f\left(u(t),v(t)\right)$ 在点 t 处可导，其全导数是

$$\frac{\mathrm{d}z}{\mathrm{d}t}=\frac{\mathrm{d}z}{\mathrm{d}u}\frac{\mathrm{d}u}{\mathrm{d}t}+\frac{\mathrm{d}z}{\mathrm{d}v}\frac{\mathrm{d}v}{\mathrm{d}t}$$

反函数的求导法则。如果函数 $y=f(x)$ 在区间 D_x 内单调可导，且 $f'(x)\neq 0$，那么它的反函数 $x=f^{-1}(y)$ 在区间 $D_y=\{y\mid y=f(x),x\in D_x\}$ 内也可导，其导数是

$$\left(f^{-1}(y)\right)'=\frac{1}{f'(x)}$$

以上公式的简单理解为反函数的导数等于原函数导数的倒数。

2.1.2　梯度、雅可比矩阵和黑塞矩阵

1．梯度

假设函数 $f(\boldsymbol{x}):\mathbf{R}^n\to\mathbf{R}$，称向量 $\nabla f(\boldsymbol{x})=\left(\frac{\partial f(\boldsymbol{x})}{\partial x_1},\frac{\partial f(\boldsymbol{x})}{\partial x_2},\cdots,\frac{\partial f(\boldsymbol{x})}{\partial x_n}\right)^{\mathrm{T}}$ 是 $f(\boldsymbol{x})$ 在点 $\boldsymbol{x}$ 处的梯度。其中，$\frac{\partial f(\boldsymbol{x})}{\partial x_i}$ 是函数 $f(\boldsymbol{x})$ 对 x_i 的一阶偏导数。梯度是由每个自变量的偏导数构成的向量，既可以写成行向量形式，也可以写成列向量形式，其形式根据上下文判断，此处的梯度写成列向量形式。

2．梯度与方向导数的关系

对于二元函数，根据梯度的定义和式（2.2）可知，方向导数可以写为梯度与方向向量 $\boldsymbol{d}_l$ 的内积，即

$$\frac{\partial f}{\partial l}\Big|_{(x_0,y_0)}=f_x(x_0,y_0)\cos\alpha+f_y(x_0,y_0)\sin\alpha=\nabla f(\boldsymbol{x})^{\mathrm{T}}\boldsymbol{d}_l \tag{2.3}$$

式（2.3）的结论可以推广到 n 元函数，即对于 n 元函数 $f(\boldsymbol{x})$，$\boldsymbol{x}\in\mathbf{R}^n$，对 $\mathbf{R}^n$ 中任意一个非零向量 $\boldsymbol{d}$，函数 $f(\boldsymbol{x})$ 在点 $\boldsymbol{x}$ 处沿 $\boldsymbol{d}$ 方向的方向导数 $\mathrm{D}f(\boldsymbol{x};\boldsymbol{d})$ 与它在点 $\boldsymbol{x}$ 处的梯度之

间的关系为$\mathrm{D}f(\boldsymbol{x};\boldsymbol{d})=\nabla f(\boldsymbol{x})^{\mathrm{T}}\boldsymbol{d}$，具体内容见文献[6]和文献[7]。该关系成立的条件是极限运算有意义，即极限存在。

3. 雅可比矩阵

假设函数$f(\boldsymbol{x}):\mathbf{R}^n\to\mathbf{R}^m$，即$\boldsymbol{x}\in\mathbf{R}^n$，函数$\boldsymbol{y}=f(\boldsymbol{x})\in\mathbf{R}^m$，称函数$f(\boldsymbol{x})$在点$\boldsymbol{x}$处的导数是函数$f(\boldsymbol{x})$的雅可比矩阵。雅可比矩阵由函数$f(\boldsymbol{x})$在点$\boldsymbol{x}$处的偏导数构成，定义如下。

$$\frac{\partial f(\boldsymbol{x})}{\partial \boldsymbol{x}}=\begin{bmatrix}\frac{\partial y_1}{\partial x_1} & \frac{\partial y_1}{\partial x_2} & \cdots & \frac{\partial y_1}{\partial x_n}\\ \frac{\partial y_2}{\partial x_1} & \frac{\partial y_2}{\partial x_2} & \cdots & \frac{\partial y_2}{\partial x_n}\\ \vdots & \vdots & & \vdots\\ \frac{\partial y_m}{\partial x_1} & \frac{\partial y_m}{\partial x_2} & \cdots & \frac{\partial y_m}{\partial x_n}\end{bmatrix}$$

4. 黑塞矩阵

假设函数$f(\boldsymbol{x}):\mathbf{R}^n\to\mathbf{R}$，则函数$f(\boldsymbol{x})$的二阶偏导数矩阵是$f(\boldsymbol{x})$在点$\boldsymbol{x}$处的黑塞矩阵$\nabla^2 f(\boldsymbol{x})$，即

$$\nabla^2 f(\boldsymbol{x})=\begin{bmatrix}\frac{\partial^2 f(\boldsymbol{x})}{\partial x_1^2} & \frac{\partial^2 f(\boldsymbol{x})}{\partial x_1\partial x_2} & \cdots & \frac{\partial^2 f(\boldsymbol{x})}{\partial x_1\partial x_n}\\ \frac{\partial^2 f(\boldsymbol{x})}{\partial x_2\partial x_1} & \frac{\partial^2 f(\boldsymbol{x})}{\partial x_2^2} & \cdots & \frac{\partial^2 f(\boldsymbol{x})}{\partial x_2\partial x_n}\\ \vdots & \vdots & & \vdots\\ \frac{\partial^2 f(\boldsymbol{x})}{\partial x_n\partial x_1} & \frac{\partial^2 f(\boldsymbol{x})}{\partial x_n\partial x_2} & \cdots & \frac{\partial^2 f(\boldsymbol{x})}{\partial x_n^2}\end{bmatrix}$$

为了使上面的定义有意义，人们一般假设函数$f(\boldsymbol{x})$是二次连续可导的。在这一假设下有

$$\frac{\partial^2 f(\boldsymbol{x})}{\partial x_i\partial x_j}=\frac{\partial^2 f(\boldsymbol{x})}{\partial x_j\partial x_i},\quad \forall i,j=1,2,\cdots,n$$

因此，黑塞矩阵是一个对称矩阵。

当$f(\boldsymbol{x})$是二次函数时，即$f(\boldsymbol{x})=\frac{1}{2}\boldsymbol{x}^{\mathrm{T}}\boldsymbol{A}\boldsymbol{x}+\boldsymbol{b}^{\mathrm{T}}\boldsymbol{x}+c$，则函数$f(\boldsymbol{x})$在$\boldsymbol{x}$处的梯度和黑塞矩阵分别为

$$\nabla f(\boldsymbol{x})=\boldsymbol{A}\boldsymbol{x}+\boldsymbol{b}$$

$$\nabla^2 f(\boldsymbol{x})=\boldsymbol{A}$$

2.1.3　泰勒公式

1. 无穷小量的定义

当自变量 x 趋向点 x_0 时，函数 $f(x)$ 的极限是零，即 $\lim\limits_{x\to x_0} f(x)=0$，则称 $f(x)$ 是当 x 趋向 x_0 时的无穷小量。如果函数 $f(x)$ 和函数 $g(x)$ 都是 x 趋向 x_0 时的无穷小量，那么它们之间的比值在 x 趋向 x_0 时的极限可能有以下几种情况。

（1）若 $\lim\limits_{x\to x_0}\dfrac{f(x)}{g(x)}=0$，则称 $f(x)$ 是 $g(x)$ 的高阶无穷小，记为 $f(x)=o(g(x))$，其中 $o(\cdot)$ 是高阶无穷小记号。

（2）若 $\lim\limits_{x\to x_0}\dfrac{f(x)}{g(x)}=c\neq 0$，则称 $f(x)$ 是 $g(x)$ 的同阶无穷小。若常数 c 等于 1，即 $\lim\limits_{x\to x_0}\dfrac{f(x)}{g(x)}=1$，则称 $f(x)$ 和 $g(x)$ 是等价无穷小，记为 $f(x)\sim g(x)$。

（3）若 $\lim\limits_{x\to x_0}\dfrac{f(x)}{g(x)}=\infty$，则称 $f(x)$ 是 $g(x)$ 的低阶无穷小。

2. 泰勒公式的定义

泰勒公式（或泰勒定理）有多种形式，并且它是微积分中的基本内容。它可以用来对一个函数进行近似或逼近，在最优化理论与算法研究中有广泛应用。本节将给出单变量函数和多变量函数情形下的泰勒公式。

假设函数 $f(x):\mathbf{R}\to\mathbf{R}$，对于非负整数 n，若函数 $f(x)$ 在区间 $[a,b]$ 上 n 阶连续可导，且在开区间 (a,b) 上 n+1 阶可导，则任取 $x\in[a,b]$，对 x 有

$$f(x)=f(a)+\frac{f'(x)}{1!}(x-a)+\frac{f^{(2)}(x)}{2!}(x-a)^2+\cdots+\frac{f^{(n)}(x)}{n!}(x-a)^n+R_n(x) \tag{2.4}$$

称式（2.4）是函数 $f(x)$ 在点 a 处的泰勒展开式，即泰勒公式。其中，$f^{(n)}(x)$ 是函数 $f(x)$ 的 n 阶导数；$R_n(x)$ 是泰勒公式的余项，是 $(x-a)^n$ 的高阶无穷小，它有多种形式，如 $R_n(x)=f^{(n+1)}\left[a+\theta(x-a)\right]\dfrac{(x-a)^{n+1}}{(n+1)!}$ 称为拉格朗日余项，$\theta\in(0,1)$。

假设函数 $f(\boldsymbol{x}):\mathbf{R}^n\to\mathbf{R}$，可以得到函数 $f(\boldsymbol{x})$ 的泰勒公式是

$$f(\boldsymbol{x})=f(\boldsymbol{a})+\frac{\nabla f(\boldsymbol{x})^{\mathrm{T}}(\boldsymbol{x}-\boldsymbol{a})}{1!}+\frac{(\boldsymbol{x}-\boldsymbol{a})^{\mathrm{T}}\nabla^2 f(\boldsymbol{x})(\boldsymbol{x}-\boldsymbol{a})}{2!}+\cdots+R_n(\boldsymbol{x})$$

令上式中的 n=0、1，则 $R_n(x)$ 取拉格朗日余项可得

$$f(\boldsymbol{x})=f(\boldsymbol{a})+\nabla f(\boldsymbol{a}+\theta(\boldsymbol{x}-\boldsymbol{a}))^{\mathrm{T}}(\boldsymbol{x}-\boldsymbol{a}) \tag{2.5}$$

$$f(\boldsymbol{x})=f(\boldsymbol{a})+\nabla f(\boldsymbol{x})^{\mathrm{T}}(\boldsymbol{x}-\boldsymbol{a})+\frac{1}{2}(\boldsymbol{x}-\boldsymbol{a})^{\mathrm{T}}\nabla^{2} f(\boldsymbol{a}+\theta(\boldsymbol{x}-\boldsymbol{a}))(\boldsymbol{x}-\boldsymbol{a}) \tag{2.6}$$

式（2.5）和式（2.6）等价于

$$f(\boldsymbol{x}+\boldsymbol{p})=f(\boldsymbol{x})+\nabla f(\boldsymbol{x}+\theta \boldsymbol{p})^{\mathrm{T}} \boldsymbol{p} \tag{2.7}$$

$$f(\boldsymbol{x}+\boldsymbol{p})=f(\boldsymbol{x})+\nabla f(\boldsymbol{x})^{\mathrm{T}} \boldsymbol{p}+\frac{1}{2} \boldsymbol{p}^{\mathrm{T}} \nabla^{2} f(\boldsymbol{x}+\theta \boldsymbol{p}) \boldsymbol{p} \tag{2.8}$$

泰勒公式是数学分析中一个很基础、很重要的公式，在分析学中经常使用。这里给出的泰勒公式是最常用的。关于更多泰勒公式展开形式读者可以参阅文献[8]。

2.1.4 机器学习中常见函数的导数

1．sigmoid 函数的导数

sigmoid 函数在神经网络中常常被用作激活函数，它的一个重要特性是能将实数空间的数映射到区间(0,1)。它的定义是

$$\sigma(x)=\frac{1}{1+\mathrm{e}^{-x}}$$

它的导数是

$$\sigma'(x)=\sigma(x)(1-\sigma(x))$$

sigmoid 函数也称为 logistic 函数，当输入变量 $\boldsymbol{x}$ 是向量时，它的导数是

$$\sigma'(\boldsymbol{x})=\operatorname{diag}(\sigma(\boldsymbol{x}) \odot(1-\sigma(\boldsymbol{x})))$$

2．softmax 函数的导数

softmax 函数在机器学习和神经网络中也被广泛使用，它的主要特性是能将多个标量映射为一个概率分布。在深度学习网络架构设计中，模型最后的输出层设计大多会利用 softmax 函数的这个特性，以使模型能学习到人们想要的概率分布。它的定义是

$$f_{k}=\operatorname{softmax}(x_{k})=\frac{\mathrm{e}^{x_{k}}}{\sum_{i=1}^{N} \mathrm{e}^{x_{i}}}$$

它的导数计算过程如下。

当 $k = m$ 时，有

$$\frac{\partial f_k}{x_m} = \frac{\partial f_k}{x_k} = \frac{\mathrm{e}^{x_k} \cdot \sum_{i=1}^{N} \mathrm{e}^{x_i} - \mathrm{e}^{x_k} \cdot \mathrm{e}^{x_k}}{\left(\sum_{i=1}^{N} \mathrm{e}^{x_i} \right)^2} = f_k \left(1 - f_k\right)$$

当 $k \neq m$ 时，有

$$\frac{\partial f_k}{x_m} = \frac{-\mathrm{e}^{x_k} \cdot \mathrm{e}^{x_m}}{\left(\sum_{i=1}^{N} \mathrm{e}^{x_i} \right)^2} = -f_k f_m$$

以上求导过程可以简洁地写为矩阵形式，结果如下。

$$\frac{\partial f(\boldsymbol{x})}{\partial \boldsymbol{x}} = \frac{\partial \mathrm{softmax}(\boldsymbol{x})}{\partial \boldsymbol{x}} = \mathrm{diag}\left(\mathrm{softmax}(\boldsymbol{x})\right) - \mathrm{softmax}(\boldsymbol{x})\mathrm{softmax}(\boldsymbol{x})^{\mathrm{T}}$$

上式的详细推导过程可以参阅文献[9]。

3．标量对向量求导

标量 y 对 n 维向量 $\boldsymbol{x} = \left(x_1, x_2, \cdots, x_n\right)^{\mathrm{T}}$ 的导数是①

$$\frac{\mathrm{d}y}{\mathrm{d}\boldsymbol{x}} = \left(\frac{\partial y}{\partial x_1}, \frac{\partial y}{\partial x_2}, \cdots, \frac{\partial y}{\partial x_n} \right)^{\mathrm{T}}$$

根据上式，很容易得到以下结论。

（1）$\dfrac{\partial \|\boldsymbol{x}\|^2}{\partial \boldsymbol{x}} = 2\boldsymbol{x}$。

（2）$f(\boldsymbol{x}) = \boldsymbol{x}^{\mathrm{T}} \boldsymbol{A} \boldsymbol{x}$，$\dfrac{\partial f(\boldsymbol{x})}{\partial \boldsymbol{x}} = 2\boldsymbol{A}\boldsymbol{x}$。

（3）$f(\boldsymbol{x}) = \boldsymbol{\beta}^{\mathrm{T}} \boldsymbol{x}$，$\dfrac{\partial f(\boldsymbol{x})}{\partial \boldsymbol{x}} = \boldsymbol{\beta}$。

（4）$f(\boldsymbol{x}) = \|\boldsymbol{x} - \boldsymbol{a}\|$，$\dfrac{\partial f(\boldsymbol{x})}{\partial \boldsymbol{x}} = \dfrac{\boldsymbol{x} - \boldsymbol{a}}{\|\boldsymbol{x} - \boldsymbol{a}\|}$。

① 这里可以将导数记为列向量或行向量，对应于分母布局和分子布局，此处采用列向量或分母布局。

2.2 微分

2.2.1 微分的概述

1. 微分的定义

设函数 $y=f(x)$ 在某个区间有定义，且 x_0 和 $x_0+\Delta x$ 在该区间内。如果函数值增量

$$\Delta y=f(x_0+\Delta x)-f(x_0)$$

可以表示为

$$\Delta y=A\Delta x+o(\Delta x)$$

其中 A 是只与 $f(x)$ 和点 x_0 有关，而与 Δx 无关的常数；$o(\Delta x)$ 是 Δx 的高阶无穷小，则称函数 $y=f(x)$ 在点 x_0 处可微，称 $A\Delta x$ 是函数 $y=f(x)$ 在点 x_0 处相应于自变量增量 Δx 的微分，记作 $\mathrm{d}y$，即 $\mathrm{d}y=A\Delta x$。

由于 $\mathrm{d}y$ 是自变量增量 Δx 的线性函数，因此 $\mathrm{d}y$ 称为函数值增量 Δy 的线性主部。

2. 微分与可导的关系

由可微的定义可知，$\Delta y=A\Delta x+o(\Delta x)$，等式两边同时除以 Δx，令 Δx 趋向零有

$$\lim_{\Delta x\to 0}\frac{\Delta y}{\Delta x}=A+\lim_{\Delta x\to 0}\frac{(\Delta x)}{\Delta x}=A$$

根据导数的定义，上式说明函数 $y=f(x)$ 在点 x_0 处的导数存在，并且导数是 A。反过来，如果函数 $y=f(x)$ 在点 x_0 处可导，且 $f'(x_0)=A$，可以得到 $\Delta y=f'(x_0)\Delta x+o(\Delta x)=A\Delta x+o(\Delta x)$，这说明函数 $y=f(x)$ 在点 x_0 处可微。于是可得定理 2.1。

定理 2.1 函数 $y=f(x)$ 在点 x_0 处可微，微分为 $\mathrm{d}y=A\Delta x$ 的充分必要条件是函数 $y=f(x)$ 在点 x_0 处可导，且 $f'(x_0)=A$。

3. 微商

上面定义了函数 $y=f(x)$ 的微分，如果令 $y=x$，根据微分定义有 $\mathrm{d}y=(x)'\Delta x=\Delta x$，所以有 $\mathrm{d}x=\mathrm{d}y=\Delta x$。这说明自变量的微分就是自变量的增量。根据点 x_0 处微分的定义有

$$\mathrm{d}y=f'(x_0)\Delta x=f'(x_0)\mathrm{d}x$$

上式两边同时除以 $\mathrm{d}x$ 得到

$$\frac{\mathrm{d}y}{\mathrm{d}x}=f'(x_0)$$

上式说明导数就是函数微分与自变量微分的商，也称为微商。

4．函数可微的几何意义

函数可微的几何意义如图 2.3 所示。对可微函数 $y=f(x)$ 而言，当该函数曲线上点 M 和点 N 的横坐标增量是 Δx 时，由于 $PQ=MQ\tan\alpha=\Delta x f'(x_0)=f'(x_0)\Delta x=f'(x_0)\mathrm{d}x=\mathrm{d}y$，因此其对应的函数值增量 $\Delta y=PQ+NP=\mathrm{d}y+o(\Delta x)$，也就是说，当 Δy 是函数 $y=f(x)$ 上某两点的纵坐标增量时，$\mathrm{d}y$ 就是函数 $y=f(x)$ 切线上相应两点的纵坐标增量。当 $|\Delta x|$ 比较小时，$\mathrm{d}y\approx\Delta y$，即在点 M 附近，切线段 MP 可以近似代替曲线段 MN。

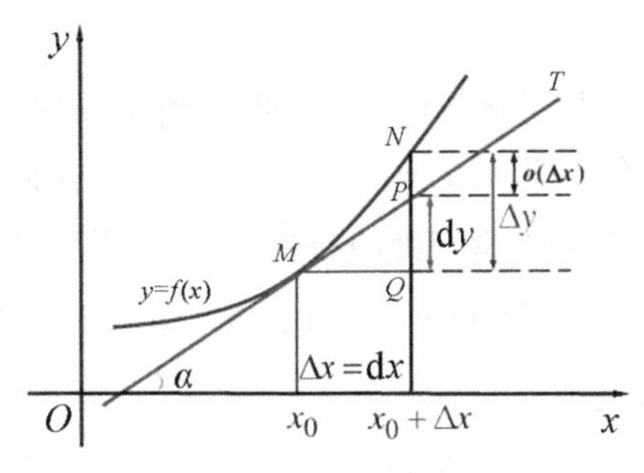

图 2.3　函数可微的几何意义

2.2.2　微分中值定理

微分中值定理是一系列中值定理的总称，它建立了函数导数与函数值之间的关系，是研究函数导数局部性与函数整体性之间关系的有力工具。

1．函数的极值点

函数 $y=f(x)$ 在点 x_0 的某个邻域内有定义，若对于该邻域内的任意一点 x，都有 $f(x)\leqslant f(x_0)$ 或 $f(x)\geqslant f(x_0)$，则称 $f(x_0)$ 是函数 $y=f(x)$ 的极大值或极小值，点 x_0 是函数 $y=f(x)$ 的极大值点或极小值点。函数的极大值与极小值统称为函数的极值，函数的极大值点与极小值点统称为极值点。

2．费尔马定理

定理 2.2　函数 $y=f(x)$ 在点 x_0 的某个邻域内有定义，并且在点 x_0 处可导，若对于该邻域内的任意一点 x，都有 $f(x)\leqslant f(x_0)$ 或 $f(x)\geqslant f(x_0)$，则有 $f'(x_0)=0$。

证明： 不妨设在点 x_0 的某个邻域 $\mathcal{N}(x_0)$ 有 $f(x)\leqslant f(x_0)$，于是 $\forall(x_0+\Delta x)\in\mathcal{N}(x_0)$，有 $f(x_0+\Delta x)\leqslant f(x_0)$，从而当 $\Delta x\geqslant 0$ 时，有

$$\frac{f(x_0+\Delta x)\leqslant f(x_0)}{\Delta x}\leqslant 0$$

令上式中的Δx趋向零，得到函数$y=f(x)$在点x_0处的右导数$f'_+(x_0)\leqslant 0$。

类似地，当$\Delta x\leqslant 0$时，可以得到函数$y=f(x)$在点x_0处的左导数$f'_-(x_0)\geqslant 0$。根据函数$y=f(x)$在点x_0处可导，有$f'(x_0)=f'_+(x_0)$，$f'(x_0)=f'_-(x_0)$，因此$f'(x_0)=0$，证毕。当$f(x)\geqslant f(x_0)$时，可类似证明。

费尔马定理给出了可导函数取极值的一阶必要条件，导数等于零的点通常称为函数的驻点（或稳定点、临界点）。导数等于零是函数取极值的必要条件而非充分条件，详细内容见文献[5]。

3. 罗尔中值定理

定理 2.3 如果函数$y=f(x)$满足：在闭区间$[a,b]$上连续；在开区间(a,b)内可导；在区间端点处的函数值相等，即$f(a)=f(b)$，那么在开区间(a,b)内至少存在一点ξ（$a<\xi<b$），使得函数$y=f(x)$在该点处的导数等于零，即$f'(\xi)=0$。

证明：由于函数$y=f(x)$在闭区间$[a,b]$上连续，因此该函数必有最大值 M 和最小值 m，并存在以下两种可能的情况。

（1）$M=m$，这时函数$y=f(x)$在闭区间$[a,b]$上的取值恒为M，即$f(x)=M$。显然在这种情况下$\forall x\in(a,b)$，有$f'(x)=0$。因此，任取一点$\xi\in(a,b)$，有$f'(\xi)=0$。

（2）$M>m$，由于$f(a)=f(b)$，因此M和m中至少有一个不等于函数$y=f(x)$在闭区间$[a,b]$端点处的函数值。不妨设$M\neq f(a)$，这样在开区间(a,b)内必定存在一点ξ，使得$f(\xi)=M$。由于 M 是函数$y=f(x)$在闭区间$[a,b]$上的最大值，因此，$\forall x\in[a,b]$，有$f(x)\leqslant f(\xi)$，根据费尔马定理有$f'(\xi)=0$，证毕。

罗尔中值定理的几何意义如图 2.4 所示。若在两端点纵坐标相等的连续曲线 AB 上，除端点外处处有不垂直于 x 轴的切线，则曲线 AB 上至少有一点 C 的切线平行于 x 轴（或该点的导数是零）。

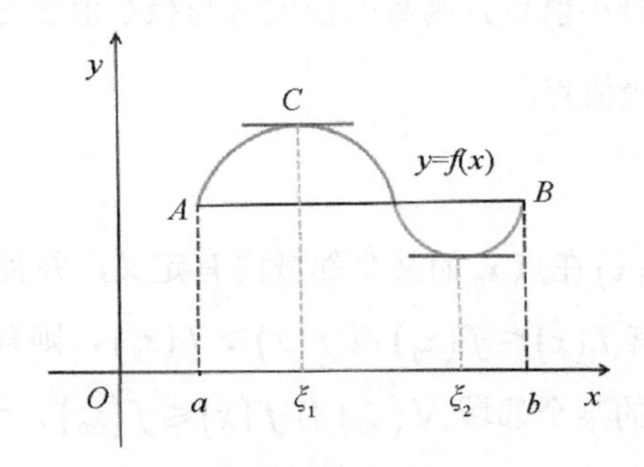

图 2.4 罗尔中值定理的几何意义

4．拉格朗日中值定理

定理 2.4　如果函数 $y=f(x)$ 满足：在闭区间 $[a,b]$ 上连续；在开区间 (a,b) 内可导，那么在开区间 (a,b) 内至少存在一点 ξ（$a<\xi<b$），使得等式

$$f(b)-f(a)=f'(\xi)(b-a) \tag{2.9}$$

成立。

证明：构造辅助函数 $F(x)=f(x)-\left[f(a)+\dfrac{f(b)-f(a)}{b-a}(x-a)\right]$，很容易验证 $F(a)=F(b)$，又因为 $F(x)$ 在闭区间 $[a,b]$ 上连续，在开区间 (a,b) 内可导，所以函数 $F(x)$ 满足罗尔中值定理。根据罗尔中值定理有，在开区间 (a,b) 内至少存在一点 ξ（$a<\xi<b$），使得 $F'(\xi)=0$，即 $F'(\xi)=f'(\xi)-\dfrac{f(b)-f(a)}{b-a}=0$，由此得到，$f(b)-f(a)=f'(\xi)(b-a)$，证毕。

拉格朗日中值定理的几何意义如图 2.5 所示。$f'(\xi)=\dfrac{f(b)-f(a)}{b-a}$ 是函数 $y=f(x)$ 上弦 AB 的斜率，若函数 $y=f(x)$ 除端点外处处有不垂直于 x 轴的切线，则曲线 AB 上至少有一点 C 的切线平行于弦 AB。

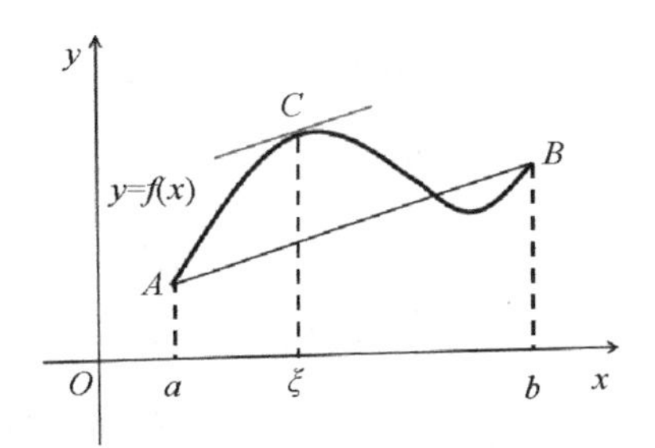

图 2.5　拉格朗日中值定理的几何意义

实际上，在证明拉格朗日中值定理时，如果令构造的辅助函数 $F(x)$ 中 $f(a)+\dfrac{f(b)-f(a)}{b-a}(x-a)$ 为 y，即 $y=f(a)+\dfrac{f(b)-f(a)}{b-a}(x-a)$，那么它就是图 2.5 中弦 AB 的直线方程。之所以通过 $f(x)-\left[f(a)+\dfrac{f(b)-f(a)}{b-a}(x-a)\right]$ 来构造辅助函数 $F(x)$，就是使辅助函数 $F(x)$ 满足罗尔中值定理。很显然，罗尔中值定理是拉格朗日中值定理满足 $f(a)=f(b)$ 的特殊情形。

拉格朗日中值定理是最重要的微分中值定理，定理中的式（2.9）一般称为中值公式或拉格朗日中值公式。由于式（2.9）中的 ξ 满足 $a<\xi<b$，因此它可以表示为 $a+\theta(b-a)$，

其中，$0<\theta<1$，因此，式（2.9）也常表示为

$$f(b)-f(a)=f'(a+\theta(b-a))(b-a) \tag{2.10}$$

式（2.10）与式（2.9）是等价的。在上面介绍的泰勒公式中，就用到了式（2.10）这种形式。拉格朗日中值定理有着广泛应用，下面给出一个例子。该例子与利普希茨连续性有关，利普希茨连续性的定义参考第 1 章。

例 2.1 证明：若函数 $y=f(x)$ 在闭区间 $[a,b]$ 上存在有界导数，则函数 $y=f(x)$ 在闭区间 $[a,b]$ 上满足利普希茨连续性。

证明：由于函数 $y=f(x)$ 在闭区间 $[a,b]$ 上存在有界导数，即对 $\forall x\in[a,b]$ 有

$$|f'(x)|\leqslant L$$

其中，L 是一个常数。

根据拉格朗日中值定理，$\forall x_1,x_2\in[a,b]$ 有

$$|f(x_1)-f(x_2)|\leqslant|f'(\xi)(x_1-x_2)|\leqslant L|x_1-x_2|$$

由此可得函数 $y=f(x)$ 在闭区间 $[a,b]$ 上满足利普希茨连续性，证毕。

5. 柯西中值定理

定理 2.5 若函数 $f(x)$ 和 $g(x)$ 在闭区间 $[a,b]$ 上连续，在开区间 (a,b) 内可导，且对 $\forall x\in(a,b)$ 有 $g'(x)\neq 0$，则在开区间 (a,b) 内至少存在一点 ξ，使得

$$\frac{f(b)-f(a)}{g(b)-g(a)}=\frac{f'(\xi)}{g'(\xi)}$$

证明：构造辅助函数 $F(x)=f(x)-f(a)-\dfrac{f(b)-f(a)}{g(b)-g(a)}(g(x)-g(a))$，显然有 $F(a)=F(b)$，$F'(x)=f'(x)-\dfrac{f(b)-f(a)}{g(b)-g(a)}g'(x)$，根据罗尔中值定理可得，至少存在一点 $\xi\in(a,b)$ 使得

$$F'(\xi)=f'(\xi)-\frac{f(b)-f(a)}{g(b)-g(a)}g'(\xi)=0$$

从而得到

$$\frac{f(b)-f(a)}{g(b)-g(a)}=\frac{f'(\xi)}{g'(\xi)}$$

证毕。

很显然，在柯西中值定理中，若令 $g(x)=x$，则柯西中值定理就变成了拉格朗日中值定理。

2.3　积分

2.3.1　不定积分

读者根据上面介绍的导数和微分的概念，知道了如何根据一个函数 $f(x)$ 求其导数 $f'(x)$ 或微分 $f'(x)\mathrm{d}x$（或 $\mathrm{d}f(x)$）。因此，如果知道一个函数的导数或微分，能不能得到该函数的表达式？这就是不定积分要解决的问题，不定积分可以看成求导和微分的逆运算，并且它是积分学很基础性的知识。

1．原函数与不定积分的定义

若函数 $f(x)$ 在闭区间 $[a,b]$ 上有定义，且存在一个可导函数 $F(x)$，对于区间 (a,b) 内的任意一点 x 都有

$$F'(x)=f(x) \text{或} \mathrm{d}F(x)=f(x)\mathrm{d}x$$

则称 $F(x)$ 是函数 $f(x)$ 的一个原函数。

由于常数的导数是零，根据导数性质很容易验证，若 $F'(x)=f(x)$，则 $\left(F(x)+C\right)'=f(x)$，其中 C 是一个常数。这说明一个函数的原函数不唯一，即若 $F(x)$ 是函数 $f(x)$ 的一个原函数，则 $F(x)+C$ 也是函数 $f(x)$ 的一个原函数。

若函数 $F(x)$ 是函数 $f(x)$ 的一个原函数，即满足 $F'(x)=f(x)$，则

$$\int f(x)\mathrm{d}x$$

称为 $f(x)\mathrm{d}x$ 的不定积分。其中，$\int$ 是积分符号，$f(x)$ 是被积函数，$f(x)\mathrm{d}x$ 是被积表达式（或 $F(x)$ 的微分），x 是积分变量。

根据原函数和不定积分的定义，容易得到

$$\int f(x)\mathrm{d}x=F(x)+C$$

函数 $f(x)$ 的一个原函数的图形称为函数 $f(x)$ 的一条积分曲线。这样，不定积分的几何意义是指由 $f(x)$ 的全部积分曲线组成的积分曲线族。

由于积分运算与微分运算互为逆运算，因此读者可以根据导数或微分的定义，从基本

的求导公式（或微分公式）出发，反推得到基本的积分公式，也称为基本积分表，详细内容见文献[4]和文献[5]。但对于一些复杂函数的积分运算，换元法和分部积分法是常见的计算不定积分的方法。

2．换元法

换元法的基本思想是把复合函数求导法则反过来用于计算不定积分，它分为两种基本形式，即第一类换元法（凑微分法）和第二类换元法（变量替换法）。

1）第一类换元法

设 $f(u)$ 的原函数是 $F(u)$，若 $u=u(x)$ 可微，则根据复合函数求导法则有

$$\left(F\left(u(x)\right)\right)'=F'\left(u(x)\right)u'(x)$$

因为函数 $F(u)$ 是 $f(u)$ 的原函数，所以有 $F'\left(u(x)\right)=f\left(u(x)\right)$，结合上式得到

$$\left(F\left(u(x)\right)\right)'=f\left(u(x)\right)u'(x)$$

根据不定积分的定义有

$$\int f\left(u(x)\right)u'(x)\mathrm{d}x=F\left(u(x)\right)+C=\int f(u)\mathrm{d}u \tag{2.11}$$

以上介绍的换元法的核心思想是当被积函数自变量与积分变量不相同时，将被积函数凑成一个函数与另外一个函数导数的乘积。

例 2.2 求不定积分 $\int\sin^3x\mathrm{d}x$。

解：
$$\int\sin^3x\mathrm{d}x=\int\left(1-\cos^2x\right)\sin x\mathrm{d}x=\int\left(\cos^2x-1\right)\mathrm{d}\cos x=\frac{1}{3}\cos^3x-\cos x+C$$

2）第二类换元法

第二类换元法是指选择适当的变量替换自变量。例如，令 $x=u(t)$，在满足一定条件下有

$$\int f(x)\mathrm{d}x=\int f\left(u(t)\right)\mathrm{d}u(t) \tag{2.12}$$

上式右边计算出来后是关于 t 的表达式，只要用 $t=u^{-1}(x)$ 代入右边计算结果就得到了左边的不定积分。其中，$t=u^{-1}(x)$ 是 $x=u(t)$ 的反函数。

为了让第二类换元法有意义，式（2.12）右边的不定积分要存在，并且为了保证 $x=u(t)$ 的反函数存在且可导，要求函数 $x=u(t)$ 在 t 的某区间上是单调可导的。第二类换元法的核心思想是把被积函数中最难处理的部分换元。例如，如果被积函数中含有 $\sqrt[n]{ax+b}$，常常先将 $\sqrt[n]{ax+b}$ 用新的变量 t 替换，然后对其进行计算。

例 2.3 求不定积分 $\int\frac{x}{\sqrt{1+x}}\mathrm{d}x$。

解： 令变量 $t=\sqrt{1+x}$，则有 $t^2=1+x$，等式两边微分从而有 $2t\mathrm{d}t=\mathrm{d}x$，于是有

$$\int\frac{x}{\sqrt{1+x}}\mathrm{d}x=\int\frac{t^2-1}{t}2t\mathrm{d}t=2\int(t^2-1)\mathrm{d}t=\frac{2}{3}t^3-2t+C$$

3．分部积分法

根据两个函数乘积的求导法则，可以得到分部积分公式。假设函数 $f(x)$ 和 $g(x)$ 可导，则有

$$\left(f(x)g(x)\right)'=f'(x)g(x)+f(x)g'(x)$$

从而有

$$f(x)g'(x)=\left(f(x)g(x)\right)'-f'(x)g(x)$$

对上式两边同时求积分，得到分部积分公式如下。

$$\int f(x)g'(x)\mathrm{d}x=f(x)g(x)-\int f'(x)g(x)\mathrm{d}x$$

例 2.4 求不定积分 $\int\mathrm{arctan}x\mathrm{d}x$。

解： 利用分部积分公式有

$$\int\mathrm{arctan}x\mathrm{d}x=x\mathrm{arctan}x-\int x\mathrm{darctan}x=x\mathrm{arctan}x-\int\frac{x}{1+x^2}\mathrm{d}x$$

于是有

$$\int\mathrm{arctan}x\mathrm{d}x=x\mathrm{arctan}x-\frac{1}{2}\ln\left(x^2+1\right)+C$$

2.3.2 定积分

1．定积分的定义

定积分的概念来源于求曲边梯形的面积，它是一种和式的极限。如果已知函数 $f(x)$，怎么计算该函数在区间 $[a,b]$ 上与横轴围成曲边梯形的面积。一种常见的思路是将区间 $[a,b]$ 划分为 n 个很小的区间，如图 2.6 所示，在区间 $[a,b]$ 上插入 n 个点（x_0、x_1、…、x_n），第 i 个区间长度是 $\Delta x_i=x_i-x_{i-1}$，这样曲边梯形 $ABba$ 就划分为 n 个很小的曲边梯形。令 ξ_i 是第 i 个区间 $[x_{i-1},x_i]$ 内的任意一点，于是第 i 个曲边梯形的面积就近似等于 $f(\xi_i)\Delta x_i$，因

此整个曲边梯形的面积就近似等于$\sum_{i=1}^{n} f(\xi_i)\Delta x_i$，如果区间$[a,b]$划分的每个区间长度非常小，即每个区间长度$\Delta x_i$趋向零，这时$\sum_{i=1}^{n} f(\xi_i)\Delta x_i$就趋向曲边梯形的面积。如果极限$\lim\limits_{\Delta x_i \to 0}\sum_{i=1}^{n} f(\xi_i)\Delta x_i$存在，就称该和式极限值是函数$f(x)$在区间$[a,b]$上的定积分，简称积分，记为$\int_a^b f(x)\mathrm{d}x$，$f(x)$是被积函数，$x$是积分变量，$a$是积分下限，$b$是积分上限，$[a,b]$是积分区间。

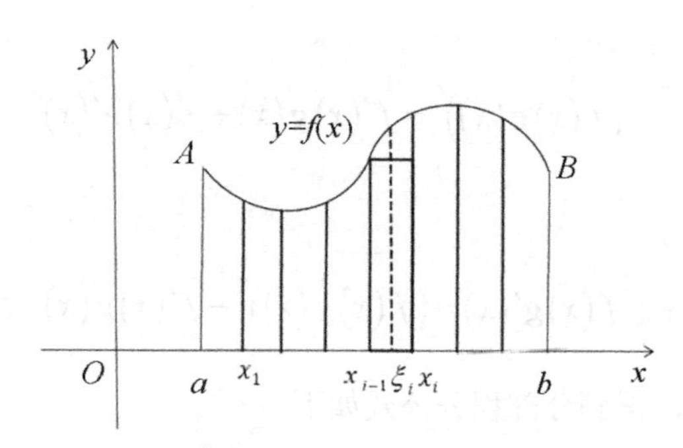

图 2.6　曲边梯形的面积

由以上内容可知，定积分$\int_a^b f(x)\mathrm{d}x$的几何意义是函数$f(x)$在区间$[a,b]$上与横轴围成曲边梯形的面积。尽管定积分$\int_a^b f(x)\mathrm{d}x$与不定积分$\int f(x)\mathrm{d}x$在形式上比较接近，但两者的几何意义完全不同，定积分表示一个具体的数值，而不定积分表示一个函数表达式。

若函数$f(x)$在区间$[a,b]$上的定积分存在，则称函数$f(x)$在区间$[a,b]$上可积。判断函数$f(x)$在区间$[a,b]$上是否可积，有以下两个常见的定理。

定理 2.6　若函数$f(x)$在区间$[a,b]$上连续，则它在区间$[a,b]$上可积。

定理 2.7　若函数$f(x)$在区间$[a,b]$上有界，且只有有限个间断点，则它在区间$[a,b]$上可积。

2．定积分的基本性质

（1）若函数$f(x)$和$g(x)$在区间$[a,b]$上可积，k是一个常数，则有如下性质。

① $kf(x)$在区间$[a,b]$上可积，且$\int_a^b kf(x)\mathrm{d}x = k\int_a^b f(x)\mathrm{d}x$。

② $f(x)+g(x)$在区间$[a,b]$上可积，且$\int_a^b \left(f(x)+g(x)\right)\mathrm{d}x = \int_a^b f(x)\mathrm{d}x + \int_a^b g(x)\mathrm{d}x$。

③ $\int_a^a f(x)\mathrm{d}x = 0$。

④ $\int_a^b f(x)\mathrm{d}x = -\int_b^a f(x)\mathrm{d}x$。

（2）若函数 $f(x)$ 在区间 $[a,b]$ 及其子区间 $[a,c]$、$[c,b]$ 上都可积，则有

$$\int_a^b f(x)\mathrm{d}x = \int_a^c f(x)\mathrm{d}x + \int_c^b f(x)\mathrm{d}x$$

（3）若函数 $f(x)$ 在区间 $[a,b]$ 上可积，且 $f(x) \geqslant 0$，则有

$$\int_a^b f(x)\mathrm{d}x \geqslant 0$$

根据以上性质可得一个应用广泛的性质，即

$$\left|\int_a^b f(x)\mathrm{d}x\right| \leqslant \int_a^b |f(x)|\mathrm{d}x\text{，}\quad a < b$$

3．积分中值定理

定理 2.8　若函数 $f(x)$ 在区间 $[a,b]$ 上连续，则在区间 $[a,b]$ 上至少存在一点 ξ，满足

$$\int_a^b f(x)\mathrm{d}x = f(\xi)(b-a)\text{，}\quad \xi \in [a,b] \tag{2.13}$$

该定理称为积分中值定理，式（2.13）是积分中值公式。根据定积分的性质很容易证明积分中值定理，如果式（2.13）变形为

$$f(\xi) = \frac{\int_a^b f(x)\mathrm{d}x}{b-a}$$

那么上式是函数 $f(x)$ 在区间 $[a,b]$ 上的平均值。

4．积分上限函数

假设函数 $f(x)$ 在区间 $[a,b]$ 上连续，$x \in [a,b]$，则积分上限函数是

$$F(x) = \int_a^x f(t)\mathrm{d}t\text{，}\quad a \leqslant x \leqslant b$$

与积分上限函数相关的定理如下。

定理 2.9　假设函数 $f(x)$ 在区间 $[a,b]$ 上连续，$x \in [a,b]$，则积分上限函数

$F(x)=\int_a^x f(t)\mathrm{d}t$ 在区间 $[a,b]$ 上可导，且有 $F'(x)=\frac{\mathrm{d}}{\mathrm{d}x}\int_a^x f(t)\mathrm{d}t=f(x)$，$a\leqslant x\leqslant b$。

证明：不妨设 $\Delta x>0$，$F(x+\Delta x)=\int_a^{x+\Delta x} f(t)\mathrm{d}t$，则

$$\begin{aligned}\Delta F&=F(x+\Delta x)-F(x)\\&=\int_a^{x+\Delta x} f(t)\mathrm{d}t-\int_a^x f(t)\mathrm{d}t\\&=\int_a^x f(t)\mathrm{d}t+\int_x^{x+\Delta x} f(t)\mathrm{d}t-\int_a^x f(t)\mathrm{d}t\\&=\int_x^{x+\Delta x} f(t)\mathrm{d}t\end{aligned}$$

根据积分中值定理有，$\int_x^{x+\Delta x} f(t)\mathrm{d}t=f(\xi)(x+\Delta x-x)=f(\xi)\Delta x$，其中 $x<\xi<x+\Delta x$，于是有

$$\frac{\Delta F}{\Delta x}=\frac{\int_x^{x+\Delta x} f(t)\mathrm{d}t}{\Delta x}=\frac{f(\xi)\Delta x}{\Delta x}=f(\xi)$$

对上式两边取极限，令 Δx 趋向零，这时 $x+\Delta x$ 趋向 x，从而 ξ 趋向 x，所以有

$$F'(x)=\lim_{\Delta x\to 0}\frac{\Delta F}{\Delta x}=\lim_{\xi\to x} f(\xi)=f(x)$$

证毕。以上证明的最后一步利用了函数 $f(x)$ 的连续性。

以上定理说明了积分上限函数对积分上限的导数等于被积函数在积分上限处的值。由原函数的定义可知，积分上限函数是被积函数的一个原函数，于是可得到定理 2.10。

定理 2.10（原函数存在定理） 假设函数 $f(x)$ 在区间 $[a,b]$ 上连续，$x\in[a,b]$，则积分上限函数 $F(x)=\int_a^x f(t)\mathrm{d}t$ 是函数 $f(x)$ 在区间 $[a,b]$ 上的一个原函数。

这个定理具有重要的意义，它从本质上揭示了定积分与原函数或不定积分的关系，这为人们采用原函数计算定积分提供了相应公式，即牛顿-莱布尼茨公式或微积分基本公式。

5. 牛顿-莱布尼茨公式

定理 2.11 假设函数 $f(x)$ 在区间 $[a,b]$ 上连续，$F(x)$ 是函数 $f(x)$ 在区间 $[a,b]$ 上的任一原函数，则有

$$\int_a^b f(x)\mathrm{d}x=F(b)-F(a) \tag{2.14}$$

为方便起见，式（2.14）也常记为$\int_a^b f(x)\mathrm{d}x = F(x)\Big|_a^b$。

证明： 因为$F(x)$是函数$f(x)$在区间$[a,b]$上的任一原函数，所以根据原函数存在定理，$\int_a^x f(t)\mathrm{d}t$也是函数$f(x)$在区间$[a,b]$上的一个原函数，则它们之间应该只相差一个常数C，因此有

$$F(x) - \int_a^x f(t)\mathrm{d}t = C \tag{2.15}$$

式中，C是常数。在式（2.15）中令$x = a$，利用$\int_a^a f(t)\mathrm{d}t = 0$，得到

$$F(a) = C \tag{2.16}$$

在式（2.15）中令$x = b$，得到

$$F(b) - \int_a^b f(t)\mathrm{d}t = C \tag{2.17}$$

综合式（2.16）和式（2.17）有

$$\int_a^b f(x)\mathrm{d}x = F(b) - F(a)$$

上式就是定理的结论，证毕。上式或式（2.14）称为牛顿-莱布尼茨公式或微积分基本公式，该定理也称为微积分基本定理。该公式的重要价值在于提供了计算定积分的一种基本方法：如果要计算定积分的值，只要先求出被积函数的一个原函数，然后计算该原函数在相应区间上的增量即可。也就是说，该公式把计算定积分问题归结为计算不定积分问题，它揭示了定积分与原函数或不定积分之间的内在联系。

由于微积分基本定理揭示了定积分与不定积分之间的内在联系，即计算定积分本质为计算不定积分，因此上面介绍的计算不定积分的换元法和分部积分法也可以用来计算定积分。这里不再赘述，相关公式如下所示。

假设函数$f(x)$在区间$[a,b]$上连续，$x = \varphi(t)$连续可导且满足$\varphi(\alpha) = a$，$\varphi(\beta) = b$，则有

$$\int_a^b f(x)\mathrm{d}x = \int_\alpha^\beta f(\varphi(t))\mathrm{d}\varphi(t) \tag{2.18}$$

或者

$$\int_a^b f(x)\mathrm{d}x = \int_\alpha^\beta f(\varphi(t))\varphi'(t)\mathrm{d}t \tag{2.19}$$

式（2.18）或式（2.19）称为定积分的换元法公式或换元公式。

例 2.5 计算定积分 $\int_0^1 \sqrt{1-x^2}\mathrm{d}x$。

解： 令 $x = \sin t$，则有 $\mathrm{d}x = \cos t\mathrm{d}t$。当 $x=0$ 时，$t=0$；当 $x=1$ 时，$t=\frac{\pi}{2}$。由定积分的换元公式可得

$$\int_0^1 \sqrt{1-x^2}\mathrm{d}x = \int_0^{\frac{\pi}{2}} \cos^2 t\mathrm{d}t = \int_0^{\frac{\pi}{2}} \frac{1+\cos(2t)}{2}\mathrm{d}t = \left[\frac{t}{2}+\frac{1}{4}\sin(2t)\right]_0^{\frac{\pi}{2}} = \frac{\pi}{4}$$

假设函数 $f(x)$ 和函数 $g(x)$ 在区间 $[a,b]$ 上连续可导，根据不定积分的分部积分法可以得到

$$\int_a^b f(x)g'(x)\mathrm{d}x = f(x)g(x)\Big|_a^b - \int_a^b f'(x)g(x)\mathrm{d}x \tag{2.20}$$

式（2.20）称为定积分的分部积分公式。

例 2.6 计算定积分 $\int_1^3 \ln x\mathrm{d}x$。

解： 根据分部积分公式有

$$\int_1^3 \ln x\mathrm{d}x = x\ln x\Big|_1^3 - \int_1^3 x\mathrm{d}\ln x = 3\ln 3 - 0 - x\Big|_1^3 = 3\ln 3 - 2$$

以上介绍的定积分都是假定积分区间是有限的，被积函数是有界的。如果把这两个条件去掉，一般情况的定积分为广义积分。

2.3.3 广义积分

1. 广义积分的定义

首先考虑积分区间无限的情况。假设函数 $f(x)$ 在区间 $[a,+\infty)$ 上有定义且连续，若对任意的 $t>a$，极限 $\lim\limits_{t\to+\infty}\int_a^t f(x)\mathrm{d}x$ 存在，则称此极限值是函数 $f(x)$ 在区间 $[a,+\infty)$ 上的广义积分或反常积分，记为 $\int_a^{+\infty} f(x)\mathrm{d}x$，即

$$\int_{a}^{+\infty} f(x)\mathrm{d}x = \lim_{t\to+\infty}\int_{a}^{t} f(x)\mathrm{d}x$$

根据牛顿-莱布尼茨公式可知，若 $F(x)$ 是函数 $f(x)$ 在区间 $[a,+\infty)$ 上的一个原函数，且极限 $\lim\limits_{t\to+\infty} F(x)$ 存在，则广义积分 $\int_{a}^{+\infty} f(x)\mathrm{d}x$ 可按下式计算。

$$\int_{a}^{+\infty} f(x)\mathrm{d}x = F(+\infty) - F(a) = F(x)\Big|_{a}^{+\infty}$$

若极限 $\lim\limits_{t\to+\infty} F(x)$ 不存在，则称广义积分 $\int_{a}^{+\infty} f(x)\mathrm{d}x$ 发散；若极限 $\lim\limits_{t\to+\infty} F(x)$ 存在，则称广义积分 $\int_{a}^{+\infty} f(x)\mathrm{d}x$ 收敛。

例 2.7　计算广义积分 $\int_{\frac{2}{\pi}}^{+\infty} \frac{1}{x^2}\sin\frac{1}{x}\mathrm{d}x$ 。

解： $\int_{\frac{2}{\pi}}^{+\infty} \frac{1}{x^2}\sin\frac{1}{x}\mathrm{d}x = -\int_{\frac{2}{\pi}}^{+\infty}\sin\frac{1}{x}\mathrm{d}\frac{1}{x} = -\lim\limits_{t\to+\infty}\int_{\frac{2}{\pi}}^{t}\sin\frac{1}{x}\mathrm{d}\frac{1}{x} = \lim\limits_{t\to+\infty}\cos\frac{1}{x}\Big|_{\frac{2}{\pi}}^{t} = \lim\limits_{t\to+\infty}\left(\cos\frac{1}{t} - \cos\frac{\pi}{2}\right) = 1$

然后考虑被积函数无界的情况。假设函数 $f(x)$ 在区间 $(a,b]$ 上连续，在点 a 的任一右邻域内无界，若对任意的 $t>a$，极限 $\lim\limits_{t\to a^+}\int_{t}^{b} f(x)\mathrm{d}x$ 存在，则称此极限值是函数 $f(x)$ 在区间 $(a,b]$ 上的广义积分或反常积分，记为 $\int_{a}^{b} f(x)\mathrm{d}x$（记号和正常的定积分没有改变），即

$$\int_{a}^{b} f(x)\mathrm{d}x = \lim_{t\to a^+}\int_{t}^{b} f(x)\mathrm{d}x$$

函数 $f(x)$ 的无界点 a 称为它的奇点。和积分区间无限的情况一样，当极限 $\lim\limits_{t\to a^+}\int_{t}^{b} f(x)\mathrm{d}x$ 存在时，该广义积分收敛；当极限 $\lim\limits_{t\to a^+}\int_{t}^{b} f(x)\mathrm{d}x$ 不存在时，该广义积分发散。类似地可以定义一个函数在区间 $[a,b)$ 上连续，在点 b 的左邻域无界的广义积分；也可以定义一个函数在区间 $[a,b]$ 上除点 c（ $a<c<b$ ）外连续，函数在点 c 的邻域内无界的广义积分，具体内容见文献[4]和文献[5]。

同样地，根据牛顿-莱布尼茨公式，若 $F(x)$ 是函数 $f(x)$ 在区间 $(a,b]$ 上的一个原函数，点 a 是函数 $f(x)$ 的奇点，则广义积分 $\int_{a}^{b} f(x)\mathrm{d}x$ 可按下式计算。

$$\int_a^b f(x)\mathrm{d}x = F(b) - F(a^+) = F(x)\Big|_a^b$$

例 2.8 计算广义积分$\int_0^1 \frac{1}{\sqrt{1-x^2}}\mathrm{d}x$。

解：被积分函数在积分上限处无界，即点$x=1$是被积函数的奇点，所以

$$\int_0^1 \frac{1}{\sqrt{1-x^2}}\mathrm{d}x = \lim_{t\to 1^-}\int_0^t \frac{1}{\sqrt{1-x^2}}\mathrm{d}x = \lim_{t\to 1^-}\arcsin x\Big|_0^t = \arcsin x\Big|_0^1 = \frac{\pi}{2}$$

2．含参变量积分的定义

假设函数$f(x,y)$在闭区域R（$a\leqslant x\leqslant b$，$c\leqslant y\leqslant d$）上连续，则积分$\int_a^b f(x,y)\mathrm{d}x$确定了一个定义在区间$[c,d]$上的函数，该函数可记为

$$\varphi(y) = \int_a^b f(x,y)\mathrm{d}x$$

上式称为含参变量的积分，其中y是参变量。

含参变量积分的基本性质如下所示。这些性质的详细证明见文献[5]和文献[8]。

（1）（连续性）假设函数$f(x,y)$在闭区域R（$a\leqslant x\leqslant b$，$c\leqslant y\leqslant d$）上连续，则$\varphi(y) = \int_a^b f(x,y)\mathrm{d}x$在区间$[c,d]$上连续。

性质（1）说明定义在闭区域上的连续函数，其极限运算和积分运算是可以交换次序的，即对任意的$y_0\in[c,d]$，有

$$\lim_{y\to y_0}\int_a^b f(x,y)\mathrm{d}x = \int_a^b \lim_{y\to y_0} f(x,y)\mathrm{d}x$$

（2）（可微性）假设函数$f(x,y)$及其偏导数$f_y(x,y)$在闭区域R（$a\leqslant x\leqslant b$，$c\leqslant y\leqslant d$）上连续，则$\varphi(y) = \int_a^b f(x,y)\mathrm{d}x$在区间$[c,d]$上可导（或可微），且有

$$\varphi'(y) = \frac{\mathrm{d}}{\mathrm{d}y}\int_a^b f(x,y)\mathrm{d}x = \int_a^b \frac{\partial}{\partial y} f(x,y)\mathrm{d}x = \int_a^b f_y(x,y)\mathrm{d}x$$

性质（2）说明当被积分函数及其偏导数在闭区域上连续时，其导数运算与积分运算是可以交换次序的。

性质（2）可以推广到更一般的情形。在性质（2）中，积分上下限都是常数，若积分上下限含有参变量y，分别为$a(y)$和$b(y)$，则有以下结论。

设函数 $f(x,y)$ 及其偏导数 $f_y(x,y)$ 在闭区域 R（$a\leqslant x\leqslant b$，$c\leqslant y\leqslant d$）上连续，函数 $a(y)$ 和 $b(y)$ 在区间 $[c,d]$ 上可导，且有 $a\leqslant a(y)\leqslant b$，$a\leqslant b(y)\leqslant b$，则 $\varphi(y)=\int_{a(y)}^{b(y)}f(x,y)\mathrm{d}x$ 在区间 $[c,d]$ 上可导（或可微），且有

$$\varphi'(y)=\frac{\mathrm{d}}{\mathrm{d}y}\int_{a(y)}^{b(y)}f(x,y)\mathrm{d}x=\int_{a(y)}^{b(y)}f_y(x,y)\mathrm{d}x+f(b(y),y)b'(y)-f(a(y),y)a'(y)$$

上面介绍的积分上限函数的导数也可以根据以上公式得到，它是以上公式的一种特殊情况。

（3）（可积性）假设函数 $f(x,y)$ 在闭区域 R（$a\leqslant x\leqslant b$，$c\leqslant y\leqslant d$）上连续，则 $\varphi(y)=\int_a^b f(x,y)\mathrm{d}x$ 在区间 $[c,d]$ 上可积，且有

$$\int_c^d\varphi(y)\mathrm{d}y=\int_c^d\left(\int_a^b f(x,y)\mathrm{d}x\right)\mathrm{d}y=\int_a^b\left(\int_c^d f(x,y)\mathrm{d}y\right)\mathrm{d}x$$

性质（3）说明，在闭区域上的连续函数，其不同变量的积分次序可以交换。

3．含参变量广义积分的定义

假设函数 $f(x,y)$ 在区域 R（$a\leqslant x<+\infty$，$c\leqslant y\leqslant d$）上有定义，则称 $\int_a^{+\infty}f(x,y)\mathrm{d}x$ 是含参变量的广义积分，其中 y 是参变量。和广义积分一样，若积分 $\int_a^{+\infty}f(x,y)\mathrm{d}x$ 的极限存在，则该积分收敛。含参变量广义积分的性质依赖于一致收敛的概念，因此此处先介绍含参变量广义积分一致收敛的定义。

假设函数 $f(x,y)$ 在区域 R（$a\leqslant x<+\infty$，$c\leqslant y\leqslant d$）上有定义，若对于任意的 $y\in[c,d]$，积分 $\int_a^{+\infty}f(x,y)\mathrm{d}x$ 收敛，且对任意的 $\varepsilon>0$，存在 $A_0>a$，当 A_1、$A_2\geqslant A_0$ 时，对任意的 $y\in[c,d]$ 有

$$\left|\int_{A_1}^{A_2}f(x,y)\mathrm{d}x\right|<\varepsilon \quad 或 \quad \left|\int_{A_1}^{+\infty}f(x,y)\mathrm{d}x\right|<\varepsilon$$

则称积分 $\int_a^{+\infty}f(x,y)\mathrm{d}x$ 关于 $y\in[c,d]$ 一致收敛。

含参变量广义积分的一致收敛，除根据一致收敛的定义判断外，还可以根据定理 2.12 判断。

定理 2.12 若存在函数 $g(x)$，使得

$$|f(x,y)| \leqslant g(x),\ a \leqslant x < +\infty,\ c \leqslant y \leqslant d$$

并且积分 $\int_a^{+\infty} g(x)\mathrm{d}x$ 收敛，则有积分 $\int_a^{+\infty} f(x,y)\mathrm{d}x$ 关于 $y \in [c,d]$ 一致收敛。

证明：根据假设，对任意 $A_1, A_2 \in [a,+\infty)$ 有

$$\left|\int_{A_1}^{A_2} f(x,y)\mathrm{d}x\right| \leqslant \left|\int_{A_1}^{A_2} |f(x,y)|\mathrm{d}x\right| \leqslant \left|\int_{A_1}^{A_2} g(x)\mathrm{d}x\right|$$

又因为积分 $\int_a^{+\infty} g(x)\mathrm{d}x$ 收敛，所以对任意 $\varepsilon > 0$，存在 $A_0 > a$，使得当 A_1、$A_2 \geqslant A_0$ 时，有

$$\left|\int_{A_1}^{A_2} g(x)\mathrm{d}x\right| < \varepsilon$$

于是根据一致收敛的定义，得到积分 $\int_a^{+\infty} f(x,y)\mathrm{d}x$ 关于 $y \in [c,d]$ 一致收敛，证毕。

例 2.9 证明：含参变量的广义积分 $\int_1^{+\infty} \frac{\sin(xy)}{x^2+y^2}\mathrm{d}x$ 在实数域 $\mathbf{R}$ 上一致收敛。

证明：对任意的 $y \in \mathbf{R}$，有 $\left|\frac{\sin(xy)}{x^2+y^2}\right| \leqslant \frac{1}{x^2}$，同时积分 $\int_1^{+\infty} \frac{1}{x^2}\mathrm{d}x = -\frac{1}{x}\Big|_1^{+\infty} = 1$，因此积分 $\int_1^{+\infty} \frac{1}{x^2}\mathrm{d}x$ 收敛。

所以广义积分 $\int_1^{+\infty} \frac{\sin(xy)}{x^2+y^2}\mathrm{d}x$ 在实数域 $\mathbf{R}$ 上一致收敛，证毕。

有了一致收敛的定义后，我们可以借助这个定义给出含参变量广义积分的基本性质，即关于含参变量广义积分的连续性、可微性和可积性。

（1）（连续性）假设函数 $f(x,y)$ 在区域 R（$a \leqslant x < +\infty$，$c \leqslant y \leqslant d$）上连续，若广义积分 $\varphi(y) = \int_a^{+\infty} f(x,y)\mathrm{d}x$ 在区间 $[c,d]$ 上一致收敛，则 $\varphi(y) = \int_a^{+\infty} f(x,y)\mathrm{d}x$ 在区间 $[c,d]$ 上连续。

性质（1）说明，在一致收敛的条件下，极限运算与积分运算可以交换次序，即

$$\lim_{y \to y_0} \int_a^{+\infty} f(x,y)\mathrm{d}x = \int_a^{+\infty} \lim_{y \to y_0} f(x,y)\mathrm{d}x$$

（2）（可微性）假设函数 $f(x,y)$ 及其偏导数 $f_y(x,y)$ 在区域 R（$a \leqslant x \leqslant +\infty$，$c \leqslant y \leqslant d$）

上连续，且积分 $\varphi(y)=\int_a^{+\infty} f(x,y)\mathrm{d}x$ 在区间 $[c,d]$ 上收敛，积分 $\int_a^{+\infty} f_y(x,y)\mathrm{d}x$ 在区间 $[c,d]$ 上一致收敛，那么 $\varphi(y)=\int_a^{+\infty} f(x,y)\mathrm{d}x$ 可导，且有

$$\varphi'(y)=\frac{\mathrm{d}}{\mathrm{d}y}\int_a^{+\infty} f(x,y)\mathrm{d}x=\int_a^{+\infty}\frac{\partial}{\partial y}f(x,y)\mathrm{d}x=\int_a^{+\infty} f_y(x,y)\mathrm{d}x$$

性质（2）说明，在一定条件下，含参变量广义积分的求导运算和积分运算可以交换次序。

（3）（可积性）假设函数 $f(x,y)$ 在区域 R（$a\leqslant x<+\infty$，$c\leqslant y\leqslant d$）上连续，若广义积分 $\varphi(y)=\int_a^{+\infty} f(x,y)\mathrm{d}x$ 在区间 $[c,d]$ 上一致收敛，则 $\varphi(y)=\int_a^{+\infty} f(x,y)\mathrm{d}x$ 在区间 $[c,d]$ 上可积，且有

$$\int_c^d \varphi(y)\mathrm{d}y=\int_a^{+\infty}\left(\int_c^d f(x,y)\mathrm{d}y\right)\mathrm{d}x$$

性质（3）说明，在一致收敛的条件下，含参变量广义积分不同，变量的积分次序可以交换。

2.3.4　多重积分

1．二重积分的定义

二重积分的概念来源于曲顶柱体体积的计算。假设有一个曲顶柱体，如图 2.7 所示，它的底是 xOy 平面上的闭区域 D，它的顶是曲面 $z=f(x,y)$，假设函数 $z=f(x,y)$ 在闭区域 D 内有定义且连续，那么这个曲顶柱体的体积如何计算呢？

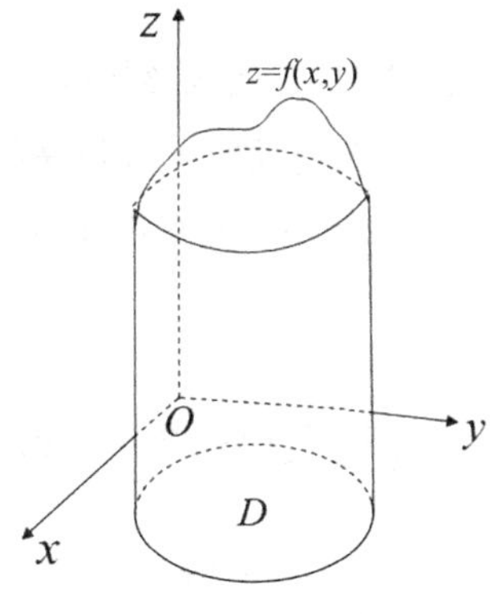

图 2.7　曲顶柱体

类似定积分的做法，先将闭区域 D 划分为 n 个很小的闭区域 D_1、D_2、…、D_n，假定划分后的区域面积是 $\Delta\sigma_1$、$\Delta\sigma_2$、…、$\Delta\sigma_n$，这样一个大的曲顶柱体被划分为 n 个很小的曲顶

柱体；然后在第i个区域内取一点(ξ_i,η_i)，用$f(\xi_i,\eta_i)\Delta\sigma_i$近似代替以$D_i$为底的小曲顶柱体的体积，如图2.8所示，于是大的曲顶柱体体积的近似值是$\sum_{i=1}^{n} f(\xi_i,\eta_i)\Delta\sigma_i$。

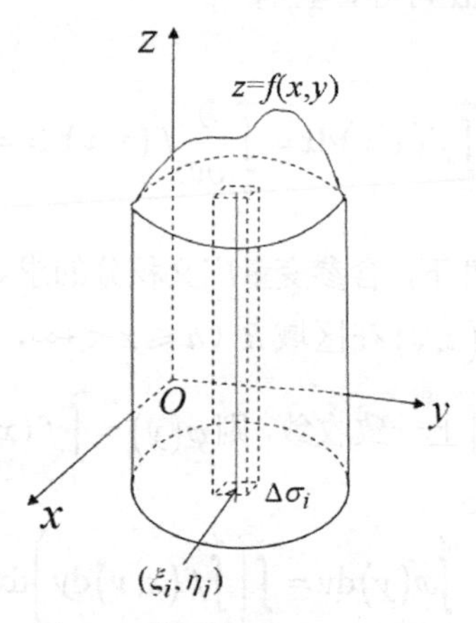

图2.8　曲顶柱体体积的近似

很显然，如果闭区域D的划分足够精细，那么每个$\Delta\sigma_i$将趋向零，若

$$\lim_{\Delta\sigma_i \to 0} \sum_{i=1}^{n} f(\xi_i,\eta_i)\Delta\sigma_i \tag{2.21}$$

极限存在，则其极限值就是曲顶柱体的体积，我们把这个极限称为二重积分，其可表示为

$$\iint_D f(x,y)\mathrm{d}\sigma$$

其中，$f(x,y)$是被积函数，D是积分区域，x、y是积分变量，$f(x,y)\mathrm{d}\sigma$是积分表达式，$\mathrm{d}\sigma$是面积元素。

与定积分的定义类似，对于式（2.21），要求该极限对于区域D的任意一种划分，该极限始终存在并等于同一极限值。因此，人们采取一种特殊的划分方法，即用平行于x轴和平行于y轴的直线划分闭区域D，将其划分为一些小的矩形区域。于是第i个小矩形的面积是$\Delta\sigma_i=\Delta x_i\Delta y_i$，则式（2.21）可表示为

$$\lim_{\Delta x_i,\Delta y_i \to 0} \sum_{i=1}^{n} f(\xi_i,\eta_i)\Delta x_i\Delta y_i$$

与上面的和式极限相对应，二重积分也可表示为

$$\iint_D f(x,y)\mathrm{d}x\mathrm{d}y$$

其中，$\mathrm{d}x\mathrm{d}y$是面积元素。

根据二重积分的定义，可知其几何意义是，当被积函数大于零时，二重积分就是曲顶柱体的体积；当被积分函数小于零时，二重积分就是曲顶柱体体积的负数，即二重积分是各个分区域上曲顶柱体体积的代数和，曲顶柱体在 xOy 平面上方，其体积为正值，在 xOy 平面下方，其体积为负值。

2. 二重积分的性质

由二重积分的定义可知，它是定积分的推广，定积分具有的性质，在满足一定条件下，二重积分也有相应的性质，这里将直接给出相关结论。若函数 $f(x,y)$ 和函数 $g(x,y)$ 在有界闭区域 D 上连续，则有以下基本性质。

（1）（存在性）若函数 $f(x,y)$ 在有界闭区域 D 上连续，则二重积分 $\iint\limits_D f(x,y)\mathrm{d}x\mathrm{d}y$ 存在。

（2）（线性运算）

$$\iint\limits_D \left(\alpha f(x,y)+\beta g(x,y)\right)\mathrm{d}x\mathrm{d}y=\alpha\iint\limits_D f(x,y)\mathrm{d}x\mathrm{d}y+\beta\iint\limits_D g(x,y)\mathrm{d}x\mathrm{d}y$$

（3）（区域可加性）

$$\iint\limits_D f(x,y)\mathrm{d}x\mathrm{d}y=\iint\limits_{D_1} f(x,y)\mathrm{d}x\mathrm{d}y+\iint\limits_{D_2} f(x,y)\mathrm{d}x\mathrm{d}y$$

其中，$D=D_1\cup D_2$。

（4）（单调性）若在区域 D 上，满足 $f(x,y)\leqslant g(x,y)$，则有

$$\iint\limits_D f(x,y)\mathrm{d}x\mathrm{d}y\leqslant\iint\limits_D g(x,y)\mathrm{d}x\mathrm{d}y$$

根据二重积分的单调性，很容易得到下面的结论。

$$\left|\iint\limits_D f(x,y)\mathrm{d}x\mathrm{d}y\right|\leqslant\iint\limits_D \left|f(x,y)\right|\mathrm{d}x\mathrm{d}y$$

（5）（中值定理）若函数 $f(x,y)$ 在有界闭区域 D 上连续，则至少存在一点 $(\xi,\eta)\in D$，使得下式成立。

$$\iint\limits_D f(x,y)\mathrm{d}x\mathrm{d}y=f(\xi,\eta)\sigma_D$$

其中，σ_D 是有界闭区域 D 的面积。

3. 二重积分的计算

二重积分的计算一般通过计算两个定积分来实现，也就是说，把一个二重积分转化为

二次积分或累次积分，如式（2.22）所示。

$$\iint_D f(x,y)\mathrm{d}x\mathrm{d}y=\int_\Psi\left(\int_\Omega f(x,y)\mathrm{d}y\right)\mathrm{d}x=\int_\Omega\left(\int_\Psi f(x,y)\mathrm{d}x\right)\mathrm{d}y \tag{2.22}$$

式中，Ψ 是变量 x 的取值范围；Ω 是变量 y 的取值范围。式（2.22）中最左边的式子是一个二次积分，它可以转化为两个二次积分或累次积分。中间的式子先对变量 y 积分，再对变量 x 积分。最右边的式子先对变量 x 积分，再对变量 y 积分。无论先对哪个变量积分，计算结果都是一样的。一般来说，如果先对变量 y 积分，那么它的积分下限和上限应该是变量 x 的函数 $\varphi_1(x)$ 和 $\varphi_2(x)$，如图 2.9 所示。

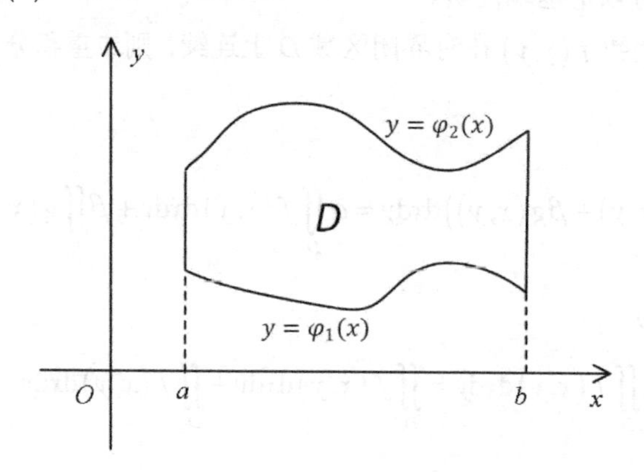

图 2.9　二重积分转化为二次积分的积分区间

图 2.9 中的积分区域为 $a\leqslant x\leqslant b$，$\varphi_1(x)\leqslant y\leqslant\varphi_2(x)$，假定 $\varphi_1(x)$ 和 $\varphi_2(x)$ 在区间 $[a,b]$ 上连续，这样二重积分就可以按下式转化为二次积分或累次积分。

$$\iint_D f(x,y)\mathrm{d}x\mathrm{d}y=\int_a^b\left(\int_{\varphi_1(x)}^{\varphi_2(x)} f(x,y)\mathrm{d}y\right)\mathrm{d}x$$

上式是先对变量 y 积分，积分区间是从 $\varphi_1(x)$ 到 $\varphi_2(x)$，这时把变量 x 看成常数，积分的结果是变量 x 的函数；然后对变量 x 积分，积分区间是从 a 到 b。当然，也可以先对变量 x 积分再对变量 y 积分，方法是类似的，这里不再重复。

例 2.10　计算二重积分 $\iint_D(1-x^2)\mathrm{d}x\mathrm{d}y$，其中 $D=\{(x,y)\mid -1\leqslant x\leqslant 1, 0\leqslant y\leqslant 1\}$。

解：

$$\iint_D(1-x^2)\mathrm{d}x\mathrm{d}y=\int_{-1}^{1}\mathrm{d}x\int_0^1(1-x^2)\mathrm{d}y=\int_{-1}^{1}\left[(1-x^2)y\right]\Big|_0^1\mathrm{d}x=\int_{-1}^{1}(1-x^2)\mathrm{d}x=\frac{4}{3}$$

以上给出的示例中，积分区间是有限的，被积函数是有界的，当然也可以将这些限制推广到积分区间是无限的、被积函数是无界的一般情况。另外，从理论上说，二重积分的

计算可以先对变量 x 积分，再对变量 y 积分；或者先对变量 y 积分，再对变量 x 积分。但是，在实际计算二重积分时，积分的次序很关键，要由被积函数和积分区域而定。读者可自行计算二重积分 $\iint\limits_D \frac{\sin y}{y}\mathrm{d}x\mathrm{d}y$，其中 D 是由 $y=x$ 和 $x=y^2$ 围成的区域。

除了上面介绍的二次积分方法，计算二重积分的另外一种常见方法是极坐标变换，即用极坐标计算二重积分。采用极坐标变换，可以将积分从直角坐标系变换到极坐标系，该方法用于计算一些在直角坐标系下比较难计算的二重积分。一般来说，若二重积分中积分区域是圆域、圆域的一部分或被积函数包含 x^2+y^2 因子，则其适合采用极坐标变换计算。

令 $x=r\cos\theta$，$y=r\sin\theta$，则极坐标变换公式是

$$\iint\limits_D f(x,y)\mathrm{d}x\mathrm{d}y=\iint\limits_{D'} f(r\cos\theta,r\sin\theta)r\mathrm{d}r\mathrm{d}\theta \tag{2.23}$$

式中，D' 是区域 D 在极坐标系下对应的区域，由 r、θ 的上界和下界确定。变换后的面积元素是 $r\mathrm{d}r\mathrm{d}\theta$，这里面积元素中多了一个因子 r，本质上式（2.23）右边是一个和式极限，如图 2.10 所示，变换后的区域被划分为很多小的区域，第 i 个区域的面积 $\Delta\sigma_i$ 是

$$\Delta\sigma_i=\frac{1}{2}(r_i+\Delta r_i)^2\Delta\theta_i-\frac{1}{2}r_i^2\Delta\theta_i=\frac{r_i+(r_i+\Delta r_i)}{2}\Delta r_i\Delta\theta_i=\overline{r}_i\Delta r_i\Delta\theta_i$$

其中，$\overline{r}_i$ 是图 2.10 中相邻两条圆弧半径的平均值。这样我们在求和式极限时，有

$$\iint\limits_D f(x,y)\mathrm{d}\sigma=\lim_{\Delta\sigma_i\to 0}\sum_{i=1}^{n}f(\overline{r}_i\cos\theta,\overline{r}_i\sin\theta)\overline{r}_i\Delta r_i\Delta\theta_i=\iint\limits_{D'} f(r\cos\theta,r\sin\theta)r\mathrm{d}r\mathrm{d}\theta$$

这样面积元素就是 $r\mathrm{d}r\mathrm{d}\theta$。

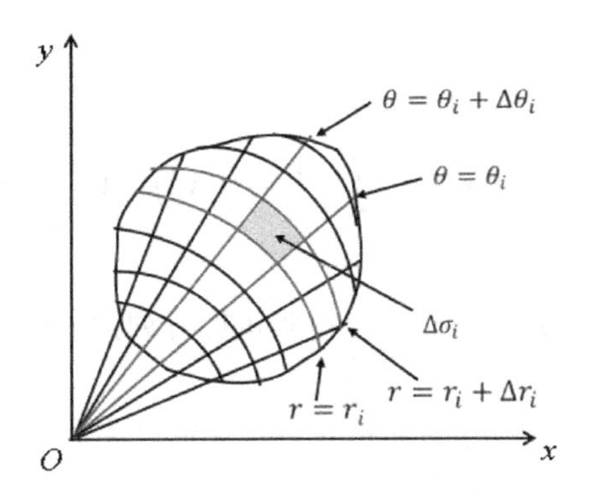

图 2.10　极坐标系下积分区域的划分

显然极坐标系下的二重积分也可以类似于直角坐标系下的二重积分采用分部积分法计算。下面给出的例子将利用极坐标变换公式计算二重积分。

例 2.11 计算二重积分 $\int_{-\infty}^{+\infty}\int_{-\infty}^{+\infty} \mathrm{e}^{-x^2-y^2}\mathrm{d}x\mathrm{d}y$。

解：将该积分采用极坐标变换之后，在极坐标系中，积分区域 D 是

$$D=\{(r,\theta)\,|\,0\leqslant\theta\leqslant 2\pi, 0\leqslant r<+\infty\}$$

于是有

$$\int_{-\infty}^{+\infty}\int_{-\infty}^{+\infty} \mathrm{e}^{-x^2-y^2}\mathrm{d}x\mathrm{d}y=\int_0^{2\pi}\int_0^{+\infty}\mathrm{e}^{-r^2}r\mathrm{d}r\mathrm{d}\theta=\int_0^{2\pi}\left(-\frac{\mathrm{e}^{-r^2}}{2}\bigg|_0^{+\infty}\right)\mathrm{d}\theta=\int_0^{2\pi}\frac{1}{2}\mathrm{d}\theta=\pi$$

4．n 重积分

以上介绍的二重积分可以推广到 n（$n\geqslant 3$）重积分。n 重积分的一般形式是

$$\int\cdots\int_D f(x_1,x_2,\cdots,x_n)\mathrm{d}x_1\mathrm{d}x_2\cdots\mathrm{d}x_n$$

计算多重积分的一种常用方法是将其转化为累次积分。多重积分转化为累次积分的一般形式是

$$\int\cdots\int_D f(x_1,x_2,\cdots,x_n)\mathrm{d}x_1\mathrm{d}x_2\cdots\mathrm{d}x_n=\int_{a_1}^{b_1}\mathrm{d}x_1\int_{a_2(x_1)}^{b_2(x_1)}\mathrm{d}x_2\cdots\int_{a_n(x_1,x_2,\cdots,x_{n-1})}^{b_n(x_1,x_2,\cdots,x_{n-1})}f(x_1,x_2,\cdots,x_n)\mathrm{d}x_n$$

计算多重积分的另一种常用方法是换元法。假定对 n 重积分进行 $\mathbf{R}^n\to\mathbf{R}^n$ 变换：$\boldsymbol{x}=\varphi(\boldsymbol{y})$，若该变换的雅可比行列式不为零，即

$$\det\left(\frac{\partial\boldsymbol{x}}{\partial\boldsymbol{y}}\right)\neq 0$$

则多重积分的变换公式是

$$\int\cdots\int_D f(\boldsymbol{x})\mathrm{d}\boldsymbol{x}=\int\cdots\int_{D'} f(\varphi(\boldsymbol{y}))\left|\det\left(\frac{\partial\boldsymbol{x}}{\partial\boldsymbol{y}}\right)\right|\mathrm{d}\boldsymbol{x}$$

其中，D' 是变换后的积分区域，$\left|\det\left(\frac{\partial\boldsymbol{x}}{\partial\boldsymbol{y}}\right)\right|$ 是雅可比行列式的绝对值。实际上直接使用上面的变换公式也很容易得到二重积分的面积元素是如何产生因子 r 的。因为我们做的极坐标变换是 $x=r\cos\theta$，$y=r\sin\theta$，所以有

$$\left|\det\left(\frac{\partial(x,y)}{\partial(r,\theta)}\right)\right|=\begin{vmatrix}\cos\theta & -r\sin\theta\\ \sin\theta & r\cos\theta\end{vmatrix}=r$$

这样也可以得到二重积分的极坐标变换公式。

2.4　常微分方程

2.4.1　常微分方程的概述

1．常微分方程的定义

微分方程是包含自变量、未知函数及其导数的方程。如果在微分方程中，自变量的个数只有一个，那么这种微分方程是常微分方程。自变量的个数为两个及两个以上的微分方程是偏微分方程。常微分方程的一般形式是

$$f\left(x,y,y',\cdots,y^{(n)}\right)=0 \tag{2.24}$$

式中，y 是 x 的函数。微分方程中出现的未知函数 y 最高阶导数的阶数称为微分方程的阶数。

2．线性微分方程与非线性微分方程

若微分方程是未知函数及各阶导数的一次方程，则该方程是线性微分方程，否则该方程是非线性微分方程。一般 n 阶线性微分方程可表示为

$$y^{(n)}+a_1(x)y^{(n-1)}+a_2(x)y^{(n-2)}+\cdots+a_n(x)y=f(x)$$

其中，$a_1(x)$、$a_2(x)$、⋯、$a_n(x)$、$f(x)$ 是 x 的已知函数。若系数 $a_1(x)$、$a_2(x)$、⋯、$a_n(x)$ 都是常数，则该方程是常系数线性微分方程。

3．常微分方程的解

常微分方程的解是一元函数，若将 $y=\varphi(x)$ 代入常微分方程，能使得等式两边相等，则函数 $y=\varphi(x)$ 是常微分方程的一个解。若由关系式 $\Phi(x,y)=0$ 决定的函数 $y=\varphi(x)$ 是常微分方程的一个解，则称 $\Phi(x,y)=0$ 是常微分方程的隐式解。包含 n 个独立任意常数 c_1、c_2、⋯、c_n 的解 $y=\varphi(x,c_1,c_2,\cdots,c_n)$，称为常微分方程的通解。一般常微分方程的解和隐式解都是常微分方程的解，不加以区别；常微分方程的通解和隐式通解都称为通解，也不加以区别。

由于常微分方程的解不唯一，为了确定某特定的解，就需要对其加上一些限定条件以保证解的唯一性，这些限定条件称为定解条件。例如，限定常微分方程的解或其导数在某一点或某些点的取值，如 $y(x_0)=c_0$、$y'(x_0)=c_1$ 等，加上这种限定条件的求解问题就称为初值问题。

2.4.2　一阶微分方程的概述

本节主要介绍一阶微分方程的常用求解方法，基本思想是把微分方程的求解问题转化

为求解积分问题。目前人工智能中涉及的微分方程都是一些比较简单的方程，一般具有解析解，实际上有很多微分方程是无法得到其解析解的。

1．变量分离方程的定义

形如$\frac{dy}{dx}=f(x)g(y)$的方程是变量分离方程。如果$g(y)\neq 0$，那么这类方程可以转化为

$$\frac{dy}{g(y)}=f(x)dx$$

对上式两边积分有

$$\int\frac{dy}{g(y)}=\int f(x)dx+c$$

这样求解微分方程问题就转化为求解积分问题了。

例 2.12 求解微分方程$\frac{dy}{dx}=2xy$的通解。

解：分离变量得到

$$\frac{dy}{y}=2xdx$$

对上式两边积分有

$$\ln y=x^2+\ln c$$

于是得到原方程的通解是

$$y=ce^{x^2}，c 是任意常数$$

2．齐次微分方程的定义

形如$\frac{dy}{dx}=g\left(\frac{y}{x}\right)$的方程称为齐次微分方程，简称齐次方程，其中$g(u)$是$u$的连续函数。

做变量变换$u=\frac{y}{x}$，即$y=ux$，就可以将齐次方程转化为变量分离方程。在$y=ux$两边对x微分有

$$\frac{dy}{dx}=x\frac{du}{dx}+u$$

从而有

$$x\frac{du}{dx}+u=g(u)$$

以上方程可以进一步转化为

$$\frac{\mathrm{d}u}{g(u)-u}=\frac{\mathrm{d}x}{x}$$

这是一个变量分离方程，等式两边积分后即可得到方程的通解，将原变量代回通解即可得到齐次方程的通解。

例 2.13　求解微分方程 $\frac{\mathrm{d}y}{\mathrm{d}x}=2\sqrt{\frac{y}{x}}+\frac{y}{x}$ 的通解。

解：做变量变换 $u=\frac{y}{x}$，即 $y=ux$，将该等式两边对 x 微分并代回原方程有

$$x\frac{\mathrm{d}u}{\mathrm{d}x}=2\sqrt{u}$$

对上式分离变量得到

$$\frac{\mathrm{d}u}{2\sqrt{u}}=\frac{\mathrm{d}x}{x}$$

对上式两边积分有

$$\int\frac{\mathrm{d}u}{2\sqrt{u}}=\int\frac{\mathrm{d}x}{x}+\ln c$$

即有

$$\sqrt{u}=\ln x+c$$

将 $u=\frac{y}{x}$ 代入上式，整理得到原方程通解是

$$y=x(\ln x+c)^2\text{，}c\text{ 是任意常数}$$

3．一阶线性微分方程的定义

形如 $\frac{\mathrm{d}y}{\mathrm{d}x}=p(x)y+q(x)$ 的方程是一阶线性微分方程，若 $q(x)=0$，则该方程是一阶齐次线性方程，否则是一阶非齐次线性方程。通过分离变量法可以得到一阶齐次线性方程的通解是 $y=c\mathrm{e}^{\int p(x)\mathrm{d}x}$，其中 c 是任意常数。

一般采用常数变易法求一阶非齐次线性方程的通解。常数变易法的基本思想是，由于一阶齐次线性方程是一阶非齐次线性方程的特例，而一阶齐次线性方程的通解是 $y=c\mathrm{e}^{\int p(x)\mathrm{d}x}$，因此该方法将一阶齐次线性方程通解中的常数 c 变为 x 的函数 $c(x)$，即把一阶非齐次线性方程的通解设为 $y=c(x)\mathrm{e}^{\int p(x)\mathrm{d}x}$ 形式，这样该式两边对 x 微分有

$$\frac{dy}{dx}=\frac{dc(x)}{dx}e^{\int p(x)dx}+c(x)p(x)e^{\int p(x)dx}$$

结合原方程得到

$$\frac{dc(x)}{dx}e^{\int p(x)dx}+c(x)p(x)e^{\int p(x)dx}=p(x)c(x)e^{\int p(x)dx}+q(x)$$

整理上式得

$$\frac{dc(x)}{dx}=q(x)e^{-\int p(x)dx}$$

对上式两边积分有

$$c(x)=\int q(x)e^{-\int p(x)dx}dx+\overline{c}\text{，其中}\overline{c}\text{是任意常数}$$

将求得的$c(x)$代入$y=c(x)e^{\int p(x)dx}$，得到一阶非齐次线性方程的通解是

$$y=e^{\int p(x)dx}\left(\int q(x)e^{-\int p(x)dx}dx+\overline{c}\right)$$

例 2.14 求方程$(x+1)\frac{dy}{dx}=2y+e^x(x+1)^3$的通解。

解：将该方程整理为

$$\frac{dy}{dx}=\frac{2y}{x+1}+e^x(x+1)^2$$

求上式对应的齐次方程$\frac{dy}{dx}=\frac{2y}{x+1}$的通解，先采用分离变量法，再积分得到齐次方程的通解是

$$y=c(x+1)^2$$

最后采用常数变易法求非齐次方程的通解，令$y=c(x)(x+1)^2$，将该式两边对x求导有

$$\frac{dy}{dx}=c'(x)(x+1)^2+2c(x)(x+1)$$

从而有

$$c'(x)(x+1)^2+2c(x)(x+1)=\frac{2c(x)(x+1)^2}{x+1}+e^x(x+1)^2$$

所以

$$c'(x) = \mathrm{e}^x$$

对上式两边积分有

$$c(x) = \mathrm{e}^x + c$$

这样得到原方程的通解是

$$y = (\mathrm{e}^x + c)(x+1)^2$$

本章参考文献

[1] 雷明. 机器学习的数学[M]. 北京: 人民邮电出版社, 2021.

[2] HE K M, ZHANG X Y, REN S Q, et al. Deep residual learning for image recognition[C]. IEEE Conference on Computer Vision and Pattern Recognition, Las Vegas, 2016.

[3] CHEN T Q, RUBANOVA Y, BETTENCOURT J, et al. Neural Ordinary Differential Equations[C]. IEEE Conference on Computer Vision and Pattern Recognition, Salt Lake City, 2018.

[4] 同济大学数学系. 高等数学[M]. 北京: 高等教育出版社, 2014.

[5] 陈传璋, 金福临, 朱学炎, 等. 数学分析[M]. 北京: 高等教育出版社, 1983.

[6] 陈宝林. 最优化理论与算法[M]. 北京: 清华大学出版社, 2005.

[7] AVRIEL M. Nonlinear Programming: Analysis and Methods[M]. Upper Saddle River: Prentice-Hall, 1976.

[8] RUDIN W. Principles of Mathematical Analysis[M]. Beijing: China Machine Press, 2004.

[9] 邱锡鹏. 神经网络与深度学习[M]. 北京: 机械工业出版社, 2020.

第 3 章　矩阵与线性变换

3.1　矩阵秩的概述

3.1.1　矩阵的初等变换

以下三种针对矩阵的变换统称为矩阵的初等变换。

（1）交换矩阵 $\boldsymbol{A}$ 的两行（或两列），一般简记为 $r_i \leftrightarrow r_j$。

（2）用一个非零常数 k 乘以矩阵 $\boldsymbol{A}$ 某一行（或某一列）的所有元素，一般简记为 $k \times r_i$。

（3）把矩阵 $\boldsymbol{A}$ 某一行（或某一列）的所有元素都乘以同一个非零常数 k 后加到另一行（或另一列）对应的元素上，一般简记为 $r_i + kr_j$。

若矩阵 $\boldsymbol{A}$ 经过若干次初等变换后得到矩阵 $\boldsymbol{B}$，则称矩阵 $\boldsymbol{A}$ 与矩阵 $\boldsymbol{B}$ 等价，记为 $\boldsymbol{A} \sim \boldsymbol{B}$，相关证明见文献[1]和文献[2]。若矩阵 $\boldsymbol{A}$ 和矩阵 $\boldsymbol{B}$ 都是 $m \times n$ 矩阵，则 $\boldsymbol{A} \sim \boldsymbol{B}$ 的充分必要条件是存在 m 阶可逆矩阵 $\boldsymbol{P}$ 和 n 阶可逆矩阵 $\boldsymbol{Q}$，使得 $\boldsymbol{PAQ} = \boldsymbol{B}$。

对单位矩阵 $\boldsymbol{I}$ 进行一次初等变换后得到的矩阵称为初等矩阵。初等矩阵都是可逆的，并且其逆矩阵也是初等矩阵。

对任意一个 n 阶可逆矩阵 $\boldsymbol{A}$，一定存在一组初等矩阵 $\boldsymbol{P}_1$、$\boldsymbol{P}_2$、$\cdots$、$\boldsymbol{P}_m$，使得

$$\boldsymbol{P}_m \cdots \boldsymbol{P}_2 \boldsymbol{P}_1 \boldsymbol{A} = \boldsymbol{I} \tag{3.1}$$

对上式两边同时右乘矩阵 $\boldsymbol{A}$ 的逆矩阵 $\boldsymbol{A}^{-1}$，得到

$$\boldsymbol{P}_m \cdots \boldsymbol{P}_2 \boldsymbol{P}_1 \boldsymbol{A} \boldsymbol{A}^{-1} = \boldsymbol{I} \boldsymbol{A}^{-1} = \boldsymbol{A}^{-1}$$

于是得到

$$\boldsymbol{A}^{-1} = \boldsymbol{P}_m \cdots \boldsymbol{P}_2 \boldsymbol{P}_1 \boldsymbol{I} \tag{3.2}$$

式（3.1）和式（3.2）说明，若经过一些初等变换把可逆矩阵 $\boldsymbol{A}$ 变换为单位矩阵 $\boldsymbol{I}$，则将同样的初等变换作用到单位矩阵 $\boldsymbol{I}$ 上，就可以把单位矩阵 $\boldsymbol{I}$ 变换为矩阵 $\boldsymbol{A}$ 的逆矩阵 $\boldsymbol{A}^{-1}$。因

此，使用初等变换求矩阵逆矩阵的方法为

$$(\boldsymbol{A}|\boldsymbol{I}) \xrightarrow{\text{初等行变换}} (\boldsymbol{I}|\boldsymbol{A}^{-1})$$

例 3.1　已知矩阵 $\boldsymbol{A}=\begin{bmatrix}3&2&1\\3&1&5\\3&2&3\end{bmatrix}$，求 $\boldsymbol{A}^{-1}$。

解：

$$(\boldsymbol{A}|\boldsymbol{I})=\begin{bmatrix}3&2&1&\vdots&1&0&0\\3&1&5&\vdots&0&1&0\\3&2&3&\vdots&0&0&1\end{bmatrix}\xrightarrow[r_3-r_1]{r_2-r_1}\begin{bmatrix}3&2&1&\vdots&1&0&0\\0&-1&4&\vdots&-1&1&0\\0&0&2&\vdots&-1&0&1\end{bmatrix}$$

$$\xrightarrow[r_2-2r_3]{r_1-\frac{1}{2}r_3}\begin{bmatrix}3&2&0&\vdots&\frac{3}{2}&0&-\frac{1}{2}\\0&-1&0&\vdots&1&1&-2\\0&0&2&\vdots&-1&0&1\end{bmatrix}\xrightarrow[\frac{1}{2}r_3]{r_1+2r_2}\begin{bmatrix}3&0&0&\vdots&\frac{7}{2}&2&-\frac{9}{2}\\0&-1&0&\vdots&1&1&-2\\0&0&1&\vdots&-\frac{1}{2}&0&\frac{1}{2}\end{bmatrix}$$

$$\xrightarrow[(-1)r_2]{\frac{1}{3}r_1}\begin{bmatrix}1&0&0&\vdots&\frac{7}{6}&\frac{2}{3}&-\frac{9}{6}\\0&1&0&\vdots&-1&-1&2\\0&0&1&\vdots&-\frac{1}{2}&0&\frac{1}{2}\end{bmatrix}$$

因此有

$$\boldsymbol{A}^{-1}=\begin{bmatrix}\frac{7}{6}&\frac{2}{3}&-\frac{9}{6}\\-1&-1&2\\-\frac{1}{2}&0&\frac{1}{2}\end{bmatrix}$$

3.1.2　矩阵的秩

1．矩阵 $\boldsymbol{A}$ 的 k 阶子式

在 $m\times n$ 矩阵 $\boldsymbol{A}$ 中任取 k 行 k 列，位于这 k 行 k 列交叉处的 k^2 个元素按其原来的顺序构成的 k 阶行列式称为矩阵 $\boldsymbol{A}$ 的 k 阶子式。

2．矩阵 $\boldsymbol{A}$ 的秩

若矩阵 $\boldsymbol{A}$ 中有一个不等于零的 r 阶子式，且所有 $r+1$ 阶子式（若存在的话）是零，则称数 r 是矩阵 $\boldsymbol{A}$ 的秩，记为 $R(\boldsymbol{A})$。规定零矩阵的秩是零。

若矩阵 $\boldsymbol{A}$ 是 $m\times n$ 矩阵，则根据矩阵秩的定义容易得到以下性质。

（1）$0\leqslant R(\boldsymbol{A})\leqslant \min\{m,n\}$。

（2）$R(\boldsymbol{A})=R(\boldsymbol{A}^{\mathrm{T}})$。

假设矩阵 $\boldsymbol{A}$ 是 $m\times n$ 矩阵，若 $R(\boldsymbol{A})=m$，则称 $\boldsymbol{A}$ 是行满秩矩阵；若 $R(\boldsymbol{A})=n$，则称 $\boldsymbol{A}$ 是列满秩矩阵。假设矩阵 $\boldsymbol{A}$ 是 n 阶方阵，若 $R(\boldsymbol{A})=n$，则称 $\boldsymbol{A}$ 是满秩矩阵。根据可逆矩阵的定义和 n 阶行列式的性质容易得到，可逆矩阵是满秩矩阵。

由性质（2）可知，初等变换不改变矩阵的秩。因此，若 $\boldsymbol{A}\sim\boldsymbol{B}$，则有 $R(\boldsymbol{A})=R(\boldsymbol{B})$。在此结论基础上，根据矩阵等价的充分必要条件可得，若存在可逆矩阵 $\boldsymbol{P}$ 和 $\boldsymbol{Q}$，使得 $\boldsymbol{PAQ}=\boldsymbol{B}$，则 $R(\boldsymbol{A})=R(\boldsymbol{B})$。

3.2　向量组的线性相关性

3.2.1　线性组合

假设向量组 $\boldsymbol{x}_1,\boldsymbol{x}_2,\cdots,\boldsymbol{x}_m$ 是 m 个 n 维向量，若存在 m 个实数 k_1、k_2、…、k_m 使得

$$\boldsymbol{x}=k_1\boldsymbol{x}_1+k_2\boldsymbol{x}_2+\cdots+k_m\boldsymbol{x}_m$$

则称向量 $\boldsymbol{x}$ 是向量 $\boldsymbol{x}_1$、$\boldsymbol{x}_2$、…、$\boldsymbol{x}_m$ 的线性组合，或称向量 $\boldsymbol{x}$ 可由向量组 $\boldsymbol{x}_1$, $\boldsymbol{x}_2$, …, $\boldsymbol{x}_m$ 线性表示，其中 k_1、k_2、…、k_m 称为组合系数。

对于向量组 $\boldsymbol{x}_1,\boldsymbol{x}_2,\cdots,\boldsymbol{x}_m$，若存在不全为零的 m 个实数 k_1、k_2、…、k_m，使得

$$k_1\boldsymbol{x}_1+k_2\boldsymbol{x}_2+\cdots+k_m\boldsymbol{x}_m=\boldsymbol{0}$$

则称向量组 $\boldsymbol{x}_1,\boldsymbol{x}_2,\cdots,\boldsymbol{x}_m$ 线性相关；否则，称向量组 $\boldsymbol{x}_1,\boldsymbol{x}_2,\cdots,\boldsymbol{x}_m$ 线性无关或线性独立。

根据线性相关与线性无关的定义，容易得到以下结论。

（1）向量组 $\boldsymbol{x}_1,\boldsymbol{x}_2,\cdots,\boldsymbol{x}_m$（$m\geqslant 2$）线性相关的充分必要条件是其中至少有一个向量可以由其他向量线性表示。向量组 $\boldsymbol{x}_1,\boldsymbol{x}_2,\cdots,\boldsymbol{x}_m$（$m\geqslant 2$）线性无关的充分必要条件是其中每个向量都不能由其他向量线性表示。

（2）若向量组 $\boldsymbol{x}_1,\boldsymbol{x}_2,\cdots,\boldsymbol{x}_m$ 线性相关，则增加一个向量 $\boldsymbol{x}_{m+1}$ 之后的向量组 $\boldsymbol{x}_1,\boldsymbol{x}_2,\cdots,\boldsymbol{x}_m$, $\boldsymbol{x}_{m+1}$ 也线性相关。反之，若向量组 $\boldsymbol{x}_1,\boldsymbol{x}_2,\cdots,\boldsymbol{x}_m,\boldsymbol{x}_{m+1}$ 线性无关，则向量组 $\boldsymbol{x}_1,\boldsymbol{x}_2,\cdots,\boldsymbol{x}_m$ 也线性无关。

（3）若向量组 $\boldsymbol{x}_1,\boldsymbol{x}_2,\cdots,\boldsymbol{x}_m$ 线性无关，而向量组 $\boldsymbol{x}_1,\boldsymbol{x}_2,\cdots,\boldsymbol{x}_m,\boldsymbol{x}_{m+1}$ 线性相关，则向量 $\boldsymbol{x}_{m+1}$ 必能由向量组 $\boldsymbol{x}_1,\boldsymbol{x}_2,\cdots,\boldsymbol{x}_m$ 线性表示。

（4）向量组 $\boldsymbol{x}_1,\boldsymbol{x}_2,\cdots,\boldsymbol{x}_m$ 构成的矩阵 $\boldsymbol{X}=[\boldsymbol{x}_1,\boldsymbol{x}_2,\cdots,\boldsymbol{x}_m]$，若 $R(\boldsymbol{X})<m$，则向量组

$\boldsymbol{x}_1,\boldsymbol{x}_2,\cdots,\boldsymbol{x}_m$ 线性相关；若 $R(\boldsymbol{X})=m$，则向量组 $\boldsymbol{x}_1,\boldsymbol{x}_2,\cdots,\boldsymbol{x}_m$ 线性无关。

（5）向量 $\boldsymbol{x}_{m+1}$ 能由向量组 $\boldsymbol{x}_1,\boldsymbol{x}_2,\cdots,\boldsymbol{x}_m$ 线性表示的充分必要条件是由向量组 $\boldsymbol{x}_1,\boldsymbol{x}_2,\cdots,\boldsymbol{x}_m$ 构成的矩阵 $\boldsymbol{X}=[\boldsymbol{x}_1,\boldsymbol{x}_2,\cdots,\boldsymbol{x}_m]$ 与由向量组 $\boldsymbol{x}_1,\boldsymbol{x}_2,\cdots,\boldsymbol{x}_m,\boldsymbol{x}_{m+1}$ 构成的矩阵 $\boldsymbol{\mathcal{X}}=[\boldsymbol{x}_1,\boldsymbol{x}_2,\cdots,\boldsymbol{x}_m,\boldsymbol{x}_{m+1}]$ 的秩相等，即 $R(\boldsymbol{X})=R(\boldsymbol{\mathcal{X}})$。

（6）m 个 n 维向量组成的向量组，当维数 n 小于向量个数 m 时，该向量组线性相关。例如，由 $n+1$ 个 n 维向量组成的向量组一定线性相关。

3.2.2　向量组的秩

若向量组 $X:\boldsymbol{x}_1,\boldsymbol{x}_2,\cdots,\boldsymbol{x}_m$ 中的每个向量可以由向量组 $Y:\boldsymbol{y}_1,\boldsymbol{y}_2,\cdots,\boldsymbol{y}_n$ 线性表示，则称向量组 $X:\boldsymbol{x}_1,\boldsymbol{x}_2,\cdots,\boldsymbol{x}_m$ 可以由向量组 $Y:\boldsymbol{y}_1,\boldsymbol{y}_2,\cdots,\boldsymbol{y}_n$ 线性表示。若向量组 $X:\boldsymbol{x}_1,\boldsymbol{x}_2,\cdots,\boldsymbol{x}_m$ 与向量组 $Y:\boldsymbol{y}_1,\boldsymbol{y}_2,\cdots,\boldsymbol{y}_n$ 可相互线性表示，则称这两个向量组等价，记为 $X\sim Y$。

一个向量组数量最大的线性无关向量子集称为最大线性无关组，简称最大无关组，即若向量组 $X:\boldsymbol{x}_1,\boldsymbol{x}_2,\cdots,\boldsymbol{x}_m$ 中的子集 $\boldsymbol{x}_1,\boldsymbol{x}_2,\cdots,\boldsymbol{x}_r$（$r\leqslant m$）满足子向量组 $\boldsymbol{x}_1,\boldsymbol{x}_2,\cdots,\boldsymbol{x}_r$ 线性无关；向量组 $\boldsymbol{x}_1,\boldsymbol{x}_2,\cdots,\boldsymbol{x}_m$ 中的任意 $r+1$ 个向量都线性相关，则称向量组 $\boldsymbol{x}_1,\boldsymbol{x}_2,\cdots,\boldsymbol{x}_r$ 是向量组 $\boldsymbol{x}_1,\boldsymbol{x}_2,\cdots,\boldsymbol{x}_m$ 的一个最大无关组。最大无关组所包含向量的个数 r 称为向量组 $\boldsymbol{x}_1,\boldsymbol{x}_2,\cdots,\boldsymbol{x}_m$ 的秩，记为 $R_X=r$ 或 $R(\boldsymbol{x}_1,\boldsymbol{x}_2,\cdots,\boldsymbol{x}_m)=r$。

若向量组是线性无关组，则该向量组本身就是最大无关组，它的秩就是向量的个数。只含有零向量的向量组没有最大无关组，规定它的秩是零。一般来说，一个向量组的最大无关组可能不唯一，但是最大无关组包含的向量个数是确定的，与最大无关组的选择没有关系。

向量组的秩具有以下常用性质。

（1）等价向量组的秩相等。

（2）由于 n 维向量组 $\boldsymbol{x}_1,\boldsymbol{x}_2,\cdots,\boldsymbol{x}_m$ 与 $m\times n$ 矩阵之间一一对应，可以构成矩阵 $[\boldsymbol{x}_1,\boldsymbol{x}_2,\cdots,\boldsymbol{x}_m]$，因此根据初等变换不改变矩阵的秩可得，矩阵的秩等于向量组列向量的秩，也等于向量组行向量的秩。

（3）向量组 $Y:\boldsymbol{y}_1,\boldsymbol{y}_2,\cdots,\boldsymbol{y}_n$ 能由向量组 $X:\boldsymbol{x}_1,\boldsymbol{x}_2,\cdots,\boldsymbol{x}_m$ 线性表示的充分必要条件是

$$R(\boldsymbol{x}_1,\boldsymbol{x}_2,\cdots,\boldsymbol{x}_m)=R(\boldsymbol{x}_1,\boldsymbol{x}_2,\cdots,\boldsymbol{x}_m,\boldsymbol{y}_1,\boldsymbol{y}_2,\cdots,\boldsymbol{y}_n)$$

（4）若向量组 $Y:\boldsymbol{y}_1,\boldsymbol{y}_2,\cdots,\boldsymbol{y}_n$ 能由向量组 $X:\boldsymbol{x}_1,\boldsymbol{x}_2,\cdots,\boldsymbol{x}_m$ 线性表示，则有

$$R(\boldsymbol{y}_1,\boldsymbol{y}_2,\cdots,\boldsymbol{y}_n)\leqslant R(\boldsymbol{x}_1,\boldsymbol{x}_2,\cdots,\boldsymbol{x}_m)$$

（5）若 n 阶方阵 $\boldsymbol{A}$ 的秩 $R(\boldsymbol{A})<n$，则 n 阶方阵 $\boldsymbol{A}$ 构成的行列式的值是零，即 $\det(\boldsymbol{A}_{n\times n})=0$；若 n 阶方阵 $\boldsymbol{A}$ 的秩 $R(\boldsymbol{A})=n$，则 n 阶方阵 $\boldsymbol{A}$ 构成的行列式的值不等于零，即 $\det(\boldsymbol{A}_{n\times n})\neq 0$。

3.3 特征值与特征向量

3.3.1 特征值与特征向量的定义

假设矩阵 $\boldsymbol{A}$ 是 n 阶方阵，若数 λ 和 n 维非零向量 $\boldsymbol{x}$ 使得

$$\boldsymbol{A}\boldsymbol{x}=\lambda\boldsymbol{x}$$

成立，则称 λ 是方阵 $\boldsymbol{A}$ 的特征值，非零向量 $\boldsymbol{x}$ 是 n 阶方阵 $\boldsymbol{A}$ 对应于特征值 λ 的特征向量。

如果将上面定义中的等式 $\boldsymbol{A}\boldsymbol{x}=\lambda\boldsymbol{x}$ 改写为 $(\boldsymbol{A}-\lambda\boldsymbol{I})\boldsymbol{x}=0$，这就是关于 $\boldsymbol{x}$ 的齐次线性方程组，它有非零解的充分必要条件是系数行列式的值等于零，即 $\det(\boldsymbol{A}-\lambda\boldsymbol{I})=0$，展开就是

$$\begin{vmatrix} a_{11}-\lambda & a_{12} & \cdots & a_{1n} \\ a_{21} & a_{22}-\lambda & \cdots & a_{2n} \\ \vdots & \vdots & & \vdots \\ a_{n1} & a_{n2} & \cdots & a_{nn}-\lambda \end{vmatrix}=0$$

以上方程称为 n 阶方阵 $\boldsymbol{A}$ 的特征方程。$\det(\boldsymbol{A}-\lambda\boldsymbol{I})$ 或 $|\boldsymbol{A}-\lambda\boldsymbol{I}|$ 称为 n 阶方阵 $\boldsymbol{A}$ 的特征多项式。很显然，n 阶方阵 $\boldsymbol{A}$ 的特征值就是它特征方程的根。n 阶方阵 $\boldsymbol{A}$ 有 n 个特征值，假设 λ_1、λ_2、…、λ_n 是它的特征值（或特征方程的根），容易得出以下结论。

（1）$|\boldsymbol{A}|=\lambda_1\lambda_2\cdots\lambda_n$。

（2）$a_{11}+a_{22}+\cdots+a_{nn}=\lambda_1+\lambda_2+\cdots+\lambda_n$。

n 阶方阵 $\boldsymbol{A}$ 主对角线上的元素之和称为它的迹，记为 $\mathrm{tr}\boldsymbol{A}$。因此，根据上面第二个结论得到，$n$ 阶方阵 $\boldsymbol{A}$ 的迹等于 n 个特征值之和。

例 3.2 求二阶方阵 $\boldsymbol{A}=\begin{bmatrix} 2 & 0 \\ -1 & 3 \end{bmatrix}$ 的特征值和特征向量。

解：因为二阶方阵 $\boldsymbol{A}$ 的特征方程是

$$|\boldsymbol{A}-\lambda\boldsymbol{I}|=\begin{vmatrix} 2-\lambda & 0 \\ -1 & 3-\lambda \end{vmatrix}=(2-\lambda)(3-\lambda)=0$$

所以二阶方阵 $\boldsymbol{A}$ 的特征值是 $\lambda_1=2$，$\lambda_2=3$。

当 $\lambda_1=2$ 时，二阶方阵 $\boldsymbol{A}$ 对应的特征向量满足

$$\begin{bmatrix} 2-2 & 0 \\ -1 & 3-2 \end{bmatrix}\begin{pmatrix} x_1 \\ x_2 \end{pmatrix}=\begin{pmatrix} 0 \\ 0 \end{pmatrix}$$

解得 $x_1=x_2$，所以该方阵对应的特征向量可取

$$\boldsymbol{p}_1=\begin{pmatrix}1\\1\end{pmatrix}$$

当$\lambda_2=3$时，二阶方阵$\boldsymbol{A}$对应的特征向量满足

$$\begin{bmatrix}2-3 & 0\\-1 & 3-3\end{bmatrix}\begin{pmatrix}x_1\\x_2\end{pmatrix}=\begin{pmatrix}0\\0\end{pmatrix}$$

解得$x_1=0$，x_2可以是任何非零常数，所以该方阵对应的特征向量可取

$$\boldsymbol{p}_2=\begin{pmatrix}0\\1\end{pmatrix}$$

若$\boldsymbol{p}_i$是n阶方阵$\boldsymbol{A}$特征值为λ_i的特征向量，则有$\boldsymbol{A}\boldsymbol{p}_i=\lambda_i\boldsymbol{p}_i$，等式两边同时乘以非零常数$k$有

$$\boldsymbol{A}(k\boldsymbol{p}_i)=\lambda_i(k\boldsymbol{p}_i)$$

上式说明，$k\boldsymbol{p}_i$也是n阶方阵$\boldsymbol{A}$特征值为λ_i的特征向量，这也说明属于某一特征值的特征向量不唯一。

3.3.2　特征值与特征向量的基本性质

由于$|\boldsymbol{A}-\lambda\boldsymbol{I}|=|\boldsymbol{A}^{\mathrm{T}}-\lambda\boldsymbol{I}|$，这说明$n$阶方阵$\boldsymbol{A}$与其转置具有相同的特征多项式，从而说明$n$阶方阵$\boldsymbol{A}$与其转置具有相同的特征值。

若λ是n阶方阵$\boldsymbol{A}$的特征值，根据定义容易得到，λ^2是$\boldsymbol{A}^2$的特征值；进一步，若n阶方阵$\boldsymbol{A}$可逆，则$\lambda\neq0$，并且$\dfrac{1}{\lambda}$是$\boldsymbol{A}^{-1}$的特征值。

若$\boldsymbol{p}_1$、$\boldsymbol{p}_2$、…、$\boldsymbol{p}_m$分别是n阶方阵$\boldsymbol{A}$属于不同特征值λ_1、λ_2、…、λ_m的特征向量，则$\boldsymbol{p}_1$、$\boldsymbol{p}_2$、…、$\boldsymbol{p}_m$线性无关。这个结论可以用数学归纳法证明，它说明n阶方阵$\boldsymbol{A}$不同特征值的特征向量是线性无关的。

假设n阶方阵$\boldsymbol{A}$有n个特征值λ_1、λ_2、…、λ_n，对应于这些特征值的特征向量是$\boldsymbol{p}_1$、$\boldsymbol{p}_2$、…、$\boldsymbol{p}_n$，若$\varphi(\lambda)$是关于λ的一个多项式，$\varphi(\lambda)=a_0\lambda^m+a_1\lambda^{m-1}+\cdots+a_m$，则$\varphi(\lambda)$是$\varphi(\boldsymbol{A})$的特征值，其中$\varphi(\boldsymbol{A})=a_0\boldsymbol{A}^m+a_1\boldsymbol{A}^{m-1}+\cdots+a_m\boldsymbol{I}$是$n$阶方阵$\boldsymbol{A}$的特征多项式。这是特征值的一个重要性质，它简化了方阵特征多项式特征值的求解。

例 3.3　假设三阶方阵$\boldsymbol{A}$的特征值是 1、−1 和 2，求$\boldsymbol{A}^*+3\boldsymbol{A}-2\boldsymbol{I}$的特征值。

解：因为三阶方阵$\boldsymbol{A}$的特征值都不是零，所以三阶方阵$\boldsymbol{A}$可逆，从而有$\boldsymbol{A}^*=|\boldsymbol{A}|\boldsymbol{A}^{-1}$。又因为$|\boldsymbol{A}|=\lambda_1\lambda_2\lambda_3=-2$，所以有

$$A^* + 3A - 2I = -2A^{-1} + 3A - 2I$$

把上式记为三阶方阵 A 的特征多项式 $\varphi(A)$，则有 $\varphi(\lambda) = -\frac{2}{\lambda} + 3\lambda - 2$，因此 $\varphi(A)$ 的特征值分别是 $\varphi(1) = -1$，$\varphi(-1) = -3$，$\varphi(2) = 3$。

对称矩阵是一类特别重要的矩阵，关于对称矩阵 A 的特征值与特征向量具有下面的结论。

定理 3.1 假设 λ_1、λ_2 是对称矩阵 A 的两个不同特征值，p_1、p_2 是它们对应的特征向量，则向量 p_1 与 p_2 正交。

证明： 根据假设有

$$\lambda_1 \neq \lambda_2, \quad Ap_1 = \lambda_1 p_1, \quad Ap_2 = \lambda_2 p_2, \quad A^{\mathrm{T}} = A$$

因此有

$$p_1^{\mathrm{T}} A = p_1^{\mathrm{T}} A^{\mathrm{T}} = (Ap_1)^{\mathrm{T}} = (\lambda_1 p_1)^{\mathrm{T}} = \lambda_1 p_1^{\mathrm{T}}$$

于是得到

$$\lambda_1 p_1^{\mathrm{T}} p_2 = p_1^{\mathrm{T}} \lambda_1 p_2 = p_1^{\mathrm{T}} A p_2 = p_1^{\mathrm{T}} \lambda_2 p_2 = \lambda_2 p_1^{\mathrm{T}} p_2$$

即

$$(\lambda_1 - \lambda_2) p_1^{\mathrm{T}} p_2 = 0$$

根据上式和 $\lambda_1 \neq \lambda_2$ 得到

$$p_1^{\mathrm{T}} p_2 = 0$$

从而 p_1 与 p_2 正交，得证。

3.3.3 相似矩阵与相似对角化

假设矩阵 A、B 都是方阵，若存在可逆矩阵 P，使得

$$P^{-1} A P = B$$

则称矩阵 B 是矩阵 A 的相似矩阵，或者说矩阵 A 与矩阵 B 相似。对矩阵 A 进行 $P^{-1}AP$ 运算（相似变换），可逆矩阵 P 称为把矩阵 A 转化为矩阵 B 的相似变换矩阵。

定理 3.2 假设 n 阶方阵 A 和 n 阶方阵 B 相似，则方阵 A 和方阵 B 的特征多项式相同，从而方阵 A 和方阵 B 具有相同的特征值。

证明： 因为 A 和 B 相似，根据相似矩阵的定义，存在可逆矩阵 P，使得 $P^{-1}AP = B$，

所以

$$|\boldsymbol{B}-\lambda\boldsymbol{I}|=|\boldsymbol{P}^{-1}\boldsymbol{A}\boldsymbol{P}-\lambda\boldsymbol{I}|=|\boldsymbol{P}^{-1}(\boldsymbol{A}-\lambda\boldsymbol{I})\boldsymbol{P}|=|\boldsymbol{P}^{-1}||\boldsymbol{A}-\lambda\boldsymbol{I}||\boldsymbol{P}|=|\boldsymbol{A}-\lambda\boldsymbol{I}|$$

上式说明方阵 $\boldsymbol{A}$ 和方阵 $\boldsymbol{B}$ 的特征多项式相同，从而方阵 $\boldsymbol{A}$ 和方阵 $\boldsymbol{B}$ 具有相同的特征值，证毕。

根据定理 3.2 和相似矩阵的定义，我们很容易得到以下结论。

（1）若两个矩阵 $\boldsymbol{A}$ 和 $\boldsymbol{B}$ 相似，则 $\mathrm{tr}\boldsymbol{A}=\mathrm{tr}\boldsymbol{B}$ 。

（2）若两个矩阵 $\boldsymbol{A}$ 和 $\boldsymbol{B}$ 相似，则 $\det(\boldsymbol{A})=\det(\boldsymbol{B})$ 或 $|\boldsymbol{A}|=|\boldsymbol{B}|$ 。

（3）若 n 阶方阵 $\boldsymbol{A}$ 与对角矩阵 $\boldsymbol{D}$ 相似，其中

$$\boldsymbol{D}=\begin{bmatrix}\lambda_1 & & & \\ & \lambda_2 & & \\ & & \ddots & \\ & & & \lambda_n\end{bmatrix}$$

则 λ_1、λ_2、…、λ_n 是矩阵 $\boldsymbol{A}$ 的 n 个特征值。

根据上面的第三个结论可得，若存在可逆矩阵 $\boldsymbol{P}=[\boldsymbol{p}_1,\boldsymbol{p}_2,\cdots,\boldsymbol{p}_n]$（矩阵 $\boldsymbol{P}$ 用列向量表示），通过相似变换将矩阵 $\boldsymbol{A}$ 转化为对角矩阵 $\boldsymbol{D}$，则有 $\boldsymbol{P}^{-1}\boldsymbol{A}\boldsymbol{P}=\boldsymbol{D}$ ，因此有 $\boldsymbol{A}\boldsymbol{P}=\boldsymbol{P}\boldsymbol{D}$ ，展开得到

$$\boldsymbol{A}[\boldsymbol{p}_1,\boldsymbol{p}_2,\cdots,\boldsymbol{p}_n]=[\boldsymbol{p}_1,\boldsymbol{p}_2,\cdots,\boldsymbol{p}_n]\begin{bmatrix}\lambda_1 & & & \\ & \lambda_2 & & \\ & & \ddots & \\ & & & \lambda_n\end{bmatrix}=[\lambda_1\boldsymbol{p}_1,\lambda_2\boldsymbol{p}_2,\cdots,\lambda_n\boldsymbol{p}_n]$$

于是得到

$$\boldsymbol{A}\boldsymbol{p}_i=\lambda_i\boldsymbol{p}_i\ (i=1,2,\cdots,n)$$

这说明 λ_i 是矩阵 $\boldsymbol{A}$ 的特征值，可逆矩阵 $\boldsymbol{P}$ 的列向量 $\boldsymbol{p}_i$ 就是矩阵 $\boldsymbol{A}$ 对应于特征值 λ_i 的特征向量。因此，将矩阵 $\boldsymbol{A}$ 转化为对角矩阵的方法为，首先求出矩阵 $\boldsymbol{A}$ 的特征值及对应的特征向量，然后将所有特征向量构成的矩阵作为相似变换中的可逆矩阵 $\boldsymbol{P}$ ，这样通过可逆矩阵 $\boldsymbol{P}$ ，就可以将矩阵 $\boldsymbol{A}$ 转化为对角矩阵。对角矩阵的 n 个主对角元素就是矩阵的特征值，当然，这种方法的前提是矩阵 $\boldsymbol{A}$ 可以转化为对角矩阵。

例 3.4　假设 $\boldsymbol{A}=\begin{bmatrix}1 & 0 & 0\\ 1 & 2 & -1\\ -1 & -1 & 2\end{bmatrix}$，求可逆矩阵 $\boldsymbol{P}$ ，使得矩阵 $\boldsymbol{A}$ 可以转化为对角矩阵。

解：因为矩阵 $\boldsymbol{A}$ 的特征方程是

$$|\boldsymbol{A}-\lambda\boldsymbol{I}|=\begin{vmatrix}1-\lambda & 0 & 0\\ 1 & 2-\lambda & -1\\ -1 & -1 & 2-\lambda\end{vmatrix}=(3-\lambda)(1-\lambda)^2$$

所以矩阵 $\boldsymbol{A}$ 的特征值是 $\lambda_1=3$，$\lambda_2=\lambda_3=1$。

当矩阵 $\boldsymbol{A}$ 的特征值是 $\lambda_1=3$ 时，通过求解齐次方程 $(\boldsymbol{A}-3\boldsymbol{I})\boldsymbol{x}=0$，即

$$\begin{bmatrix}-2 & 0 & 0\\ 1 & -1 & -1\\ -1 & -1 & -1\end{bmatrix}\boldsymbol{x}=0$$

得到对应的特征向量 $\boldsymbol{p}_1=(0,1,-1)^{\mathrm{T}}$。

当矩阵 $\boldsymbol{A}$ 的特征值是 $\lambda_2=\lambda_3=1$ 时，通过求解齐次方程 $(\boldsymbol{A}-\boldsymbol{I})\boldsymbol{x}=0$，即

$$\begin{bmatrix}0 & 0 & 0\\ 1 & 1 & -1\\ -1 & -1 & 1\end{bmatrix}\boldsymbol{x}=0$$

得到对应的特征向量 $\boldsymbol{p}_2=(-1,1,0)^{\mathrm{T}}$，$\boldsymbol{p}_3=(1,0,1)^{\mathrm{T}}$。

令 $\boldsymbol{P}=[\boldsymbol{p}_1,\boldsymbol{p}_2,\boldsymbol{p}_3]=\begin{bmatrix}0 & -1 & 1\\ 1 & 1 & 0\\ -1 & 0 & 1\end{bmatrix}$，则有

$$\boldsymbol{AP}=\boldsymbol{PD}=\boldsymbol{P}\begin{bmatrix}3 & & \\ & 1 & \\ & & 1\end{bmatrix}$$

这样得到

$$\boldsymbol{P}^{-1}\boldsymbol{AP}=\begin{bmatrix}3 & & \\ & 1 & \\ & & 1\end{bmatrix}$$

在上面的讨论中，我们假设矩阵 $\boldsymbol{A}$ 可以对角化，这样存在的问题是，矩阵 $\boldsymbol{A}$ 在什么条件下可以对角化。根据上面的分析可知，若矩阵 $\boldsymbol{A}$ 有 n 个特征值，它们对应的特征向量构成的矩阵是 $\boldsymbol{P}$，则有 $\boldsymbol{AP}=\boldsymbol{PD}$，如果 $\boldsymbol{P}$ 可逆，在 $\boldsymbol{AP}=\boldsymbol{PD}$ 两边左乘 $\boldsymbol{P}^{-1}$，就得到了 $\boldsymbol{P}^{-1}\boldsymbol{AP}=\boldsymbol{D}$。因此，以上问题就变成了矩阵 $\boldsymbol{A}$ 的特征向量构成的矩阵 $\boldsymbol{P}$ 是否可逆的问题，也就是特征向量 $\boldsymbol{p}_1$、$\boldsymbol{p}_2$、…、$\boldsymbol{p}_n$ 是否线性无关的问题。定理 3.3 将对这个问题进行解答。

定理 3.3 n 阶方阵 $\boldsymbol{A}$ 能对角化的充分必要条件是其有 n 个线性无关的特征向量。

这个定理的结论很重要，根据 3.3.2 节介绍的特征值与特征向量的性质可得，若 n 阶方阵 $\boldsymbol{A}$ 有 n 个不同的特征值，则其与对角矩阵相似，从而矩阵 $\boldsymbol{A}$ 可以对角化。这个定理的详细证明见文献[3]。

例 3.5　判断矩阵 $\boldsymbol{A}=\begin{bmatrix}-1 & 1 & 0\\ -4 & 3 & 0\\ 1 & 0 & 2\end{bmatrix}$ 能否对角化。

解： 矩阵 $\boldsymbol{A}$ 的特征多项式是

$$|\boldsymbol{A}-\lambda\boldsymbol{I}|=\begin{vmatrix}-1-\lambda & 1 & 0\\ -4 & 3-\lambda & 0\\ 1 & 0 & 2-\lambda\end{vmatrix}=(2-\lambda)(1-\lambda)^2$$

所以矩阵 $\boldsymbol{A}$ 的特征值是 $\lambda_1=2$，$\lambda_2=\lambda_3=1$。

当矩阵 $\boldsymbol{A}$ 的特征值是 $\lambda_1=2$ 时，通过求解齐次方程 $(\boldsymbol{A}-2\boldsymbol{I})\boldsymbol{x}=0$，即

$$\begin{bmatrix}-3 & 1 & 0\\ -4 & 1 & 0\\ 1 & 0 & 0\end{bmatrix}\boldsymbol{x}=0$$

得到对应的特征向量 $\boldsymbol{p}_1=(0,0,1)^{\mathrm{T}}$。

当矩阵 $\boldsymbol{A}$ 的特征值是 $\lambda_2=\lambda_3=1$ 时，通过求解齐次方程 $(\boldsymbol{A}-\boldsymbol{I})\boldsymbol{x}=0$，即

$$\begin{bmatrix}-2 & 1 & 0\\ -4 & 2 & 0\\ 1 & 0 & 1\end{bmatrix}\boldsymbol{x}=0$$

得到对应的特征向量 $\boldsymbol{p}_2=(-1,-2,1)^{\mathrm{T}}$。

因为矩阵 $\boldsymbol{A}$ 没有三个线性无关的特征向量，所以它不能对角化。

3.3.4　正交矩阵和对称矩阵的对角化

假设矩阵 $\boldsymbol{A}$ 是 n 阶实矩阵，若 $\boldsymbol{A}^{\mathrm{T}}\boldsymbol{A}=\boldsymbol{I}$，则称矩阵 $\boldsymbol{A}$ 是正交矩阵。根据定义，可以得到 n 阶正交矩阵具有以下性质。

（1）矩阵 $\boldsymbol{A}$ 是可逆的，且 $\boldsymbol{A}^{-1}=\boldsymbol{A}^{\mathrm{T}}$。

（2）$\boldsymbol{A}^{\mathrm{T}}$ 和 $\boldsymbol{A}^{-1}$ 都是正交矩阵。

（3）对任意的实向量 $\boldsymbol{x}$ 有 $|\boldsymbol{A}\boldsymbol{x}|=|\boldsymbol{x}|$。

（4）正交矩阵特征值的模等于 1。

（5）对任意的实向量 $\boldsymbol{x}$、$\boldsymbol{y}$，有 $(\boldsymbol{A}\boldsymbol{x})\cdot(\boldsymbol{A}\boldsymbol{y})=\boldsymbol{x}\cdot\boldsymbol{y}$。

3.3.3 节中介绍了方阵的可对角化问题，对于一般方阵而言，这是一个比较复杂的问题，但是对于实对称矩阵而言，这是一个相对简单的问题。

定理 3.4 假设矩阵 $\boldsymbol{A}$ 是实对称矩阵，则存在正交矩阵 $\boldsymbol{P}$，使得 $\boldsymbol{P}^{-1}\boldsymbol{AP}=\boldsymbol{P}^{\mathrm{T}}\boldsymbol{AP}=\boldsymbol{D}$，其中矩阵 $\boldsymbol{D}$ 是以矩阵 $\boldsymbol{A}$ 的 n 个特征值为主对角元素的对角矩阵。

该定理可以采用数学归纳法证明，详细的证明过程见文献[4]。根据这个定理并结合对称矩阵特征值与特征向量的关系，可以得到以下内容。

假设矩阵 $\boldsymbol{A}$ 是 n 阶实对称矩阵，特征值 λ 是矩阵 $\boldsymbol{A}$ 的特征方程的 k 重根，则矩阵 $\boldsymbol{A}-\lambda\boldsymbol{I}$ 的秩 $R(\boldsymbol{A}-\lambda\boldsymbol{I})=n-k$，即对应于特征值 λ 恰好有 k 个线性无关的特征向量。

根据上面介绍的关于实对称矩阵对角化的相关结论，结合正交矩阵的定义和性质，可以把 n 阶实对称矩阵 $\boldsymbol{A}$ 正交相似对角化的步骤总结如下。

（1）通过特征方程求出矩阵 $\boldsymbol{A}$ 全部互不相等的特征值 λ_1、λ_2、…、λ_m，它们的重数依次是 k_1、k_2、…、k_m（$k_1+k_2+\cdots+k_m=n$）。

（2）对每个 k_i 重特征值 λ_i（$i=1,2,\cdots,m$），根据方程 $(\boldsymbol{A}-\lambda_i\boldsymbol{I})=0$，求得对应于特征值 λ_i 的 k_i 个线性无关的特征向量，并将求得的特征向量正交化和单位化，一共得到 n 个两两相互正交的单位特征向量。

（3）把上一步得到的 n 个单位特征向量，构成一个正交矩阵 $\boldsymbol{P}$，则有 $\boldsymbol{P}^{-1}\boldsymbol{AP}=\boldsymbol{P}^{\mathrm{T}}\boldsymbol{AP}=\boldsymbol{D}$，其中 $\boldsymbol{D}$ 是对角矩阵，它的主对角元素是矩阵 $\boldsymbol{A}$ 的特征值，特征值的排列次序对应正交矩阵 $\boldsymbol{P}$ 中列向量的排列次序。需要注意的是，和通过可逆矩阵对角化矩阵 $\boldsymbol{A}$ 不同，此处的矩阵 $\boldsymbol{P}$ 是正交矩阵。

例 3.6 假设矩阵 $\boldsymbol{A}=\begin{bmatrix}1&2&2\\2&1&2\\2&2&1\end{bmatrix}$，求正交矩阵 $\boldsymbol{P}$，使得矩阵 $\boldsymbol{P}^{-1}\boldsymbol{AP}$ 是对角矩阵。

解：因为矩阵 $\boldsymbol{A}$ 的特征方程是

$$|\boldsymbol{A}-\lambda\boldsymbol{I}|=\begin{vmatrix}1-\lambda&2&2\\2&1-\lambda&2\\2&2&1-\lambda\end{vmatrix}=(5-\lambda)(1+\lambda)^2$$

所以矩阵 $\boldsymbol{A}$ 的特征值是 $\lambda_1=5$，$\lambda_2=\lambda_3=-1$。

当矩阵 $\boldsymbol{A}$ 的特征值是 $\lambda_1=5$ 时，它是矩阵 $\boldsymbol{A}$ 的 1 重特征值，通过求解齐次方程 $(\boldsymbol{A}-5\boldsymbol{I})\boldsymbol{x}=0$，即

$$\begin{bmatrix}-4&2&2\\2&-4&2\\2&2&-4\end{bmatrix}\boldsymbol{x}=0$$

得到对应的一个特征向量$\boldsymbol{\eta}_1=(1,1,1)^{\mathrm{T}}$。将特征向量$\boldsymbol{\eta}_1$单位化得到单位特征向量$\boldsymbol{p}_1$，即

$$\boldsymbol{p}_1=\frac{1}{\sqrt{3}}(1,1,1)^{\mathrm{T}}$$

当矩阵$\boldsymbol{A}$的特征值是$\lambda_2=\lambda_3=-1$时，它是矩阵$\boldsymbol{A}$的 2 重特征值，通过求解齐次方程$\left[\boldsymbol{A}-(-1)\boldsymbol{I}\right]\boldsymbol{x}=0$，即

$$\begin{bmatrix}2 & 2 & 2\\ 2 & 2 & 2\\ 2 & 2 & 2\end{bmatrix}\boldsymbol{x}=0$$

得到对应的一个特征向量$\boldsymbol{\eta}_2=(-1,1,0)^{\mathrm{T}}$。将特征向量$\boldsymbol{\eta}_2$单位化后得到单位特征向量$\boldsymbol{p}_2$，即

$$\boldsymbol{p}_2=\frac{1}{\sqrt{2}}(-1,1,0)^{\mathrm{T}}$$

由于$\lambda=-1$是矩阵$\boldsymbol{A}$的 2 重特征值，因此它对应的另外一个特征向量$\boldsymbol{\eta}_3$与特征向量$\boldsymbol{\eta}_2$是正交的。由于特征向量$\boldsymbol{\eta}_2$与特征向量$\boldsymbol{\eta}_3$正交，因此有$-1\cdot x_1+1\cdot x_2+0\cdot x_3=0$，而当特征值$\lambda=-1$时，矩阵$\boldsymbol{A}$的特征方程$\left[\boldsymbol{A}-(-1)\boldsymbol{I}\right]\boldsymbol{x}=0$，有$1\cdot x_1+1\cdot x_2+1\cdot x_3=0$，即

$$\begin{cases}1\cdot x_1+1\cdot x_2+1\cdot x_3=0\\ -1\cdot x_1+1\cdot x_2+0\cdot x_3=0\end{cases}$$

对以上方程组求解得到一个对应于特征值$\lambda=-1$的特征向量$\boldsymbol{\eta}_3=\left(-\frac{1}{2},-\frac{1}{2},0\right)^{\mathrm{T}}$。将特征向量$\boldsymbol{\eta}_3$单位化后得到单位特征向量$\boldsymbol{p}_3$，即

$$\boldsymbol{p}_3=\frac{1}{\sqrt{6}}(-1,-1,2)^{\mathrm{T}}$$

令$\boldsymbol{P}=[\boldsymbol{p}_1,\boldsymbol{p}_2,\boldsymbol{p}_3]$，得到正交矩阵$\boldsymbol{P}$是

$$\boldsymbol{P}=\begin{bmatrix}\frac{1}{\sqrt{3}} & -\frac{1}{\sqrt{2}} & -\frac{1}{\sqrt{6}}\\ \frac{1}{\sqrt{3}} & \frac{1}{\sqrt{2}} & -\frac{1}{\sqrt{6}}\\ \frac{1}{\sqrt{3}} & 0 & \frac{2}{\sqrt{6}}\end{bmatrix}$$

且有

$$\boldsymbol{P}^{-1}\boldsymbol{A}\boldsymbol{P}=\begin{bmatrix}5 & & \\ & -1 & \\ & & -1\end{bmatrix}$$

3.4 线性空间

3.4.1 线性空间的相关定义

1. 数域的定义

设F是包含 0 和 1 的一个数集，若F中任意两个数的和、差、积、商（除数不为 0）仍是F中的数，则F是一个数域。

数域F中任意两个数进行某一运算后的结果仍是F中的数，这说明数域对这个运算是封闭的。根据数域的定义，可知全体复数的集合、全体实数的集合、全体有理数的集合都是数域，它们是最常见的数域。其中，复数域是$\mathbf{C}$，实数域是$\mathbf{R}$，有理数域是$\mathbf{Q}$。

2. 数域的基本性质

数域具有的基本性质如下。

（1）任意数域F都包括有理数域$\mathbf{Q}$，即有理数域是最小数域。

（2）两个数域的交集也是一个数域，即若F_1、F_2是两个数域，则$F_1 \cap F_2$也是一个数域。

3. 线性空间的定义

若$\mathcal{V}$是一个非空集合，F是一个数域。在$\mathcal{V}$上定义了加法运算，即对$\mathcal{V}$中任意两个元素$\boldsymbol{\alpha}$与$\boldsymbol{\beta}$都按某一法则对应于$\mathcal{V}$内唯一确定的一个元素$\boldsymbol{\alpha}+\boldsymbol{\beta}$（$\boldsymbol{\alpha}$与$\boldsymbol{\beta}$的和）；在$\mathcal{V}$和$F$上定义了数乘运算，即对$\mathcal{V}$中任意一个元素$\boldsymbol{\alpha}$与$F$中的任一数$k$都按某一法则对应于$\mathcal{V}$内唯一确定的一个元素$k\boldsymbol{\alpha}$（$k$与$\boldsymbol{\alpha}$的积）。

假设$\forall \boldsymbol{\alpha},\boldsymbol{\beta},\boldsymbol{\gamma} \in \mathcal{V}$，$c,k \in F$，且针对加法运算和数乘运算满足以下运算规律。

（1）$\boldsymbol{\alpha}+\boldsymbol{\beta}=\boldsymbol{\beta}+\boldsymbol{\alpha}$。

（2）$(\boldsymbol{\alpha}+\boldsymbol{\beta})+\boldsymbol{\gamma}=\boldsymbol{\alpha}+(\boldsymbol{\beta}+\boldsymbol{\gamma})$。

（3）在$\mathcal{V}$中存在零元素，使得$\boldsymbol{\alpha}+\mathbf{0}=\boldsymbol{\alpha}$。

（4）对任意的$\boldsymbol{\alpha} \in \mathcal{V}$，存在$\boldsymbol{\alpha}$的负元素$\boldsymbol{\beta} \in \mathcal{V}$，使得$\boldsymbol{\alpha}+\boldsymbol{\beta}=\mathbf{0}$。

（5）$c(k\boldsymbol{\alpha})=(ck)\boldsymbol{\alpha}$。

（6）$(c+k)\boldsymbol{\alpha}=c\boldsymbol{\alpha}+k\boldsymbol{\alpha}$。

（7）$c(\boldsymbol{\alpha}+\boldsymbol{\beta})=c\boldsymbol{\alpha}+c\boldsymbol{\beta}$。

（8）$1 \cdot \boldsymbol{\alpha}=\boldsymbol{\alpha}$。

则称$\mathcal{V}$是数域F上的线性空间，$\mathcal{V}$中的元素是向量，后面我们将交替使用线性空间和向量空间。

第 1 章介绍了实数域上线性空间的概念。显然在实数域上，根据实数的加法运算和乘法运算，满足以上线性空间定义中条件的空间是一种特殊的线性空间，这里给出的概念是更加一般的线性空间。根据线性空间的定义，可得以下结论。

（1）数域 F 上 $m\times n$ 矩阵的全体构成的集合按矩阵的加法运算和数乘运算可构成数域 F 上的一个线性空间，记为 $F^{m\times n}$。

（2）实数域 $\mathbf{R}$ 上的全体多项式集合按通常多项式加法运算和实数与多项式的乘法运算可构成实数域 $\mathbf{R}$ 上的一个线性空间。

4. 子空间的定义

假设 $\mathcal{V}$ 是一个线性空间，$\mathcal{W}\subset\mathcal{V}$，若对 $\mathcal{V}$ 上定义的加法和数乘，$\mathcal{W}$ 也是一个线性空间，称 $\mathcal{W}$ 是 $\mathcal{V}$ 的线性子空间，简称子空间。

判断一个空间是否为子空间的常用方法是看它对原空间的加法运算和数乘运算是否封闭，即若 $\mathcal{W}$ 是 $\mathcal{V}$ 的非空子集，且满足：$\forall \boldsymbol{u},\boldsymbol{v}\subset\mathcal{W}$，$\boldsymbol{u}+\boldsymbol{v}\in\mathcal{W}$；$\boldsymbol{u}\in\mathcal{W}$，$c$是标量，$c\boldsymbol{u}\in\mathcal{W}$，则 $\mathcal{W}$ 是 $\mathcal{V}$ 的子空间。

显然，对每一个线性空间 $\mathcal{V}$，$\mathcal{V}$ 本身和 $\{\mathbf{0}\}$ 是它的两个特殊的子空间。若 $\mathcal{W}_1$ 和 $\mathcal{W}_2$ 是线性空间 $\mathcal{V}$ 的两个子空间，定义

$$\mathcal{W}_1\cap\mathcal{W}_2=\{\boldsymbol{v}\in\mathcal{V}\mid\boldsymbol{v}\in\mathcal{W}_1,\boldsymbol{v}\in\mathcal{W}_2\}$$

$$\mathcal{W}_1+\mathcal{W}_2=\{\boldsymbol{v}\in\mathcal{V}\mid\boldsymbol{v}=\boldsymbol{v}_1+\boldsymbol{v}_2,\boldsymbol{v}_1\in\mathcal{W}_1,\boldsymbol{v}_2\in\mathcal{W}_2\}$$

则称 $\mathcal{W}_1\cap\mathcal{W}_2$ 是 $\mathcal{W}_1$ 与 $\mathcal{W}_2$ 的交，$\mathcal{W}_1+\mathcal{W}_2$ 是 $\mathcal{W}_1$ 与 $\mathcal{W}_2$ 的和。根据子空间的定义，可以证明 $\mathcal{W}_1\cap\mathcal{W}_2$、$\mathcal{W}_1+\mathcal{W}_2$ 都是线性空间 $\mathcal{V}$ 的子空间。

5. 矩阵的零空间

若 $\boldsymbol{A}$ 是 $m\times n$ 矩阵，则矩阵 $\boldsymbol{A}$ 的零空间是满足 $\boldsymbol{Ax}=0$ 的 $\boldsymbol{x}$ 的集合。

例 3.7　求矩阵 $\boldsymbol{A}=\begin{bmatrix}3 & 0\\-2 & 10\end{bmatrix}$ 的零空间。

解： 根据 $\begin{bmatrix}3 & 0\\-2 & 10\end{bmatrix}\begin{pmatrix}x_1\\x_2\end{pmatrix}=0$ 可以得到

$$3x_1=0\,,\quad -2x_1+10x_2=0$$

于是有

$$x_1=x_2=0$$

所以满足 $\boldsymbol{Ax}=0$ 的向量 $\boldsymbol{x}=\begin{pmatrix}x_1\\x_2\end{pmatrix}=\begin{pmatrix}0\\0\end{pmatrix}=\boldsymbol{0}$。

即 $\boldsymbol{A}$ 的零空间为 $\{\boldsymbol{0}\}$。

例 3.8 证明：若 $\boldsymbol{A}$ 是 $m\times n$ 矩阵，则矩阵 $\boldsymbol{A}$ 的零空间是 $\mathbf{R}^m$ 的子空间。

证明：假设 $\boldsymbol{x},\boldsymbol{y}\in\mathcal{N}(\boldsymbol{A})$，$\mathcal{N}(\boldsymbol{A})$ 表示矩阵 $\boldsymbol{A}$ 的零空间，于是有

$$\boldsymbol{A}(\boldsymbol{x}+\boldsymbol{y})=\boldsymbol{Ax}+\boldsymbol{Ay}=0+0=0$$

即

$$\boldsymbol{x}+\boldsymbol{y}\in\mathcal{N}(\boldsymbol{A})$$

即 $\boldsymbol{x}$、$\boldsymbol{y}$ 属于 $\boldsymbol{A}$ 的零空间，故有

$$\forall c\in\mathbf{R},\quad \boldsymbol{A}(c\boldsymbol{x})=c\boldsymbol{Ax}=c\cdot 0=0$$

这样得到 $c\boldsymbol{x}\in\mathcal{N}(\boldsymbol{A})$，即 $c\boldsymbol{x}$ 属于矩阵 $\boldsymbol{A}$ 的零空间。

因此，矩阵 $\boldsymbol{A}$ 的零空间元素对于 $\mathbf{R}^m$ 上的加法运算和数乘运算是封闭的，故矩阵 $\boldsymbol{A}$ 的零空间是 $\mathbf{R}^m$ 的子空间。

3.4.2 线性空间的基与维数

1．基与维数

在线性空间 $\mathcal{V}$ 中，若存在 n 个向量 $\boldsymbol{\alpha}_1$、$\boldsymbol{\alpha}_2$、…、$\boldsymbol{\alpha}_n$ 满足：向量组 $\boldsymbol{\alpha}_1,\boldsymbol{\alpha}_2,\cdots,\boldsymbol{\alpha}_n$ 线性无关；线性空间 $\mathcal{V}$ 中的任一向量 $\boldsymbol{\alpha}$ 都可以由向量组 $\boldsymbol{\alpha}_1,\boldsymbol{\alpha}_2,\cdots,\boldsymbol{\alpha}_n$ 线性表示，则称向量组 $\boldsymbol{\alpha}_1,\boldsymbol{\alpha}_2,\cdots,\boldsymbol{\alpha}_n$ 是线性空间 $\mathcal{V}$ 的一个基，n 是线性空间 $\mathcal{V}$ 的维数，记为 $\dim(\mathcal{V})$。维数是 n 的线性空间 $\mathcal{V}$ 记为 $\mathcal{V}^n$ 或 $\mathcal{V}_n$。

线性空间的维数可能是有限的，也可能是无限的。3.4.1 节介绍的数域 F 上 $m\times n$ 矩阵的全体构成的线性空间 $F^{m\times n}$ 是 mn 维的（有限维的），而实数域上全体多项式集合构成的线性空间是无限维的。一般来说，线性空间的维数也与定义线性空间的数域有关。后面章节主要讨论实数域上的有限维线性空间。

定理 3.5 假设向量组 $\boldsymbol{\alpha}_1,\boldsymbol{\alpha}_2,\cdots,\boldsymbol{\alpha}_n$ 是 n 维线性空间 $\mathcal{V}^n$ 的一个基，则 $\mathcal{V}^n$ 中任一向量都可以由向量组 $\boldsymbol{\alpha}_1,\boldsymbol{\alpha}_2,\cdots,\boldsymbol{\alpha}_n$ 唯一地线性表示。

证明：由向量组线性无关的结论可知，$n+1$ 个 n 维向量一定线性相关。因此，对于任意的 $\boldsymbol{\beta}\in\mathcal{V}^n$，向量组 $\boldsymbol{\alpha}_1,\boldsymbol{\alpha}_2,\cdots,\boldsymbol{\alpha}_n,\boldsymbol{\beta}$ 一定线性无关。于是存在不全为零的 $n+1$ 个常数 k_1、k_2、…、k_{n+1}，使得

$$k_1\boldsymbol{\alpha}_1+k_2\boldsymbol{\alpha}_2+\cdots+k_n\boldsymbol{\alpha}_n+k_{n+1}\boldsymbol{\beta}=\mathbf{0} \tag{3.3}$$

假设式（3.3）中 $k_{n+1}=0$，则有

$$k_1\boldsymbol{\alpha}_1+k_2\boldsymbol{\alpha}_2+\cdots+k_n\boldsymbol{\alpha}_n=\mathbf{0}$$

又因为向量组 $\boldsymbol{\alpha}_1,\boldsymbol{\alpha}_2,\cdots,\boldsymbol{\alpha}_n$ 线性无关，所以有

$$k_1=k_2=\cdots=k_n=0$$

这与 k_1、k_2、⋯、k_{n+1} 不全为零矛盾，因此假设不成立，即 $k_{n+1}\neq 0$，这样根据式（3.3）有

$$\boldsymbol{\beta}=-\frac{1}{k_{n+1}}(k_1\boldsymbol{\alpha}_1+k_2\boldsymbol{\alpha}_2+\cdots+k_n\boldsymbol{\alpha}_n)$$

因此 $\boldsymbol{\beta}\in\mathcal{V}^n$ 可以由向量组 $\boldsymbol{\alpha}_1,\boldsymbol{\alpha}_2,\cdots,\boldsymbol{\alpha}_n$ 线性表示。下面证明线性表示的唯一性。

假设 $\boldsymbol{\beta}=k_1\boldsymbol{\alpha}_1+k_2\boldsymbol{\alpha}_2+\cdots+k_n\boldsymbol{\alpha}_n$，同时，$\boldsymbol{\beta}=c_1\boldsymbol{\alpha}_1+c_2\boldsymbol{\alpha}_2+\cdots+c_n\boldsymbol{\alpha}_n$，将这两个等式相减有

$$\mathbf{0}=(k_1-c_1)\boldsymbol{\alpha}_1+(k_2-c_2)\boldsymbol{\alpha}_2+\cdots+(k_n-c_n)\boldsymbol{\alpha}_n$$

由于向量组 $\boldsymbol{\alpha}_1,\boldsymbol{\alpha}_2,\cdots,\boldsymbol{\alpha}_n$ 是基，它们线性无关，因此有

$$(k_1-c_1)=0,\ (k_2-c_2)=0,\ \cdots,\ (k_n-c_n)=0$$

上式说明 $\boldsymbol{\beta}$ 的两种表示一样，从而证明了线性表示的唯一性。

2. 向量张成的空间

若 $\mathcal{V}=\{\boldsymbol{v}_1,\boldsymbol{v}_2,\cdots,\boldsymbol{v}_n\}$ 是一个线性空间的子集，$\mathcal{W}$ 是由 $\mathcal{V}$ 中元素构成的所有线性组合，则称 $\mathcal{W}$ 是由 $\boldsymbol{v}_1$、$\boldsymbol{v}_2$、⋯、$\boldsymbol{v}_n$ 张成的空间，记为 $\mathcal{W}=\operatorname{span}(\mathcal{V})$ 或 $\mathcal{W}=\operatorname{span}\{\boldsymbol{v}_1,\boldsymbol{v}_2,\cdots,\boldsymbol{v}_n\}$。

定理 3.6　若 $\boldsymbol{v}_1,\boldsymbol{v}_2\cdots,\boldsymbol{v}_n\in\mathcal{V}$，$\mathcal{V}$ 是线性空间，$\mathcal{W}=\operatorname{span}(\mathcal{V})$，则有

（1）$\mathcal{W}$ 是 $\mathcal{V}$ 的子空间；

（2）$\mathcal{W}$ 是包含 $\boldsymbol{v}_1$、$\boldsymbol{v}_2$、⋯、$\boldsymbol{v}_n$ 的 $\mathcal{V}$ 的最小子空间。

证明：（1）证明 $\mathcal{W}$ 对加法运算和数乘运算封闭即可。$\forall\boldsymbol{u},\boldsymbol{z}\in\mathcal{W}$，因为 $\mathcal{W}=\operatorname{span}(\mathcal{V})$，所以存在标量 c_1、c_2、⋯、c_n、k_1、k_2、⋯、k_n，使得

$$\boldsymbol{u}=c_1\boldsymbol{v}_1+c_2\boldsymbol{v}_2+\cdots+c_n\boldsymbol{v}_n$$

$$\boldsymbol{z}=k_1\boldsymbol{v}_1+k_2\boldsymbol{v}_2+\cdots+k_n\boldsymbol{v}_n$$

从而有 $\boldsymbol{u}+\boldsymbol{z}=(c_1+k_1)\boldsymbol{v}_1+(c_2+k_2)\boldsymbol{v}_2+\cdots+(c_n+k_n)\boldsymbol{v}_n\in\operatorname{span}(\mathcal{V})$，所以 $\mathcal{W}$ 对加法运算封闭，显然它对数乘运算也封闭，所以 $\mathcal{W}$ 是 $\mathcal{V}$ 的子空间。

（2）首先 $\mathcal{W}$ 包含了所有 $\boldsymbol{v}_1$、$\boldsymbol{v}_2$、⋯、$\boldsymbol{v}_n$，因为

$$\boldsymbol{v}_i = 0\cdot\boldsymbol{v}_1 + 0\cdot\boldsymbol{v}_2 + \cdots + 1\cdot\boldsymbol{v}_i + \cdots + 0\cdot\boldsymbol{v}_n$$

假设$\mathcal{U}$也是包含了$\boldsymbol{v}_1$、$\boldsymbol{v}_2$、…、$\boldsymbol{v}_n$的子空间，证明$\mathcal{W}\subset\mathcal{U}$即可。

对$\forall\boldsymbol{u}\in\mathcal{W}$，存在$c_1$、$c_2$、…、$c_n$使得

$$\boldsymbol{u} = c_1\boldsymbol{v}_1 + c_2\boldsymbol{v}_2 + \cdots + c_n\boldsymbol{v}_n$$

因为$\mathcal{U}$包含了$\boldsymbol{v}_1$、$\boldsymbol{v}_2$、…、$\boldsymbol{v}_n$，所以根据$\mathcal{U}$对数乘运算是封闭的，有

$$c_1\boldsymbol{v}_1, c_2\boldsymbol{v}_2, \cdots, c_n\boldsymbol{v}_n \in \mathcal{U}$$

并且根据$\mathcal{U}$对加法运算也是封闭的，有

$$c_1\boldsymbol{v}_1 + c_2\boldsymbol{v}_2 + \cdots + c_n\boldsymbol{v}_n \in \mathcal{U}$$

因此，$\forall\boldsymbol{u}\in\mathcal{W}$，都有$\boldsymbol{u}\in\mathcal{U}$，于是得到$\mathcal{W}\subset\mathcal{U}$，得证。

3．基的等价定义

此处将给出线性空间基的另一种等价定义，这对于读者深刻理解基的定义有很大帮助。若$S:\boldsymbol{v}_1,\boldsymbol{v}_2,\cdots,\boldsymbol{v}_n$，$\mathcal{V}$是线性空间，$S\subseteq\mathcal{V}$，并且满足以下条件。

（1）$\mathrm{span}(S)=\mathcal{V}$；

（2）S中的向量是线性独立的，

则称S是线性空间$\mathcal{V}$的一个基。

定理 3.7　若设$\dim(\mathcal{V})=n$，$n<\infty$，$S\subset\mathcal{V}$，则有：

（1）若$\mathrm{span}(S)=\mathcal{V}$，$S$不是$\mathcal{V}$的一个基，则可以去掉$S$中的某些元素构成$\mathcal{V}$的一个基；

（2）若S是线性独立的，但不是$\mathcal{V}$的一个基，则它能扩大成$\mathcal{V}$的一个基。

证明：（1）因为S不是$\mathcal{V}$的一个基，可以得到向量组S线性相关，于是至少存在一个向量$\boldsymbol{u}\in S$，$\boldsymbol{u}$是S中其他向量的线性组合，去掉$\boldsymbol{u}$后，S仍然张成$\mathcal{V}$。若S中剩下的元素不是线性独立的，重复上面的过程，直到它是线性独立的，就得到了$\mathcal{V}$的一个基。

（2）因为S是线性独立的，但它不能张成$\mathcal{V}$，说明至少存在向量$\boldsymbol{u}\in\mathcal{V}$，但$\boldsymbol{u}\notin\mathrm{span}(S)$。将$\boldsymbol{u}$加入$S$中，若$S+\boldsymbol{u}$能张成$\mathcal{V}$，则可获得$\mathcal{V}$的一个基，否则继续这个过程，直到得到$\mathcal{V}$的一个基。需要注意的是，$S$中增加$\boldsymbol{u}$后，它仍然线性独立，这是构成线性空间基的先决条件。

4．坐标

由上面的介绍可知，若向量组$\boldsymbol{v}_1,\boldsymbol{v}_2,\cdots,\boldsymbol{v}_n$是线性空间$\mathcal{V}^n$的一个基，则$\mathcal{V}^n$可以表示为

$$\mathcal{V}^n = \{k_1\boldsymbol{v}_1 + k_2\boldsymbol{v}_2 + \cdots + k_n\boldsymbol{v}_n | k_1,k_2,\cdots,k_n\in\mathbf{R}\}$$

这说明$\mathcal{V}$中的任一元素都可以由向量组$\boldsymbol{v}_1,\boldsymbol{v}_2,\cdots,\boldsymbol{v}_n$线性表示，并且这种表示是唯一的。这样就导出了线性空间中任一向量在某一基下的坐标的概念。

假设向量组$\boldsymbol{\alpha}_1,\boldsymbol{\alpha}_2,\cdots,\boldsymbol{\alpha}_n$是线性空间$\mathcal{V}^n$的一个基，对于任意的向量$\boldsymbol{\alpha}\in\mathcal{V}^n$，存在唯一的$n$个数（$x_1$、$x_2$、…、$x_n$），使得

$$\boldsymbol{\alpha}=x_1\boldsymbol{\alpha}_1+x_2\boldsymbol{\alpha}_2+\cdots+x_n\boldsymbol{\alpha}_n$$

则称$x_1,x_2,\cdots,x_n$是向量$\boldsymbol{\alpha}$在基$\boldsymbol{\alpha}_1,\boldsymbol{\alpha}_2,\cdots,\boldsymbol{\alpha}_n$下的坐标，$\boldsymbol{x}=\left(x_1,x_2,\cdots,x_n\right)^{\mathrm{T}}$是向量$\boldsymbol{\alpha}$在基$\boldsymbol{\alpha}_1,\boldsymbol{\alpha}_2,\cdots,\boldsymbol{\alpha}_n$下的坐标向量。

线性空间$\mathcal{V}^n$中的任一元素或向量，在一个基下的坐标是唯一的。但是，对于同一个线性空间的不同基，同一的元素或向量在不同基下的坐标一般是不同的。线性空间中的元素在一个基下的坐标是一个数组向量，这样通过坐标的概念把抽象的向量与具体的数组向量联系起来，从而可以把抽象向量的线性运算与数组向量的线性运算联系起来。

例 3.9 假设$\boldsymbol{\alpha}_1=(1,-1,1)^{\mathrm{T}}$，$\boldsymbol{\alpha}_2=(0,1,2)^{\mathrm{T}}$，$\boldsymbol{\alpha}_3=(3,0,-1)^{\mathrm{T}}$，$\boldsymbol{\alpha}_4=(2,-3,7)^{\mathrm{T}}$，证明向量组$\boldsymbol{\alpha}_1,\boldsymbol{\alpha}_2,\boldsymbol{\alpha}_3$是$\mathbf{R}^3$的一个基，并求向量$\boldsymbol{\alpha}_4$在该基下的坐标。

证明：令矩阵$\boldsymbol{A}=[\boldsymbol{\alpha}_1,\boldsymbol{\alpha}_2,\boldsymbol{\alpha}_3]^{\mathrm{T}}$，可以发现$R(\boldsymbol{A})=3$，因此向量组$\boldsymbol{\alpha}_1,\boldsymbol{\alpha}_2,\boldsymbol{\alpha}_3$线性无关。而$\mathbf{R}^3$是三维线性空间，因此，向量组$\boldsymbol{\alpha}_1,\boldsymbol{\alpha}_2,\boldsymbol{\alpha}_3$是$\mathbf{R}^3$的一个基。

令$\boldsymbol{\alpha}_4=x_1\boldsymbol{\alpha}_1+x_2\boldsymbol{\alpha}_2+x_3\boldsymbol{\alpha}_3$，根据克拉默法则可得，$x_1=1$，$x_2=-1$，$x_3=2$，所以向量$\boldsymbol{\alpha}_4$在基$\boldsymbol{\alpha}_1,\boldsymbol{\alpha}_2,\boldsymbol{\alpha}_3$下的坐标向量是$\boldsymbol{x}=(1,-1,2)^{\mathrm{T}}$。

3.5 线性变换

3.5.1 基变换的定义

假设$\boldsymbol{\alpha}_1,\boldsymbol{\alpha}_2,\cdots,\boldsymbol{\alpha}_n$与$\boldsymbol{\beta}_1,\boldsymbol{\beta}_2,\cdots,\boldsymbol{\beta}_n$是$\mathcal{V}^n$的两个基，由于$\boldsymbol{\beta}_1,\boldsymbol{\beta}_2,\cdots,\boldsymbol{\beta}_n$也是$\mathcal{V}^n$中的元素，因此它们也可以由基$\boldsymbol{\alpha}_1,\boldsymbol{\alpha}_2,\cdots,\boldsymbol{\alpha}_n$线性表示，即$\boldsymbol{\beta}_i=P_{1i}\boldsymbol{\alpha}_1+P_{2i}\boldsymbol{\alpha}_2+\cdots+P_{ni}\boldsymbol{\alpha}_n$，这样就存在矩阵

$$\boldsymbol{P}=\begin{pmatrix}P_{11} & P_{12}\cdots P_{1n}\\ P_{21} & P_{22}\ldots P_{2n}\\ \vdots & \vdots \quad \vdots\\ P_{n1} & P_{n2}\ldots P_{nn}\end{pmatrix}$$

使得

$$(\boldsymbol{\beta}_1,\boldsymbol{\beta}_2,\cdots,\boldsymbol{\beta}_n)=(\boldsymbol{\alpha}_1,\boldsymbol{\alpha}_2,\cdots,\boldsymbol{\alpha}_n)\boldsymbol{P}$$

上式称为基变换公式，矩阵$\boldsymbol{P}$是由基$\boldsymbol{\alpha}_1,\boldsymbol{\alpha}_2,\cdots,\boldsymbol{\alpha}_n$到基$\boldsymbol{\beta}_1,\boldsymbol{\beta}_2,\cdots,\boldsymbol{\beta}_n$的过渡矩阵。这个变换的

本质就是将$\boldsymbol{\beta}_i$用基$\boldsymbol{\alpha}_1,\boldsymbol{\alpha}_2,\cdots,\boldsymbol{\alpha}_n$线性表示。矩阵$\boldsymbol{P}$是可逆的，因为若矩阵$\boldsymbol{P}$不是可逆的，则存在非零向量$\boldsymbol{b}$使得$\boldsymbol{Pb}=\boldsymbol{0}$，于是有

$$(\boldsymbol{\beta}_1,\boldsymbol{\beta}_2,\cdots,\boldsymbol{\beta}_n)\boldsymbol{b}=(\boldsymbol{\alpha}_1,\boldsymbol{\alpha}_2,\cdots,\boldsymbol{\alpha}_n)\boldsymbol{Pb}=\boldsymbol{0}$$

由于上式和$\boldsymbol{\beta}_1$、$\boldsymbol{\beta}_2$、…、$\boldsymbol{\beta}_n$线性无关，因此$\boldsymbol{b}=\boldsymbol{0}$，这与$\boldsymbol{b}$是非零向量的假设矛盾，因此矩阵$\boldsymbol{P}$是可逆的。

以上给出了由基$\boldsymbol{\alpha}_1,\boldsymbol{\alpha}_2,\cdots,\boldsymbol{\alpha}_n$到基$\boldsymbol{\beta}_1,\boldsymbol{\beta}_2,\cdots,\boldsymbol{\beta}_n$的过渡矩阵$\boldsymbol{P}$是可逆的结论，所以由基$\boldsymbol{\beta}_1,\boldsymbol{\beta}_2,\cdots,\boldsymbol{\beta}_n$到基$\boldsymbol{\alpha}_1,\boldsymbol{\alpha}_2,\cdots,\boldsymbol{\alpha}_n$的过渡矩阵是$\boldsymbol{P}^{-1}$。

3.5.2 坐标变换的定义

已知在线性空间$\mathcal{V}^n$中，一个向量在不同基下的坐标一般是不同的。那么一个向量在不同基下的坐标之间有什么关系，或者说，随着基的改变，一个向量的坐标是如何改变的。坐标变换公式可以对以上问题进行解释。

假设$\boldsymbol{\alpha}_1,\boldsymbol{\alpha}_2,\cdots,\boldsymbol{\alpha}_n$和$\boldsymbol{\beta}_1,\boldsymbol{\beta}_2,\cdots,\boldsymbol{\beta}_n$是线性空间$\mathcal{V}^n$的两个基，且这两个基之间的过渡矩阵是$\boldsymbol{P}$，即有$(\boldsymbol{\beta}_1,\boldsymbol{\beta}_2,\cdots,\boldsymbol{\beta}_n)=(\boldsymbol{\alpha}_1,\boldsymbol{\alpha}_2,\cdots,\boldsymbol{\alpha}_n)\boldsymbol{P}$。若线性空间$\mathcal{V}^n$中的向量$\boldsymbol{\alpha}$在这两个基下的坐标分别是

$$\boldsymbol{x}=[x_1,x_2,\cdots,x_n]^{\mathrm{T}} \text{ 和 } \boldsymbol{y}=[y_1,y_2,\cdots,y_n]^{\mathrm{T}}$$

则坐标变换公式是

$$\boldsymbol{y}=\boldsymbol{P}^{-1}\boldsymbol{x} \quad \text{或} \quad \boldsymbol{x}=\boldsymbol{Py}$$

下面给出坐标变换公式的推导。实际上，根据向量在某个基下的坐标定义，有

$$\boldsymbol{\alpha}=(\boldsymbol{\alpha}_1,\boldsymbol{\alpha}_2,\cdots,\boldsymbol{\alpha}_n)\boldsymbol{x}=(\boldsymbol{\beta}_1,\boldsymbol{\beta}_2,\cdots,\boldsymbol{\beta}_n)\boldsymbol{y}$$

将基变换公式代入上式有

$$(\boldsymbol{\alpha}_1,\boldsymbol{\alpha}_2,\cdots,\boldsymbol{\alpha}_n)\boldsymbol{x}=(\boldsymbol{\beta}_1,\boldsymbol{\beta}_2,\cdots,\boldsymbol{\beta}_n)\boldsymbol{y}=(\boldsymbol{\alpha}_1,\boldsymbol{\alpha}_2,\cdots,\boldsymbol{\alpha}_n)\boldsymbol{Py}$$

由于上式中的$\boldsymbol{\alpha}_1$、$\boldsymbol{\alpha}_2$、…、$\boldsymbol{\alpha}_n$线性无关，矩阵$\boldsymbol{P}$可逆，因此得到

$$\boldsymbol{y}=\boldsymbol{P}^{-1}\boldsymbol{x} \quad \text{或} \quad \boldsymbol{x}=\boldsymbol{Py}$$

3.5.3 线性变换的定义

假设$\mathcal{V}^n$、$\mathcal{W}^m$分别是n维和m维线性空间，若映射$T:\mathcal{V}^n\to\mathcal{W}^m$，满足$\forall \boldsymbol{u},\boldsymbol{v}\in\mathbf{R}^n$，$k\in\mathbf{R}$有

$$T(\boldsymbol{u}+\boldsymbol{v})=T(\boldsymbol{u})+T(\boldsymbol{v})$$

$$T(k\boldsymbol{u})=kT(\boldsymbol{u})$$

则称 T 是一个从 $\mathcal{V}^n$ 到 $\mathcal{W}^m$ 的线性变换或线性映射。若 $\mathcal{V}^n=\mathcal{W}^m$，则称 T 是线性空间 $\mathcal{V}^n$ 中的线性变换。

例 3.10　假设

$$w_1=f_1(x_1,x_2,\cdots,x_n)$$

$$w_2=f_2(x_1,x_2,\cdots,x_n)$$

$$\vdots$$

$$w_m=f_m(x_1,x_2,\cdots,x_n)$$

$T:\mathbf{R}^n\to\mathbf{R}^m$，且 $T(x_1,x_2,\cdots,x_n)=(w_1,w_2,\cdots,w_m)$，进一步假设 f_i 是如下线性函数。

$$w_1=6x_1-4x_2,\ \ w_2=-x_1+2x_2,\ \ w_3=5x_1-x_2,\ \ w_4=9x_2$$

证明映射 T 是一个线性变换，并将该线性变换表示为矩阵向量乘积的形式。

证明： 假设有 $T:\mathbf{R}^2\to\mathbf{R}^4$，$T(x_1,x_2)=(w_1,w_2,w_3,w_4)$，易得 T 满足线性变换的定义，故它是从 $\mathbf{R}^2$ 到 $\mathbf{R}^4$ 的线性变换。

以上线性变换还可以写成矩阵形式，即

$$\begin{pmatrix}w_1\\w_2\\w_3\\w_4\end{pmatrix}=\begin{pmatrix}6&-4\\-1&2\\5&-1\\0&9\end{pmatrix}\begin{pmatrix}x_1\\x_2\end{pmatrix}$$

把线性变换写成矩阵的一般形式为 $T(\boldsymbol{x})=\boldsymbol{A}\boldsymbol{x}$ 或 $T_A(\boldsymbol{x})=\boldsymbol{A}\boldsymbol{x}$。

例 3.11　若 $T:\mathbf{R}^n\to\mathbf{R}^m$ 是线性变换，则存在 $m\times n$ 矩阵，满足 $T=T_A$，即 $\boldsymbol{T}(\boldsymbol{x})=\boldsymbol{A}\boldsymbol{x}$，请对此进行证明。

证明： 令 $\boldsymbol{e}_1=(1,0,\cdots,0)^{\mathrm{T}}$，$\boldsymbol{e}_2=(0,1,0,\cdots,0)^{\mathrm{T}}$，…，$\boldsymbol{e}_n=(0,0,\cdots,1)^{\mathrm{T}}$，定义矩阵 $\boldsymbol{A}$ 是 $m\times n$ 矩阵，且它的第 i 列是 $T(\boldsymbol{e}_i)$，则 $\boldsymbol{A}=[T(\boldsymbol{e}_1),T(\boldsymbol{e}_2),\cdots,T(\boldsymbol{e}_n)]$，$\forall\boldsymbol{x}\in\mathbf{R}^n$，有

$$\boldsymbol{x}=\begin{pmatrix}x_1\\x_2\\\vdots\\x_n\end{pmatrix}=x_1\boldsymbol{e}_1+x_2\boldsymbol{e}_2+\cdots+x_n\boldsymbol{e}_n$$

只需要证明 $T(\boldsymbol{x})=T_A(\boldsymbol{x})=\boldsymbol{A}\boldsymbol{x}$ 即可。即

$$\begin{aligned}T(\boldsymbol{x}) &= T(x_1\boldsymbol{e}_1 + x_2\boldsymbol{e}_2 + \cdots + x_n\boldsymbol{e}_n) \\ &= T(x_1\boldsymbol{e}_1) + T(x_2\boldsymbol{e}_2) + \cdots + T(x_n\boldsymbol{e}_n) \\ &= x_1T(\boldsymbol{e}_1) + x_2T(\boldsymbol{e}_2) + \cdots + x_nT(\boldsymbol{e}_n) \\ &= \left[T(\boldsymbol{e}_1), T(\boldsymbol{e}_2), \cdots, T(\boldsymbol{e}_n)\right]\begin{pmatrix} x_1 \\ x_2 \\ \vdots \\ x_n \end{pmatrix} \\ &= \boldsymbol{Ax}\end{aligned}$$

得证。

例 3.11 的证明过程采用了一组特殊的标准正交基 $\boldsymbol{e}_1$、$\boldsymbol{e}_2$、…、$\boldsymbol{e}_n$。实际上，这个过程可以推广到一般的情形。对于线性空间 $\mathcal{V}^n$ 中的线性变换 T，一般形式的基 $\boldsymbol{\alpha}_1, \boldsymbol{\alpha}_2, \cdots, \boldsymbol{\alpha}_n$ 在线性变换 T 下的像是

$$\begin{gathered}T(\boldsymbol{\alpha}_1) = a_{11}\boldsymbol{\alpha}_1 + a_{21}\boldsymbol{\alpha}_2 + \cdots + a_{n1}\boldsymbol{\alpha}_n \\ T(\boldsymbol{\alpha}_2) = a_{12}\boldsymbol{\alpha}_1 + a_{22}\boldsymbol{\alpha}_2 + \cdots + a_{n2}\boldsymbol{\alpha}_n \\ \vdots \\ T(\boldsymbol{\alpha}_n) = a_{1n}\boldsymbol{\alpha}_1 + a_{2n}\boldsymbol{\alpha}_2 + \cdots + a_{nn}\boldsymbol{\alpha}_n\end{gathered}$$

上面的变换可以记为

$$T(\boldsymbol{\alpha}_1, \boldsymbol{\alpha}_2, \cdots, \boldsymbol{\alpha}_n) = \left[T(\boldsymbol{\alpha}_1), T(\boldsymbol{\alpha}_2), \cdots, T(\boldsymbol{\alpha}_n)\right] = (\boldsymbol{\alpha}_1, \boldsymbol{\alpha}_2, \cdots, \boldsymbol{\alpha}_n)\boldsymbol{A}$$

其中 $\boldsymbol{A}$ 是线性变换 T 在基 $\boldsymbol{\alpha}_1, \boldsymbol{\alpha}_2, \cdots, \boldsymbol{\alpha}_n$ 下的矩阵，即

$$\boldsymbol{A} = \begin{pmatrix} a_{11} & a_{12} \cdots a_{1n} \\ a_{21} & a_{22} \ldots a_{2n} \\ \vdots & \vdots \quad\ \vdots \\ a_{n1} & a_{n2} \ldots a_{nn} \end{pmatrix}$$

由以上讨论可知，给定线性空间中的一个基之后，线性变换可以由一个矩阵唯一确定；反之，给定一个矩阵也可以唯一确定一个线性变换，这样线性变换与矩阵之间就建立了一一对应的关系。

根据线性变换的定义可知，线性变换 T 的像集 $T(\mathcal{V}^n)$ 也是一个线性空间，这个线性空间称为线性变换 T 的像空间或值域。使线性变换 T 满足 $T(\boldsymbol{x}) = 0$ 的全体 $\boldsymbol{x}$ 集合

$$\mathcal{N}(T) = \{\boldsymbol{x} \mid \boldsymbol{x} \in \mathcal{V}^n, T\boldsymbol{x} = 0\}$$

称为线性变换的核。线性变换的核也是一个线性空间。

线性变换 T 的像空间 $T(\mathcal{V}^n)$ 的维数称为线性变换 T 的秩。显然，若 $\boldsymbol{A}$ 是线性变换 T 在某个基下的矩阵，则 T 的秩是矩阵 $\boldsymbol{A}$ 的秩 $R(\boldsymbol{A})$。

3.6　内积空间

上面介绍的线性空间是一个抽象的空间，它主要由线性空间中向量的线性运算定义，属于代数性质。但是，在实际应用和建模中，人们也需要考虑空间中向量的长度、夹角、正交性等几何性质。由第 1 章内容可知，向量的模、向量之间的夹角、向量之间的正交性等可以通过内积来刻画。因此，在线性空间中引入内积的概念很有必要，这也是对上面介绍的内积概念的推广。

3.6.1　内积空间的定义

假设 $\mathcal{V}$ 是实数域上的线性空间，若对于 $\mathcal{V}$ 中任意两个向量 $\boldsymbol{\alpha}$ 和 $\boldsymbol{\beta}$，都存在一个数 $\langle\boldsymbol{\alpha},\boldsymbol{\beta}\rangle$ 与之对应，且满足：

（1）$\langle\boldsymbol{\alpha},\boldsymbol{\alpha}\rangle\geqslant 0$，当且仅当 $\boldsymbol{\alpha}=\boldsymbol{0}$ 时，等式成立；

（2）$\langle\boldsymbol{\alpha},\boldsymbol{\beta}\rangle=\langle\boldsymbol{\beta},\boldsymbol{\alpha}\rangle$；

（3）$\langle k\boldsymbol{\alpha},\boldsymbol{\beta}\rangle=k\langle\boldsymbol{\alpha},\boldsymbol{\beta}\rangle$，$\forall k\in\mathbf{R}$；

（4）$\langle\boldsymbol{\alpha}+\boldsymbol{\beta},\boldsymbol{\gamma}\rangle=\langle\boldsymbol{\alpha},\boldsymbol{\gamma}\rangle+\langle\boldsymbol{\beta},\boldsymbol{\gamma}\rangle$，$\forall\boldsymbol{\gamma}\in\mathcal{V}$，

则称 $\langle\boldsymbol{\alpha},\boldsymbol{\beta}\rangle$ 是向量 $\boldsymbol{\alpha}$ 与向量 $\boldsymbol{\beta}$ 的内积。定义了内积的线性空间称为内积空间。特别地，定义了标准内积的 $\mathbf{R}^n$ 线性空间称为欧氏空间，这里 $\mathbf{R}^n$ 中的标准内积是指 $\langle\boldsymbol{\alpha},\boldsymbol{\beta}\rangle=\boldsymbol{\alpha}^{\mathrm{T}}\boldsymbol{\beta}=\boldsymbol{\beta}^{\mathrm{T}}\boldsymbol{\alpha}$。定义了内积的复线性空间称为酉空间。本节主要考虑欧氏空间。

把函数当成线性空间或线性空间中的向量，这样内积可以推广到更一般的函数情形。例如，$C[a,b]$ 表示定义在区间 $[a,b]$ 上的全体连续函数的集合，它构成一个线性空间，若在 $C[a,b]$ 上定义内积是

$$\langle f,g\rangle=\int_a^b f(x)g(x)\mathrm{d}x,\quad f(x),g(x)\in C[a,b]$$

则 $C[a,b]$ 构成了一个欧氏空间。当然，读者能很容易证明上式是一个内积，因为它满足内积定义中的四个条件。

有了内积的概念之后，在内积空间中，即可定义向量的模、向量之间的夹角、向量之间的正交性等，并且柯西-施瓦茨不等式在一般的内积空间也成立，即

$$\langle \boldsymbol{\alpha},\boldsymbol{\beta}\rangle \leqslant \sqrt{\langle \boldsymbol{\alpha},\boldsymbol{\alpha}\rangle * \langle \boldsymbol{\beta},\boldsymbol{\beta}\rangle}$$

3.6.2 施密特正交化方法

设n维向量$\boldsymbol{e}_1,\boldsymbol{e}_2,\cdots,\boldsymbol{e}_r$是线性空间$\mathcal{V}$的一个基，若它们之间两两正交，且每个向量的模都是 1，即它们都是单位向量，则称$\boldsymbol{e}_1,\boldsymbol{e}_2,\cdots,\boldsymbol{e}_r$是线性空间$\mathcal{V}$的一个标准正交基。

假设$\boldsymbol{\alpha}_1,\boldsymbol{\alpha}_2,\cdots,\boldsymbol{\alpha}_r$是欧氏空间$\mathcal{V}$的一个基，人们通过将$\boldsymbol{\alpha}_1,\boldsymbol{\alpha}_2,\cdots,\boldsymbol{\alpha}_r$标准正交化得到欧氏空间$\mathcal{V}$的一个标准正交基。将基标准正交化的核心思想是向量的正交分解。向量的投影如图 3.1 所示。

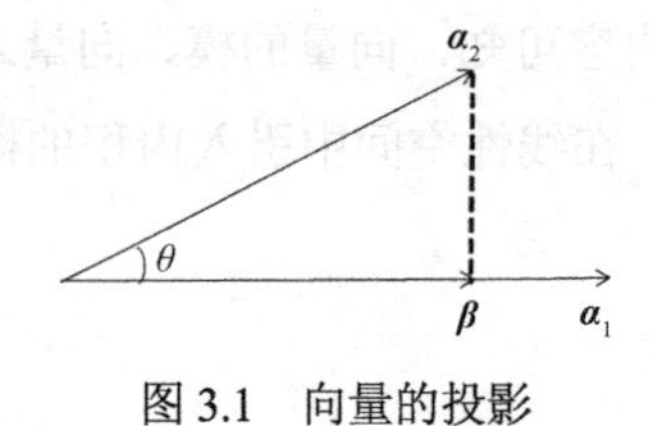

图 3.1　向量的投影

假设向量$\boldsymbol{\alpha}_1$和向量$\boldsymbol{\alpha}_2$之间的夹角是θ，向量$\boldsymbol{\alpha}_2$在向量$\boldsymbol{\alpha}_1$上的投影向量是$\boldsymbol{\beta}$，则有

$$\boldsymbol{\beta}=|\boldsymbol{\beta}|\frac{\boldsymbol{\alpha}_1}{|\boldsymbol{\alpha}_1|}$$

又因为

$$|\boldsymbol{\beta}|=|\boldsymbol{\alpha}_2|\cos\theta=|\boldsymbol{\alpha}_2|\frac{\langle \boldsymbol{\alpha}_1,\boldsymbol{\alpha}_2\rangle}{|\boldsymbol{\alpha}_1||\boldsymbol{\alpha}_2|}=\frac{\langle \boldsymbol{\alpha}_1,\boldsymbol{\alpha}_2\rangle}{|\boldsymbol{\alpha}_1|}$$

结合以上两个式子有

$$\boldsymbol{\beta}=|\boldsymbol{\beta}|\frac{\boldsymbol{\alpha}_1}{|\boldsymbol{\alpha}_1|}=\frac{\langle \boldsymbol{\alpha}_1,\boldsymbol{\alpha}_2\rangle}{|\boldsymbol{\alpha}_1|^2}\boldsymbol{\alpha}_1=\frac{\langle \boldsymbol{\alpha}_1,\boldsymbol{\alpha}_2\rangle}{\langle \boldsymbol{\alpha}_1,\boldsymbol{\alpha}_1\rangle}\boldsymbol{\alpha}_1$$

如果取$\boldsymbol{\beta}_1=\boldsymbol{\alpha}_1$，取向量$\boldsymbol{\alpha}_2$与它在向量$\boldsymbol{\alpha}_1$上投影向量$\boldsymbol{\beta}$的差为向量$\boldsymbol{\beta}_2$，即令

$$\boldsymbol{\beta}_2=\boldsymbol{\alpha}_2-\boldsymbol{\beta}=\boldsymbol{\alpha}_2-\frac{\langle \boldsymbol{\alpha}_1,\boldsymbol{\alpha}_2\rangle}{\langle \boldsymbol{\alpha}_1,\boldsymbol{\alpha}_1\rangle}\boldsymbol{\alpha}_1=\boldsymbol{\alpha}_2-\frac{\langle \boldsymbol{\beta}_1,\boldsymbol{\alpha}_2\rangle}{\langle \boldsymbol{\beta}_1,\boldsymbol{\beta}_1\rangle}\boldsymbol{\beta}_1$$

很容易验证$\langle \boldsymbol{\beta}_1,\boldsymbol{\beta}_2\rangle=0$，因此这样构造的向量$\boldsymbol{\beta}_1$、$\boldsymbol{\beta}_2$正交。类似上面的步骤，考虑向量$\boldsymbol{\alpha}_3$在向量$\boldsymbol{\beta}_1$、$\boldsymbol{\beta}_2$上进行投影或正交分解，令向量$\boldsymbol{\alpha}_3$与它在向量$\boldsymbol{\beta}_1$、$\boldsymbol{\beta}_2$上投影向量的差是向量$\boldsymbol{\beta}_3$，即令

$$\boldsymbol{\beta}_3=\boldsymbol{\alpha}_3-p\boldsymbol{\beta}_1-q\boldsymbol{\beta}_2$$

根据向量$\boldsymbol{\beta}_3$与向量$\boldsymbol{\beta}_1$、$\boldsymbol{\beta}_2$的正交性，即$\langle \boldsymbol{\beta}_3,\boldsymbol{\beta}_1\rangle=0$，$\langle \boldsymbol{\beta}_3,\boldsymbol{\beta}_2\rangle=0$，可以求得

$$p=\frac{\langle\boldsymbol{\beta}_1,\boldsymbol{\alpha}_3\rangle}{\langle\boldsymbol{\beta}_1,\boldsymbol{\beta}_1\rangle},\quad q=\frac{\langle\boldsymbol{\beta}_2,\boldsymbol{\alpha}_3\rangle}{\langle\boldsymbol{\beta}_2,\boldsymbol{\beta}_2\rangle}$$

于是得到

$$\boldsymbol{\beta}_3=\boldsymbol{\alpha}_3-\frac{\langle\boldsymbol{\beta}_1,\boldsymbol{\alpha}_3\rangle}{\langle\boldsymbol{\beta}_1,\boldsymbol{\beta}_1\rangle}\boldsymbol{\beta}_1-\frac{\langle\boldsymbol{\beta}_2,\boldsymbol{\alpha}_3\rangle}{\langle\boldsymbol{\beta}_2,\boldsymbol{\beta}_2\rangle}\boldsymbol{\beta}_2$$

通过以上计算得到的向量组$\boldsymbol{\beta}_1,\boldsymbol{\beta}_2,\boldsymbol{\beta}_3$是相互正交的。继续上面的过程，可以得到

$$\boldsymbol{\beta}_r=\boldsymbol{\alpha}_r-\frac{\langle\boldsymbol{\beta}_1,\boldsymbol{\alpha}_r\rangle}{\langle\boldsymbol{\beta}_1,\boldsymbol{\beta}_1\rangle}\boldsymbol{\beta}_1-\frac{\langle\boldsymbol{\beta}_2,\boldsymbol{\alpha}_r\rangle}{\langle\boldsymbol{\beta}_2,\boldsymbol{\beta}_2\rangle}\boldsymbol{\beta}_2-\cdots-\frac{\langle\boldsymbol{\beta}_{r-1},\boldsymbol{\alpha}_r\rangle}{\langle\boldsymbol{\beta}_{r-1},\boldsymbol{\beta}_{r-1}\rangle}\boldsymbol{\beta}_{r-1}$$

即得到了两两正交的向量组$\boldsymbol{\beta}_1,\boldsymbol{\beta}_2,\cdots,\boldsymbol{\beta}_r$，将其单位化，即令

$$\boldsymbol{e}_1=\frac{\boldsymbol{\beta}_1}{\|\boldsymbol{\beta}_1\|},\quad \boldsymbol{e}_2=\frac{\boldsymbol{\beta}_2}{\|\boldsymbol{\beta}_2\|},\quad \cdots,\quad \boldsymbol{e}_r=\frac{\boldsymbol{\beta}_r}{\|\boldsymbol{\beta}_r\|}$$

即可由欧氏空间$\mathcal{V}$的一个基$\boldsymbol{\alpha}_1,\boldsymbol{\alpha}_2,\cdots,\boldsymbol{\alpha}_r$得到了它的一个标准正交基$\boldsymbol{e}_1,\boldsymbol{e}_2,\cdots,\boldsymbol{e}_r$，以上过程用到的方法称为施密特正交化方法。

3.6.3　标准正交基的常用性质

（1）假设$\boldsymbol{e}_1,\boldsymbol{e}_2,\cdots,\boldsymbol{e}_r$是欧氏空间$\mathcal{V}$的一个标准正交基，对任意的向量$\boldsymbol{\alpha}\in\mathcal{V}$，存在常数$x_1$、$x_2$、…、$x_r$，使得$\boldsymbol{\alpha}=x_1\boldsymbol{e}_1+x_2\boldsymbol{e}_2+\cdots+x_r\boldsymbol{e}_r$，则

$$x_i=\langle\boldsymbol{\alpha},\boldsymbol{e}_i\rangle$$

这个性质说明，在标准正交基下，一个向量的坐标分量等于该向量与相应基向量的内积。也就是说，在标准正交基下，向量坐标分量的求解可以转化为内积运算。

（2）假设$\boldsymbol{e}_1,\boldsymbol{e}_2,\cdots,\boldsymbol{e}_r$是欧氏空间$\mathcal{V}$的一个标准正交基，对任意的向量$\boldsymbol{\alpha},\boldsymbol{\beta}\in\mathcal{V}$，若有$\boldsymbol{\alpha}=x_1\boldsymbol{e}_1+x_2\boldsymbol{e}_2+\cdots+x_r\boldsymbol{e}_r$，$\boldsymbol{\beta}=y_1\boldsymbol{e}_1+y_2\boldsymbol{e}_2+\cdots+y_r\boldsymbol{e}_r$，则

$$\langle\boldsymbol{\alpha},\boldsymbol{\beta}\rangle=x_1y_1+x_2y_2+\cdots+x_ry_r$$

这个性质说明，在欧氏空间的标准正交基下，向量的内积就是向量坐标的内积。也就是说，在一般欧氏空间标准正交基下，向量的内积具有$\mathbf{R}^n$空间中标准内积的形式。正是因为这个原因，$\langle\boldsymbol{\alpha},\boldsymbol{\beta}\rangle$或$\boldsymbol{\alpha}^{\mathrm{T}}\boldsymbol{\beta}$都表示向量内积的含义。

（3）假设$\boldsymbol{e}_1,\boldsymbol{e}_2,\cdots,\boldsymbol{e}_r$和$\boldsymbol{\varepsilon}_1,\boldsymbol{\varepsilon}_2,\cdots,\boldsymbol{\varepsilon}_r$是欧氏空间$\mathcal{V}$的两组标准正交基，则这两组标准正交基之间的过渡矩阵是正交矩阵。

本章参考文献

[1] 同济大学数学系. 工程数学: 线性代数[M]. 6 版. 北京: 高等教育出版社, 2014.

[2] 北京大学数学系前代数小组. 高等代数[M]. 5 版. 北京: 高等教育出版社, 2019.

[3] 于寅. 高等工程数学[M]. 3 版. 武汉: 华中科技大学出版社, 2001.

[4] HORN R A, JOHNSON C R. 矩阵分析[M]. 2 版. 北京: 人民邮电出版社, 2015.

第 4 章　矩阵分解

4.1　矩阵的 LU 分解

4.1.1　矩阵 LU 分解的定义及本质

矩阵的LU分解也称为矩阵的三角分解，是指将一个满秩矩阵 $\boldsymbol{A}$ 分解为一个下三角矩阵 $\boldsymbol{L}$ 和一个上三角矩阵 $\boldsymbol{U}$ 的乘积。一种很常见的矩阵LU分解形式是要求下三角矩阵 $\boldsymbol{L}$ 的主对角线元素是1，即 $\boldsymbol{L}$ 是单位下三角矩阵。

矩阵LU分解的本质是高斯消元法的矩阵改进形式，但是其和高斯消元法又有区别。假设求解线性方程组 $\boldsymbol{Ax}=\boldsymbol{b}$，其中矩阵 $\boldsymbol{A}$ 是 $n\times n$ 非奇异方阵。如果采用高斯消元法来求解这个线性方程组，求解过程可以理解为将增广矩阵 $[\boldsymbol{A}\ \boldsymbol{b}]$ 转化为 $\left[\boldsymbol{U}\ \tilde{\boldsymbol{b}}\right]$，并从下往上一个一个求解未知变量，其中矩阵 $\boldsymbol{U}$ 是上三角矩阵。矩阵的LU分解借用了高斯消元法的思想，直接对系数矩阵 $\boldsymbol{A}$ 进行消元处理，即对矩阵 $\boldsymbol{A}$ 进行初等行变换，将它转化为一个上三角矩阵 $\boldsymbol{U}$。对矩阵 $\boldsymbol{A}$ 进行初等行变换等价于对矩阵 $\boldsymbol{A}$ 左乘一个初等变换矩阵，相应公式为

$$\boldsymbol{MA}=\boldsymbol{U}$$

其中，$\boldsymbol{M}$ 是一系列初等变换矩阵之积。令 $\boldsymbol{M}^{-1}=\boldsymbol{L}$，这样就有

$$\boldsymbol{A}=\boldsymbol{M}^{-1}\boldsymbol{U}=\boldsymbol{LU}$$

上述分解过程用数学表达式解释如下所示。

（1）前向计算，将矩阵 $\boldsymbol{A}$ 转化为上三角矩阵 $\boldsymbol{U}$，即

$$\boldsymbol{E}_p\cdots\boldsymbol{E}_2\boldsymbol{E}_1\boldsymbol{A}=\boldsymbol{U}$$

（2）后向计算，由上三角矩阵 $\boldsymbol{U}$ 求矩阵 $\boldsymbol{A}$，即

$$\left(\boldsymbol{E}_1^{-1}\boldsymbol{E}_2^{-1}\cdots\boldsymbol{E}_p^{-1}\right)\boldsymbol{U}=\boldsymbol{A}$$

（3）令 $\boldsymbol{L}=\boldsymbol{E}_1^{-1}\boldsymbol{E}_2^{-1}\cdots\boldsymbol{E}_p^{-1}$，得到 $\boldsymbol{A}=\boldsymbol{LU}$。

例 4.1　假设矩阵 $\boldsymbol{A}=\begin{bmatrix}2&1&0\\1&1&1\\1&1&2\end{bmatrix}$，求矩阵 $\boldsymbol{A}$ 的 LU 分解。

解：（1）前向计算，将矩阵 $\boldsymbol{A}$ 转化为上三角矩阵 $\boldsymbol{U}$。

第一次变换，将矩阵 $\boldsymbol{A}$ 第一行的 $-\frac{1}{2}$ 倍加到第二行，得到

$$\boldsymbol{E}_{21}\boldsymbol{A}=\begin{bmatrix}1&0&0\\-\frac{1}{2}&1&0\\0&0&1\end{bmatrix}\begin{bmatrix}2&1&0\\1&1&1\\1&1&2\end{bmatrix}=\begin{bmatrix}2&1&0\\0&\frac{1}{2}&1\\1&1&2\end{bmatrix}=\boldsymbol{A}_1$$

第二次变换，将矩阵 $\boldsymbol{A}_1$ 第一行的 $-\frac{1}{2}$ 倍加到第三行，得到

$$\boldsymbol{E}_{31}\boldsymbol{A}_1=\begin{bmatrix}1&0&0\\0&1&0\\-\frac{1}{2}&0&1\end{bmatrix}\begin{bmatrix}2&1&0\\0&\frac{1}{2}&1\\1&1&2\end{bmatrix}=\begin{bmatrix}2&1&0\\0&\frac{1}{2}&1\\0&\frac{1}{2}&2\end{bmatrix}=\boldsymbol{A}_2$$

第三次变换，将矩阵 $\boldsymbol{A}_2$ 第二行的−1 倍加到第三行，得到

$$\boldsymbol{E}_{32}\boldsymbol{A}_2=\begin{bmatrix}1&0&0\\0&1&0\\0&-1&1\end{bmatrix}\begin{bmatrix}2&1&0\\0&\frac{1}{2}&1\\0&\frac{1}{2}&2\end{bmatrix}=\begin{bmatrix}2&1&0\\0&\frac{1}{2}&1\\0&0&1\end{bmatrix}=\boldsymbol{A}_3=\boldsymbol{U}$$

由此可得 $\boldsymbol{U}=\boldsymbol{E}_{32}\boldsymbol{E}_{31}\boldsymbol{E}_{21}\boldsymbol{A}$。

（2）后向计算，由上三角矩阵 $\boldsymbol{U}$ 求矩阵 $\boldsymbol{A}$。

根据前向计算的结果 $\boldsymbol{U}=\boldsymbol{E}_{32}\boldsymbol{E}_{31}\boldsymbol{E}_{21}\boldsymbol{A}$，可以得到

$$\boldsymbol{A}=\boldsymbol{E}_{21}^{-1}\boldsymbol{E}_{31}^{-1}\boldsymbol{E}_{32}^{-1}\boldsymbol{U}$$

$\boldsymbol{E}_{21}$、$\boldsymbol{E}_{31}$、$\boldsymbol{E}_{32}$ 的逆矩阵分别是

$$\boldsymbol{E}_{21}^{-1}=\begin{bmatrix}1&0&0\\\frac{1}{2}&1&0\\0&0&1\end{bmatrix},\quad \boldsymbol{E}_{31}^{-1}=\begin{bmatrix}1&0&0\\0&1&0\\\frac{1}{2}&0&1\end{bmatrix},\quad \boldsymbol{E}_{32}^{-1}=\begin{bmatrix}1&0&0\\0&1&0\\0&1&1\end{bmatrix}$$

（3）令 $L = E_{21}^{-1}E_{31}^{-1}E_{32}^{-1} = \begin{bmatrix} 1 & 0 & 0 \\ \frac{1}{2} & 1 & 0 \\ \frac{1}{2} & 1 & 1 \end{bmatrix}$，这样就得到

$$A = LU = \begin{bmatrix} 1 & 0 & 0 \\ \frac{1}{2} & 1 & 0 \\ \frac{1}{2} & 1 & 1 \end{bmatrix}\begin{bmatrix} 2 & 1 & 0 \\ 0 & \frac{1}{2} & 1 \\ 0 & 0 & 1 \end{bmatrix}$$

4.1.2　矩阵 LU 分解的条件

矩阵的 LU 分解主要针对方阵。矩阵 A 能够进行 LU 分解需要满足以下条件[1]。

（1）矩阵 A 是方阵。

（2）矩阵 A 是满秩矩阵，即矩阵 A 是可逆的。

（3）把矩阵 A 当成一个线性方程组的系数矩阵，借用高斯消元法将它转化为一个上三角矩阵时，不需要交换矩阵 A 的两行位置，即不需要进行初等行变换。

以上条件中的前两个条件很好理解，第三个条件实际上可以弱化。在例 4.1 中，对矩阵 A 进行初等行变换时，没有进行行交换。但是，并不是所有的矩阵 A 都满足这样的条件，如果矩阵 A 是

$$A = \begin{bmatrix} 1 & 2 & 3 \\ 4 & 8 & 6 \\ 3 & -2 & 7 \end{bmatrix}$$

将矩阵 A 第一行的−4 倍和−3 倍分别加到第二行和第三行，得到的矩阵是

$$\begin{bmatrix} 1 & 2 & 3 \\ 0 & 0 & -6 \\ 0 & -8 & -2 \end{bmatrix}$$

要将上面的矩阵转化为上三角矩阵，需要交换矩阵第二行和第三行的位置，这样就不满足矩阵 LU 分解的第三个条件。出现这种问题的本质是消元的过程中出现了零主元，即第二个主对角元素是零，显然这种问题可以通过交换矩阵 A 两行的位置来解决。由于置换矩阵 P 左乘一个矩阵可以达到交换矩阵两行位置的目的，因此对于需要交换矩阵 A 的两行其才能转化为上三角矩阵的问题，对矩阵 A 左乘一个置换矩阵 P 即可，其数学表达式是

$$PA = LU$$

其中，P 是行置换矩阵。实际上，所有矩阵的LU分解都可以写成 $PA = LU$，当进行高斯消元时，没有行交换时，置换矩阵 P 就变成了单位矩阵。

例 4.2　假设矩阵 $A = \begin{bmatrix} 1 & 2 & 3 \\ 4 & 8 & 6 \\ 3 & -2 & 7 \end{bmatrix}$，求矩阵 A 的LU分解。

解：(1) 交换矩阵 A 第二行和第三行的位置，也就是用行置换矩阵 $P = \begin{bmatrix} 1 & 0 & 0 \\ 0 & 0 & 1 \\ 0 & 1 & 0 \end{bmatrix}$ 左乘矩阵 A，得到

$$PA = \begin{bmatrix} 1 & 2 & 3 \\ 3 & -2 & 7 \\ 4 & 8 & 6 \end{bmatrix} = A_1$$

(2) 前向计算，将矩阵 A_1 转化为上三角矩阵 U。

第一次变换，将矩阵 A_1 第一行的−3 倍加到第二行，得到

$$E_{21}A = \begin{bmatrix} 1 & 0 & 0 \\ -3 & 1 & 0 \\ 0 & 0 & 1 \end{bmatrix}\begin{bmatrix} 1 & 2 & 3 \\ 3 & -2 & 7 \\ 4 & 8 & 6 \end{bmatrix} = \begin{bmatrix} 1 & 2 & 3 \\ 0 & -8 & -2 \\ 4 & 8 & 6 \end{bmatrix} = A_2$$

第二次变换，将矩阵 A_2 第一行的−4 倍加到第三行，得到

$$E_{31}A_1 = \begin{bmatrix} 1 & 0 & 0 \\ 0 & 1 & 0 \\ -4 & 0 & 1 \end{bmatrix}\begin{bmatrix} 1 & 2 & 3 \\ 0 & -8 & -2 \\ 4 & 8 & 6 \end{bmatrix} = \begin{bmatrix} 1 & 2 & 3 \\ 0 & -8 & -2 \\ 0 & 0 & -6 \end{bmatrix} = A_3 = U$$

(3) 后向计算，由上三角矩阵 U 求矩阵 PA。

根据前向计算的结果 $U = E_{31}E_{21}PA$，可以得到

$$PA = E_{21}^{-1}E_{31}^{-1}U$$

E_{21}、E_{31} 的逆矩阵分别是

$$E_{21}^{-1} = \begin{bmatrix} 1 & 0 & 0 \\ 3 & 1 & 0 \\ 0 & 0 & 1 \end{bmatrix},\quad E_{31}^{-1} = \begin{bmatrix} 1 & 0 & 0 \\ 0 & 1 & 0 \\ 4 & 0 & 1 \end{bmatrix}$$

(4) 令 $L = E_{21}^{-1}E_{31}^{-1} = \begin{bmatrix} 1 & 0 & 0 \\ 3 & 1 & 0 \\ 4 & 0 & 1 \end{bmatrix}$，这样就得到

$$PA = LU = \begin{bmatrix} 1 & 0 & 0 \\ 3 & 1 & 0 \\ 4 & 0 & 1 \end{bmatrix} \begin{bmatrix} 1 & 2 & 3 \\ 0 & -8 & -2 \\ 0 & 0 & -6 \end{bmatrix}$$

由于行置换矩阵 $\boldsymbol{P}$ 的逆矩阵等于它的转置矩阵，对上式两边左乘 $\boldsymbol{P}^{-1}$，得到

$$A = P^{-1}LU = \begin{bmatrix} 1 & 0 & 0 \\ 0 & 0 & 1 \\ 0 & 1 & 0 \end{bmatrix} \begin{bmatrix} 1 & 0 & 0 \\ 3 & 1 & 0 \\ 4 & 0 & 1 \end{bmatrix} \begin{bmatrix} 1 & 2 & 3 \\ 0 & -8 & -2 \\ 0 & 0 & -6 \end{bmatrix}$$

上面给出的矩阵 LU 分解条件及例子都是针对方阵的。并且需要说明的一点是，矩阵的 LU 分解主要针对方阵，但是这种分解方法也可以推广到矩阵是非方阵的情形，具体内容见《矩阵分析》[2]，对应非方阵的情形不在这里讨论。

4.1.3　矩阵 LU 分解的扩展形式

上面介绍的矩阵 LU 分解中，下三角矩阵 $\boldsymbol{L}$ 的主对角线元素都是 1，但是上三角矩阵 $\boldsymbol{U}$ 的主对角线元素就不一定都是 1。如果在矩阵 LU 分解的基础上，要求上三角矩阵 $\boldsymbol{U}$ 的主对角线元素也都是 1，那应该怎么处理？根据矩阵的乘法运算可知，如果用一个对角矩阵 $\boldsymbol{D}$ 左乘一个矩阵 $\boldsymbol{A}$，等价于对角矩阵 $\boldsymbol{D}$ 的每个对角线元素分别乘以矩阵 $\boldsymbol{A}$ 的各行，利用这个性质，很容易将矩阵 $\boldsymbol{A}$ 的对角线元素都化为 1，基于这个思路，在矩阵的 LU 分解中，引入一个对角矩阵 $\boldsymbol{D}$，就可以将下三角矩阵 $\boldsymbol{L}$ 和上三角矩阵 $\boldsymbol{U}$ 的主对角线元素都化为 1，具体步骤如下。

（1）将矩阵 $\boldsymbol{A}$ 进行 LU 分解，不妨假设分解结果如下。

$$A = LU = \begin{bmatrix} 1 & 0 & \cdots & 0 \\ l_{12} & 1 & \cdots & 0 \\ \vdots & \vdots & & \vdots \\ l_{1n} & l_{2n} & \cdots & 1 \end{bmatrix} \begin{bmatrix} u_{11} & u_{12} & \cdots & u_{1n} \\ 0 & u_{22} & \cdots & u_{2n} \\ \vdots & \vdots & & \vdots \\ 0 & 0 & \cdots & u_{nn} \end{bmatrix}$$

（2）在 LU 分解的基础上，引入对角矩阵 $\boldsymbol{D}$，它的对角线元素是上三角矩阵 $\boldsymbol{U}$ 的主对角线元素，则有

$$A = LDU = \begin{bmatrix} 1 & 0 & \cdots & 0 \\ l_{12} & 1 & \cdots & 0 \\ \vdots & \vdots & & \vdots \\ l_{1n} & l_{2n} & \cdots & 1 \end{bmatrix} \begin{bmatrix} u_{11} & 0 & \cdots & 0 \\ 0 & u_{22} & \cdots & 0 \\ \vdots & \vdots & & \vdots \\ 0 & 0 & \cdots & u_{nn} \end{bmatrix} \begin{bmatrix} 1 & \dfrac{u_{12}}{u_{11}} & \cdots & \dfrac{u_{1n}}{u_{11}} \\ 0 & 1 & \cdots & \dfrac{u_{2n}}{u_{22}} \\ \vdots & \vdots & & \vdots \\ 0 & 0 & \cdots & 1 \end{bmatrix}$$

这里要指出的是，上式中的上三角矩阵$\boldsymbol{U}$应该用另外一个符号表示的，为了统一，此处还是依然采用$\boldsymbol{U}$表示。根据上面的分析可以知道，矩阵$\boldsymbol{A}$的LDU分解本质上就是LU分解，只不过通过引入对角矩阵$\boldsymbol{D}$，将分解后的上三角矩阵和下三角矩阵都变成了主对角线元素都是1的矩阵。

实际上，如果矩阵$\boldsymbol{A}$是正定矩阵，那么在矩阵$\boldsymbol{A}$的LDU分解中，下三角矩阵$\boldsymbol{L}$和上三角矩阵$\boldsymbol{U}$互为转置，这时有$\boldsymbol{A}=\boldsymbol{L}\boldsymbol{D}\boldsymbol{L}^{\mathrm{T}}$，这可以看成矩阵$\boldsymbol{A}$的LDU分解的特例。由于这里矩阵$\boldsymbol{D}$是对角矩阵，它可以表示为$\boldsymbol{D}=\boldsymbol{D}^{1/2}\boldsymbol{D}^{1/2}$，因此矩阵$\boldsymbol{A}$的$\boldsymbol{L}\boldsymbol{D}\boldsymbol{L}^{\mathrm{T}}$可表示为

$$\boldsymbol{A}=\boldsymbol{L}\boldsymbol{D}^{1/2}\boldsymbol{D}^{1/2}\boldsymbol{L}^{\mathrm{T}}=\left(\boldsymbol{L}\boldsymbol{D}^{1/2}\right)\left((\boldsymbol{D}^{1/2})^{\mathrm{T}}\boldsymbol{L}^{\mathrm{T}}\right)=\boldsymbol{U}^{\mathrm{T}}\boldsymbol{U}$$

其中，矩阵$\boldsymbol{U}$是上三角矩阵。这种分解方法就是著名的Cholesky分解法，也称为平方根法。

4.1.4 利用矩阵的LU分解求解线性方程组

在求解线性方程组$\boldsymbol{A}\boldsymbol{x}=\boldsymbol{b}$时，如果不直接对其求解，而是先对矩阵$\boldsymbol{A}$进行LU分解，这样就有

$$\boldsymbol{L}\boldsymbol{U}\boldsymbol{x}=\boldsymbol{b}$$

令$\boldsymbol{U}\boldsymbol{x}=\boldsymbol{y}$，这样就将直接求解线性方程组$\boldsymbol{A}\boldsymbol{x}=\boldsymbol{b}$转化为以下两步。

（1）根据$\boldsymbol{L}\boldsymbol{y}=\boldsymbol{b}$，求解$\boldsymbol{y}$。

（2）根据$\boldsymbol{U}\boldsymbol{x}=\boldsymbol{y}$，求解$\boldsymbol{x}$。

那么为什么要将矩阵$\boldsymbol{A}$进行LU分解后才求解线性方程组$\boldsymbol{A}\boldsymbol{x}=\boldsymbol{b}$呢？下面我们来分析直接利用矩阵$\boldsymbol{A}$的逆矩阵求解线性方程组和利用矩阵$\boldsymbol{A}$的LU分解求解线性方程组的运算次数。

假设矩阵$\boldsymbol{A}$是$n\times n$非奇异方阵，对矩阵$\boldsymbol{A}$进行LU分解，首先要将矩阵$\boldsymbol{A}$转化为上三角矩阵，此时要对矩阵$\boldsymbol{A}$进行多次消元处理。对矩阵$\boldsymbol{A}$进行第一次消元，就是将它第一行的某个倍数加到其他各行，使得其他各行的第一个元素化为零。将矩阵$\boldsymbol{A}$的第一行乘以某个倍数需要进行n次乘法运算，将结果加到其他任意一行，需要进行n次加法运算，除第一行外，还有$n-1$行，因此，第一次消元需要进行$n(n-1)\approx n^2$次运算①。第二次消元就是要将矩阵$\boldsymbol{A}$第二行的某个倍数加到第三到第n行，使得第三行到第n行第二列的元素化为零，此次消元需要进行$(n-1)(n-2)\approx(n-1)^2$次运算，其他行消元需要进行的运算次数依此类推。因此，将矩阵$\boldsymbol{A}$转化为上三角矩阵需要进行的运算的总次数是

$$n^2+(n-1)^2+\cdots+2^2+1^2=\frac{n(n+1)(2n+1)}{6}$$

① 这里把一次乘法和一次加法看成一次运算。

当$n \to \infty$时，上式等于$\frac{n^3}{3}$。所以，对于比较大的n，利用矩阵$\boldsymbol{A}$的 LU 分解求解线性方程组运算次数是$O\left(\frac{n^3}{3}\right)$。

根据$\boldsymbol{Ly}=\boldsymbol{b}$，求解$\boldsymbol{y}$，以及根据$\boldsymbol{Ux}=\boldsymbol{y}$，求解$\boldsymbol{x}$，由于矩阵$\boldsymbol{L}$和矩阵$\boldsymbol{U}$分别是下三角矩阵和上三角矩阵，因此可以很容易计算得到求解$\boldsymbol{x}$和求解$\boldsymbol{y}$的运算次数都是$O(n^2)$，即利用矩阵$\boldsymbol{A}$的 LU 分解求解线性方程组的总运算次数是$O\left(\frac{n^3}{3}\right)+2O(n^2)$。

由于求解矩阵$\boldsymbol{A}$逆矩阵$\boldsymbol{A}^{-1}$的运算次数是$O(2n^3)$，求解$\boldsymbol{A}^{-1}\boldsymbol{b}$的运算次数是$O(n^2)$，这样直接利用矩阵$\boldsymbol{A}$的逆矩阵求解线性方程组的总运算次数是$O(2n^3)+O(n^2)$。

通过比较，可以发现当n比较大时，利用矩阵的 LU 分解，可以快速地求解线性方程组。另外与直接利用高斯消元法求解大型线性方程组相比较，在实际问题求解中，如果向量$\boldsymbol{b}$发生了改变，高斯消元法要全部重新计算，因为高斯消元法依赖向量$\boldsymbol{b}$，而矩阵的 LU 分解不依赖向量$\boldsymbol{b}$，这是利用矩阵的 LU 分解求解大型线性方程组的另外一个优势。

4.2　矩阵的 QR 分解

4.2.1　矩阵 QR 分解的定义

矩阵的 QR 分解是指将一个满秩矩阵$\boldsymbol{A}$分解为一个正交矩阵$\boldsymbol{Q}$和一个上三角矩阵$\boldsymbol{R}$的乘积。根据正交矩阵的定义，假设矩阵$\boldsymbol{Q}$是n阶实矩阵，若矩阵$\boldsymbol{Q}$是正交矩阵，则它满足$\boldsymbol{Q}^{\mathrm{T}}\boldsymbol{Q}=\boldsymbol{I}$。进一步，若正交矩阵$\boldsymbol{Q}=[\boldsymbol{q}_1,\boldsymbol{q}_2,\cdots,\boldsymbol{q}_n]$，则有

$$\boldsymbol{q}_i^{\mathrm{T}}\boldsymbol{q}_j=\begin{cases}0, i\neq j\\1, i=j\end{cases}$$

这说明，将正交矩阵写成向量的形式，它的列向量除和自己的内积为 1 以外，其他任意两个不同向量之间的内积为 0，即它们之间是正交的。根据正交矩阵的定义，可以得到正交矩阵$\boldsymbol{Q}$是可逆的，且$\boldsymbol{Q}^{-1}=\boldsymbol{Q}^{\mathrm{T}}$。正交矩阵$\boldsymbol{Q}$的这个性质有很多应用，一个常见的应用是，可以应用这个性质将任意一个向量$\boldsymbol{a}$分解为一组正交向量的线性组合。假设$\boldsymbol{a}=x_1\boldsymbol{q}_1+x_2\boldsymbol{q}_2+\cdots+x_n\boldsymbol{q}_n$，其写成矩阵方程形式是

$$[\boldsymbol{q}_1,\boldsymbol{q}_2,\cdots,\boldsymbol{q}_n]\begin{bmatrix}x_1\\x_2\\\vdots\\x_n\end{bmatrix}=\boldsymbol{Qx}=\boldsymbol{a}$$

由于矩阵$\boldsymbol{Q}$是正交矩阵，所以有

$$\boldsymbol{x}=\boldsymbol{Q}^{-1}\boldsymbol{a}=\boldsymbol{Q}^{\mathrm{T}}\boldsymbol{a}=\begin{bmatrix}\boldsymbol{q}_1^{\mathrm{T}}\boldsymbol{a}\\ \boldsymbol{q}_2^{\mathrm{T}}\boldsymbol{a}\\ \vdots\\ \boldsymbol{q}_n^{\mathrm{T}}\boldsymbol{a}\end{bmatrix}$$

将求得的系数代入向量$\boldsymbol{a}$的线性组合之中，得到向量$\boldsymbol{a}$的正交分解是

$$\boldsymbol{a}=\left(\boldsymbol{q}_1^{\mathrm{T}}\boldsymbol{a}\right)\boldsymbol{q}_1+\left(\boldsymbol{q}_2^{\mathrm{T}}\boldsymbol{a}\right)\boldsymbol{q}_2+\cdots+\left(\boldsymbol{q}_n^{\mathrm{T}}\boldsymbol{a}\right)\boldsymbol{q}_n$$

上式说明，将一个向量$\boldsymbol{a}$沿着一组正交向量进行正交分解，沿任一向量的系数是该向量的转置与向量$\boldsymbol{a}$的内积。

4.2.2 利用施密特正交化方法进行矩阵的 QR 分解

假设满秩矩阵$\boldsymbol{A}$是n阶实方阵，$\boldsymbol{A}=[\boldsymbol{a}_1,\boldsymbol{a}_2,\cdots,\boldsymbol{a}_n]$，采用上一章介绍的施密特正交化方法，从向量组$\boldsymbol{a}_1,\boldsymbol{a}_2,\cdots,\boldsymbol{a}_n$出发，构建正交向量组$\boldsymbol{p}_1,\boldsymbol{p}_2,\cdots,\boldsymbol{p}_n$，并将正交向量组$\boldsymbol{p}_1,\boldsymbol{p}_2,\cdots,\boldsymbol{p}_n$归一化后，得到正交矩阵$\boldsymbol{Q}=[\boldsymbol{q}_1,\boldsymbol{q}_2,\cdots,\boldsymbol{q}_n]$，具体步骤如下。

（1）令$\boldsymbol{p}_1=\boldsymbol{a}_1$，$\boldsymbol{q}_1=\dfrac{\boldsymbol{p}_1}{\|\boldsymbol{p}_1\|}$。

（2）将向量$\boldsymbol{a}_2$与它在向量$\boldsymbol{p}_1$上投影向量的差作为向量$\boldsymbol{p}_2$，有

$$\boldsymbol{p}_2=\boldsymbol{a}_2-\frac{\boldsymbol{a}_1^{\mathrm{T}}\boldsymbol{a}_2}{\boldsymbol{a}_1^{T}\boldsymbol{a}_1}\boldsymbol{p}_1\text{，并令}\boldsymbol{q}_2=\frac{\boldsymbol{p}_2}{\|\boldsymbol{p}_2\|}\text{。}$$

（3）依此类推，对于一般的向量$\boldsymbol{p}_r$和向量$\boldsymbol{q}_r$有

$$\boldsymbol{p}_r=\boldsymbol{a}_r-\frac{\boldsymbol{a}_1^{\mathrm{T}}\boldsymbol{a}_r}{\boldsymbol{a}_1^{\mathrm{T}}\boldsymbol{a}_1}\boldsymbol{p}_1-\frac{\boldsymbol{a}_2^{\mathrm{T}}\boldsymbol{a}_r}{\boldsymbol{a}_2^{\mathrm{T}}\boldsymbol{a}_2}\boldsymbol{p}_2-\cdots-\frac{\boldsymbol{a}_{r-1}^{\mathrm{T}}\boldsymbol{a}_r}{\boldsymbol{a}_{r-1}^{\mathrm{T}}\boldsymbol{a}_{r-1}}\boldsymbol{p}_{r-1}$$

令$\boldsymbol{q}_r=\dfrac{\boldsymbol{p}_r}{\|\boldsymbol{p}_r\|}$。

已知由以上步骤构建的$\boldsymbol{p}_1,\boldsymbol{p}_2,\cdots,\boldsymbol{p}_n$是正交向量组，因此由$\boldsymbol{q}_1,\boldsymbol{q}_2,\cdots,\boldsymbol{q}_n$构成的矩阵$\boldsymbol{Q}$是正交矩阵。如果要将矩阵$\boldsymbol{A}$分解为$\boldsymbol{QR}$之积，那么根据正交矩阵$\boldsymbol{Q}$的构成可以得到的结论如下。

（1）因为向量$\boldsymbol{a}_1$与向量$\boldsymbol{q}_1$方向一样，系数是$\boldsymbol{q}_1^{\mathrm{T}}\boldsymbol{a}_1$，所以$\boldsymbol{a}_1=\left(\boldsymbol{q}_1^{\mathrm{T}}\boldsymbol{a}_1\right)\boldsymbol{q}_1$。

（2）因为向量$\boldsymbol{a}_2$分解为$\boldsymbol{q}_1$、$\boldsymbol{q}_2$方向的向量，系数分别是$\boldsymbol{q}_1^{\mathrm{T}}\boldsymbol{a}_2$和$\boldsymbol{q}_2^{\mathrm{T}}\boldsymbol{a}_2$，所以$\boldsymbol{a}_2=\left(\boldsymbol{q}_1^{\mathrm{T}}\boldsymbol{a}_2\right)\boldsymbol{q}_1+\left(\boldsymbol{q}_2^{\mathrm{T}}\boldsymbol{a}_2\right)\boldsymbol{q}_2$。

（3）因为对任意向量$\boldsymbol{a}_r$分解为$\boldsymbol{q}_1$、$\boldsymbol{q}_2$、…、$\boldsymbol{q}_r$方向的向量，系数分别是$\boldsymbol{q}_1^{\mathrm{T}}\boldsymbol{a}_r$、$\boldsymbol{q}_2^{\mathrm{T}}\boldsymbol{a}_r$、…、$\boldsymbol{q}_r^{\mathrm{T}}\boldsymbol{a}_r$，所以

$$\boldsymbol{a}_r = \left(\boldsymbol{q}_1^{\mathrm{T}}\boldsymbol{a}_r\right)\boldsymbol{q}_1 + \left(\boldsymbol{q}_2^{\mathrm{T}}\boldsymbol{a}_r\right)\boldsymbol{q}_2 + \cdots + \left(\boldsymbol{q}_r^{\mathrm{T}}\boldsymbol{a}_r\right)\boldsymbol{q}_r$$

这里的系数计算利用了 4.2.1 节介绍的性质①，上面的过程写成矩阵形式是

$$\boldsymbol{A} = \left[\boldsymbol{a}_1, \boldsymbol{a}_2, \cdots, \boldsymbol{a}_n\right] = \left[\boldsymbol{q}_1, \boldsymbol{q}_2, \cdots, \boldsymbol{q}_n\right]\begin{bmatrix} \boldsymbol{q}_1^{\mathrm{T}}\boldsymbol{a}_1 & \boldsymbol{q}_1^{\mathrm{T}}\boldsymbol{a}_2 & \cdots & \boldsymbol{q}_1^{\mathrm{T}}\boldsymbol{a}_n \\ 0 & \boldsymbol{q}_2^{\mathrm{T}}\boldsymbol{a}_2 & \cdots & \boldsymbol{q}_2^{\mathrm{T}}\boldsymbol{a}_n \\ \vdots & \vdots & & \vdots \\ 0 & 0 & \cdots & \boldsymbol{q}_n^{\mathrm{T}}\boldsymbol{a}_n \end{bmatrix} = \boldsymbol{QR}$$

这样就得到了矩阵 $\boldsymbol{A}$ 的 QR 分解中的正交矩阵 $\boldsymbol{Q}$ 和上三角矩阵 $\boldsymbol{R}$ 。

例 4.3 假设矩阵 $\boldsymbol{A} = \begin{bmatrix} 1 & 2 & 2 \\ 2 & 1 & 2 \\ 1 & 2 & 1 \end{bmatrix}$，求矩阵 $\boldsymbol{A}$ 的 QR 分解。

解：（1）根据矩阵 $\boldsymbol{A}$ 获得它的列向量 $\boldsymbol{a}_1 = (1,2,1)^{\mathrm{T}}$， $\boldsymbol{a}_2 = (2,1,2)^{\mathrm{T}}$， $\boldsymbol{a}_3 = (2,2,1)^{\mathrm{T}}$ 。

（2）利用施密特正交化方法获得正交向量组 $\boldsymbol{p}_1, \boldsymbol{p}_2, \boldsymbol{p}_3$，将它们归一化后获得向量组 $\boldsymbol{q}_1, \boldsymbol{q}_2, \boldsymbol{q}_3$，具体步骤如下。

① 令 $\boldsymbol{p}_1 = \boldsymbol{a}_1$ ，则

$$\boldsymbol{q}_1 = \frac{\boldsymbol{p}_1}{\|\boldsymbol{p}_1\|} = \left(\frac{1}{\sqrt{6}}, \frac{2}{\sqrt{6}}, \frac{1}{\sqrt{6}}\right)^{\mathrm{T}}$$

② 令 $\boldsymbol{p}_2 = \boldsymbol{a}_2 - \dfrac{\boldsymbol{a}_1^{\mathrm{T}}\boldsymbol{a}_2}{\boldsymbol{a}_1^{\mathrm{T}}\boldsymbol{a}_1}\boldsymbol{p}_1 = \boldsymbol{a}_2 - \boldsymbol{p}_1 = (1,-1,1)^{\mathrm{T}}$，则

$$\boldsymbol{q}_2 = \frac{\boldsymbol{p}_2}{\|\boldsymbol{p}_2\|} = \left(\frac{1}{\sqrt{3}}, -\frac{1}{\sqrt{3}}, \frac{1}{\sqrt{3}}\right)^{\mathrm{T}}$$

③ 令 $\boldsymbol{p}_3 = \boldsymbol{a}_3 - \dfrac{\boldsymbol{a}_1^{\mathrm{T}}\boldsymbol{a}_3}{\boldsymbol{a}_1^{\mathrm{T}}\boldsymbol{a}_1}\boldsymbol{p}_1 - \dfrac{\boldsymbol{a}_2^{\mathrm{T}}\boldsymbol{a}_3}{\boldsymbol{a}_2^{\mathrm{T}}\boldsymbol{a}_2}\boldsymbol{p}_2 = \boldsymbol{a}_3 - \dfrac{7}{6}\boldsymbol{p}_1 - \dfrac{1}{3}\boldsymbol{p}_2 = \left(\dfrac{1}{2}, 0, -\dfrac{1}{2}\right)^{\mathrm{T}}$，则

$$\boldsymbol{q}_3 = \frac{\boldsymbol{p}_3}{\|\boldsymbol{p}_3\|} = \left(\frac{1}{\sqrt{2}}, 0, -\frac{1}{\sqrt{2}}\right)^{\mathrm{T}}$$

（3）由向量 $\boldsymbol{q}_1$、$\boldsymbol{q}_2$、$\boldsymbol{q}_3$ 构建矩阵 $\boldsymbol{Q}$ ，得到

$$\boldsymbol{Q} = \left[\boldsymbol{q}_1, \boldsymbol{q}_2, \boldsymbol{q}_3\right] = \begin{bmatrix} \frac{1}{\sqrt{6}} & \frac{1}{\sqrt{3}} & \frac{1}{\sqrt{2}} \\ \frac{2}{\sqrt{6}} & -\frac{1}{\sqrt{3}} & 0 \\ \frac{1}{\sqrt{6}} & \frac{1}{\sqrt{3}} & -\frac{1}{\sqrt{2}} \end{bmatrix}$$

① 关于系数的计算也可以直接根据迭代关系获得。

根据 $\boldsymbol{R}=\begin{bmatrix} \boldsymbol{q}_1^{\mathrm{T}}\boldsymbol{a}_1 & \boldsymbol{q}_1^{\mathrm{T}}\boldsymbol{a}_2 & \boldsymbol{q}_1^{\mathrm{T}}\boldsymbol{a}_3 \\ 0 & \boldsymbol{q}_2^{\mathrm{T}}\boldsymbol{a}_2 & \boldsymbol{q}_2^{\mathrm{T}}\boldsymbol{a}_3 \\ 0 & 0 & \boldsymbol{q}_3^{\mathrm{T}}\boldsymbol{a}_3 \end{bmatrix}$ 可得

$$\boldsymbol{R}=\begin{bmatrix} \sqrt{6} & \sqrt{6} & \dfrac{7}{\sqrt{6}} \\ 0 & \sqrt{3} & \dfrac{\sqrt{3}}{3} \\ 0 & 0 & \dfrac{\sqrt{2}}{2} \end{bmatrix}$$

需要说明的是，上三角矩阵 $\boldsymbol{R}$ 的计算可以根据 $\boldsymbol{a}_1$、$\boldsymbol{a}_2$、$\boldsymbol{a}_3$ 与 $\boldsymbol{p}_1$、$\boldsymbol{p}_2$、$\boldsymbol{p}_3$ 的关系进行简化。根据（2）有

$$\boldsymbol{a}_1=\boldsymbol{p}_1$$

$$\boldsymbol{a}_2=\boldsymbol{p}_1+\boldsymbol{p}_2$$

$$\boldsymbol{a}_3=\frac{7}{6}\boldsymbol{p}_1+\frac{1}{3}\boldsymbol{p}_2+\boldsymbol{p}_3$$

将以上等式写成矩阵形式有

$$\boldsymbol{A}=[\boldsymbol{a}_1,\boldsymbol{a}_2,\boldsymbol{a}_3]=[\boldsymbol{p}_1,\boldsymbol{p}_2,\boldsymbol{p}_3]\begin{bmatrix} 1 & 1 & \dfrac{7}{6} \\ 0 & 1 & \dfrac{1}{3} \\ 0 & 0 & 1 \end{bmatrix}$$

向量组 $\boldsymbol{p}_1,\boldsymbol{p}_2,\boldsymbol{p}_3$ 与向量组 $\boldsymbol{q}_1,\boldsymbol{q}_2,\boldsymbol{q}_3$ 的关系是

$$[\boldsymbol{p}_1,\boldsymbol{p}_2,\boldsymbol{p}_3]=[\boldsymbol{q}_1,\boldsymbol{q}_2,\boldsymbol{q}_3]\begin{bmatrix} \sqrt{6} & 0 & 0 \\ 0 & \sqrt{3} & 0 \\ 0 & 0 & \dfrac{\sqrt{2}}{2} \end{bmatrix}$$

所以有

$$\boldsymbol{A}=[\boldsymbol{a}_1,\boldsymbol{a}_2,\boldsymbol{a}_3]=[\boldsymbol{p}_1,\boldsymbol{p}_2,\boldsymbol{p}_3]\begin{bmatrix} 1 & 1 & \dfrac{7}{6} \\ 0 & 1 & \dfrac{1}{3} \\ 0 & 0 & 1 \end{bmatrix}=[\boldsymbol{q}_1,\boldsymbol{q}_2,\boldsymbol{q}_3]\begin{bmatrix} \sqrt{6} & 0 & 0 \\ 0 & \sqrt{3} & 0 \\ 0 & 0 & \dfrac{\sqrt{2}}{2} \end{bmatrix}\begin{bmatrix} 1 & 1 & \dfrac{7}{6} \\ 0 & 1 & \dfrac{1}{3} \\ 0 & 0 & 1 \end{bmatrix}$$

故上三角矩阵 $\boldsymbol{R}$ 是

$$R=\begin{bmatrix}\sqrt{6} & 0 & 0\\ 0 & \sqrt{3} & 0\\ 0 & 0 & \frac{\sqrt{2}}{2}\end{bmatrix}\begin{bmatrix}1 & 1 & \frac{7}{6}\\ 0 & 1 & \frac{1}{3}\\ 0 & 0 & 1\end{bmatrix}=\begin{bmatrix}\sqrt{6} & \sqrt{6} & \frac{7}{\sqrt{6}}\\ 0 & \sqrt{3} & \frac{\sqrt{3}}{3}\\ 0 & 0 & \frac{\sqrt{2}}{2}\end{bmatrix}$$

由于矩阵 Q 是正交矩阵，在求得了矩阵 Q 之后，也可以利用正交矩阵的性质 $Q^{-1}=Q^{\mathrm{T}}$，得到上三角矩阵 $R=Q^{-1}A=Q^{\mathrm{T}}A$。

需要说明的是，矩阵的 QR 分解有多种方法，本节介绍的施密特正交化方法是其中常见的一种，另外两种常见的矩阵 QR 分解方法是 Givens 变换法和 Housholder 变换法，这两种方法的具体内容见文献[2]和文献[3]。

4.3　矩阵的特征值分解

4.3.1　矩阵特征值分解的定义

上面介绍了 n 阶方阵 A 能对角化的充分必要条件是该方阵有 n 个线性无关的特征向量，并且矩阵 A 的特征向量构成的可逆矩阵 P，使得 $AP=PD$，其中 D 是对角矩阵，它的主对角线元素是矩阵 A 的 n 个特征值。因此，就有了矩阵特征值分解的定义。

若 n 阶方阵 A 有 n 个线性无关的特征向量，则存在一个可逆矩阵 P，使得该方阵可以分解为

$$A=PDP^{-1}$$

其中，D 是对角矩阵，它的主对角线元素是矩阵 A 的 n 个特征值，矩阵 P 是 n 阶可逆矩阵，它的列是矩阵 A 的特征向量，排列次序与对角矩阵 D 中特征值的排列次序一致。上面的分解称为矩阵 A 的特征值分解，也称为谱分解。

当然，若矩阵 A 是实对称矩阵，则存在正交矩阵 P，使得矩阵 A 可以分解为

$$A=PDP^{-1}=PDP^{\mathrm{T}}$$

其中，D 是对角矩阵，它的主对角线元素是矩阵 A 的 n 个特征值，矩阵 P 是 n 阶正交矩阵，它的列是矩阵 A 的正交化特征向量。

矩阵的特征值分解应用广泛。从矩阵的特征值分解形式上看，其最简单的应用是计算矩阵的逆矩阵、矩阵的多项式、矩阵多项式的特征值。这些应用实际上是第 3 章介绍的线性变换知识点的扩展，而本章将介绍矩阵特征值分解的本质及其在机器学习中的经典应用。

4.3.2 矩阵特征值分解的本质

n 阶矩阵 $\boldsymbol{A}$ 与 n 维向量 $\boldsymbol{x}$ 相乘等价于对向量 $\boldsymbol{x}$ 进行旋转和拉伸缩放变换，也就是相当于改变向量 $\boldsymbol{x}$ 的基底。为使读者更好地理解这个问题，本节以二阶矩阵和二维向量为例对该问题进行讲解。此讲解对一般情况也适用。

$$\boldsymbol{Ax}=\begin{bmatrix} a & b \\ c & d \end{bmatrix}\begin{pmatrix} x_1 \\ x_2 \end{pmatrix}=x_1\begin{bmatrix} a \\ c \end{bmatrix}+x_2\begin{bmatrix} b \\ d \end{bmatrix}$$

上式说明矩阵 $\boldsymbol{A}$ 与向量 $\boldsymbol{x}$ 相乘相当于对矩阵 $\boldsymbol{A}$ 的列向量进行线性组合。如果把 x_1 和 x_2 看成向量 $\boldsymbol{x}$ 在一个基底下的坐标，不妨假设其是在基底 $(1,0)^{\mathrm{T}}$ 、$(0,1)^{\mathrm{T}}$ 下的坐标，这样有

$$\begin{pmatrix} x_1 \\ x_2 \end{pmatrix}=x_1\begin{pmatrix} 1 \\ 0 \end{pmatrix}+x_2\begin{pmatrix} 0 \\ 1 \end{pmatrix}$$

于是有

$$\boldsymbol{Ax}=\begin{bmatrix} a & b \\ c & d \end{bmatrix}\begin{pmatrix} x_1 \\ x_2 \end{pmatrix}=\begin{bmatrix} a & b \\ c & d \end{bmatrix}\left(x_1\begin{pmatrix} 1 \\ 0 \end{pmatrix}+x_2\begin{pmatrix} 0 \\ 1 \end{pmatrix}\right)=x_1\begin{pmatrix} a \\ c \end{pmatrix}+x_2\begin{pmatrix} b \\ d \end{pmatrix}$$

从以上过程可以发现，矩阵 $\boldsymbol{A}$ 乘以向量 $\boldsymbol{x}$ 相当于改变了向量 $\boldsymbol{x}$ 的基底，也就是说，向量 $\boldsymbol{x}$ 原来的基底 $(1,0)^{\mathrm{T}}$ 、$(0,1)^{\mathrm{T}}$ 变换成了新的基底 $(a,c)^{\mathrm{T}}$ 、$(b,d)^{\mathrm{T}}$，这一过程可以用图 4.1 所示的形式[4]表示。

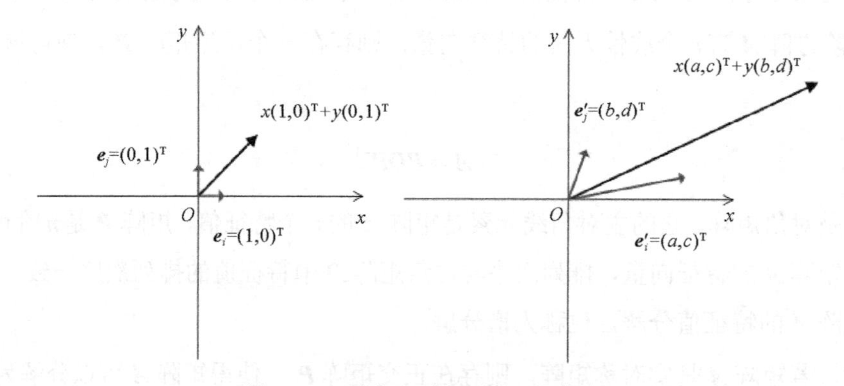

图 4.1 矩阵与向量相乘的几何意义

以上介绍的 n 阶矩阵 $\boldsymbol{A}$ 与 n 维 向量 $\boldsymbol{x}$ 相乘有一种特殊情况，即向量 $\boldsymbol{x}$ 是矩阵 $\boldsymbol{A}$ 的特征向量，这时有 $\boldsymbol{Ax}=\lambda\boldsymbol{x}$，其中 λ 是矩阵 $\boldsymbol{A}$ 对应于特征向量 $\boldsymbol{x}$ 的特征值。由这个式子的右边可以看出，矩阵 $\boldsymbol{A}$ 与向量 $\boldsymbol{x}$ 相乘只是对特征向量 $\boldsymbol{x}$ 进行拉伸缩放变换。因此，n 阶方阵与 n 维向量相乘的本质：一个矩阵和它的非特征向量相乘是对该向量进行旋转和拉伸缩放变换；一个矩阵和它的特征向量相乘是对该向量进行拉伸缩放变换，其中该变换的程度取决于特征值的大小。当读者理解了一个矩阵 $\boldsymbol{A}$ 与向量 $\boldsymbol{x}$ 相乘的本质后，其可以通过以下内容理解

矩阵 $\boldsymbol{A}$ 的特征值分解。在矩阵的特征值分解关系式 $\boldsymbol{A}=\boldsymbol{PDP}^{-1}$ 两边右乘向量 $\boldsymbol{x}$，有

$$\boldsymbol{Ax}=\boldsymbol{PDP}^{-1}\boldsymbol{x}$$

根据矩阵与向量相乘的本质和上式右边可知：$\boldsymbol{P}^{-1}\boldsymbol{x}$ 相当于对向量 $\boldsymbol{x}$ 进行了旋转和拉伸缩放变换；由于 $\boldsymbol{D}$ 是一个对角矩阵，它右乘 $\boldsymbol{P}^{-1}\boldsymbol{x}$ 相当于对这个向量沿着变换后的坐标轴（或基底）进行拉伸缩放变换，该变换的程度依赖于对角矩阵 $\boldsymbol{D}$ 的对角元大小；矩阵 $\boldsymbol{P}$ 右乘 $\boldsymbol{DP}^{-1}\boldsymbol{x}$ 相当于对 $\boldsymbol{DP}^{-1}\boldsymbol{x}$ 进行了旋转和拉伸缩放变换（或者将它的基底变为初始基底）。由于矩阵 $\boldsymbol{P}$ 和矩阵 $\boldsymbol{P}^{-1}$ 互为逆矩阵，因此矩阵 $\boldsymbol{P}$ 右乘 $\boldsymbol{DP}^{-1}\boldsymbol{x}$ 相当于将 $\boldsymbol{DP}^{-1}\boldsymbol{x}$ 的基底变回初始基底。综上所述，如果一个矩阵 $\boldsymbol{A}$ 存在 n 个线性无关的特征向量，根据矩阵 $\boldsymbol{A}$ 的特征值分解可知，矩阵 $\boldsymbol{A}$ 与向量 $\boldsymbol{x}$ 相乘的本质是沿着矩阵 $\boldsymbol{A}$ 的特征向量方向对向量 $\boldsymbol{x}$ 进行旋转和拉伸缩放变换。

4.3.3　矩阵特征值分解的应用

矩阵的特征值分解在机器学习、图像处理、量子力学、数据挖掘中具有广泛的应用。本节将介绍一个利用 Python 语言，通过对图像矩阵进行特征值分解，达到图像压缩与恢复目的具体应用。图 4.2 所示为手写体数字，它是手写体识别数据集中的一张 28 像素×28 像素图像。

图 4.2　手写体数字

首先通过 Image.open()函数读取该图像，并将它转化为 numpy 数组，就是一个 28×28 的矩阵。其次利用 numpy 数组中的 linalg.eig()函数对该矩阵进行特征值分解，得到图像矩阵的特征值和相应的特征向量。再次根据矩阵的特征值分解关系式，选取部分特征值对图像进行压缩与恢复。例如，选取前 n 个特征值及相应的特征向量恢复图像，并根据这 n 个特征值来构造矩阵特征值关系式中的对角矩阵 $\boldsymbol{D}$，对角矩阵 $\boldsymbol{D}$ 的前 n 个主对角线元素是这 n 个特征值，其他元素置为零。最后根据 numpy 数组中的 linalg.inv()函数求出由特征向量构成矩阵 $\boldsymbol{P}$ 的逆矩阵 $\boldsymbol{P}^{-1}$，这样就可以用矩阵特征值关系式重构出原来的图像。详细的代码如下所示。

```
import os
from PIL import Image
import numpy as np
import matplotlib.pyplot as plt

def IM_restore(cvector,cvalue,n,N):
    cvector1 = np.linalg.inv(cvector)
    diag = np.append(cvalue[0:n], np.zeros(N-n))
    lam_new = np.diag(diag)
```

```
    new_image = np.dot(np.dot(cvector, lam_new), cvector1)
    return new_image

img = Image.open('D:/lsbdata/hw4.png') #这里根据实际图像位置和图像名称调整
im = img.convert('L')
image_data = np.asarray(im)

eig_value,eig_vector = np.linalg.eig(image_data)
restored_img = IM_restore(eig_vector, eig_value, 18,28)

plt.subplot(1,2,1)
plt.imshow(im, cmap='gray')
plt.xlabel('orginal image')
plt.subplot(1,2,2)
plt.imshow(restored_img, cmap = 'gray')
plt.xlabel('restored image')
```

图 4.3 所示为选取前 14 个特征值的恢复效果图。图 4.4 所示为选取前 18 个特征值的恢复效果图。从图 4.3 中可以看出，如果选取前 14 个特征值，基本上恢复出了原始图像的主要特征，已经不影响用户对该手写体数字的识别了，但还存在一些差别。从图 4.4 中可以看出，如果选取前 18 个特征值，几乎完全恢复了原始图像。在实际工作中，用户可以根据自己要求的精度，选取合适特征值个数来压缩或恢复图像。

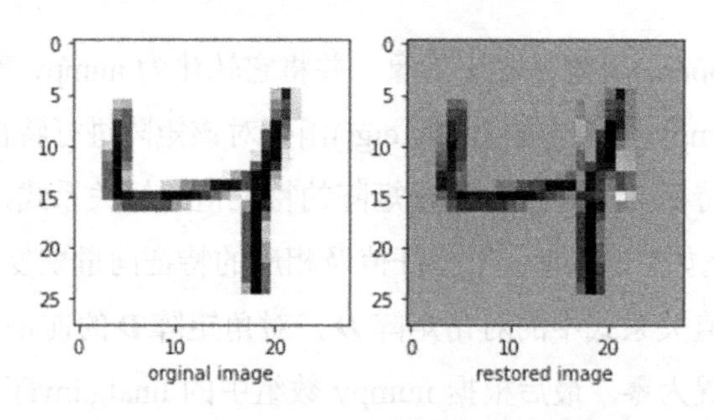

图 4.3　选取前 14 个特征值的恢复效果图

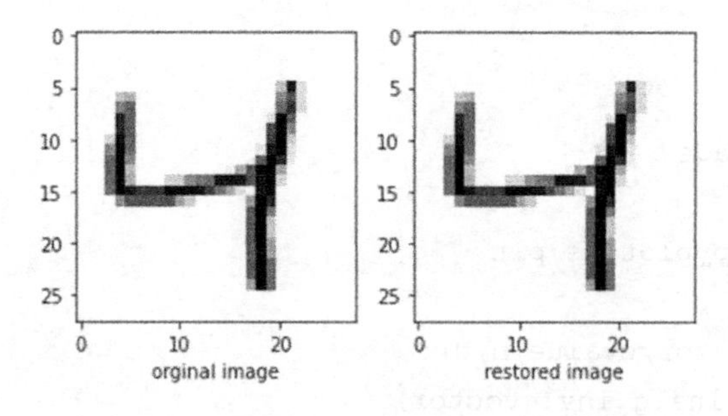

图 4.4　选取前 18 个特征值的恢复效果图

4.4　矩阵的奇异值分解

4.4.1　矩阵奇异值分解的定义

4.3 节介绍的矩阵特征值分解是一种很好地提取矩阵特征方向的方法。但是它有一个局限性，就是只适用于方阵。而在实际问题建模中，大部分的矩阵不是方阵，对于这些矩阵，怎样才能找到它们的特征方向呢？矩阵的奇异值分解（Singular Value Decomposition，SVD）就是用来解决这个问题的。

假定 $\boldsymbol{A}$ 是一个 $m\times n$ 矩阵，由于 $\boldsymbol{A}\boldsymbol{A}^{\mathrm{T}}$ 和 $\boldsymbol{A}^{\mathrm{T}}\boldsymbol{A}$ 是对称的方阵，根据 4.3 节矩阵的特征值分解可知，存在矩阵 $\boldsymbol{P}$ 和矩阵 $\boldsymbol{Q}$，使得

$$\boldsymbol{A}\boldsymbol{A}^{\mathrm{T}}=\boldsymbol{P}\boldsymbol{\Lambda}_1\boldsymbol{P}^{\mathrm{T}}$$

$$\boldsymbol{A}^{\mathrm{T}}\boldsymbol{A}=\boldsymbol{Q}\boldsymbol{\Lambda}_2\boldsymbol{Q}^{\mathrm{T}}$$

其中，矩阵 $\boldsymbol{P}=[\boldsymbol{p}_1,\boldsymbol{p}_2,\cdots,\boldsymbol{p}_m]$ 是 $m\times m$ 矩阵，向量 $\boldsymbol{p}_1$、$\boldsymbol{p}_2$、…、$\boldsymbol{p}_m$ 是矩阵 $\boldsymbol{A}\boldsymbol{A}^{\mathrm{T}}$ 的特征向量；矩阵 $\boldsymbol{Q}=[\boldsymbol{q}_1,\boldsymbol{q}_2,\cdots,\boldsymbol{q}_n]$ 是 $n\times n$ 矩阵，向量 $\boldsymbol{q}_1$、$\boldsymbol{q}_2$、…、$\boldsymbol{q}_n$ 是矩阵 $\boldsymbol{A}^{\mathrm{T}}\boldsymbol{A}$ 的特征向量；矩阵 $\boldsymbol{\Lambda}_1$ 是 $m\times m$ 矩阵，矩阵 $\boldsymbol{\Lambda}_2$ 是 $n\times n$ 矩阵。矩阵 $\boldsymbol{A}$ 的奇异值分解定义是

$$\boldsymbol{A}=\boldsymbol{P}\boldsymbol{\Sigma}\boldsymbol{Q}^{\mathrm{T}}$$

并且，向量 $\boldsymbol{p}_1$、$\boldsymbol{p}_2$、…、$\boldsymbol{p}_m$ 称为矩阵 $\boldsymbol{A}$ 的左奇异向量，向量 $\boldsymbol{q}_1$、$\boldsymbol{q}_2$、…、$\boldsymbol{q}_n$ 称为矩阵 $\boldsymbol{A}$ 的右奇异向量。矩阵 $\boldsymbol{\Sigma}$ 是 $m\times n$ 对角矩阵，它的主对角线元素称为矩阵 $\boldsymbol{A}$ 的奇异值。由于 $\boldsymbol{A}\boldsymbol{A}^{\mathrm{T}}$ 和 $\boldsymbol{A}^{\mathrm{T}}\boldsymbol{A}$ 是对称的方阵，因此对于任意的矩阵 $\boldsymbol{A}$ 上给出的奇异值分解始终存在，从而矩阵 $\boldsymbol{P}$ 和矩阵 $\boldsymbol{Q}$ 存在。

以上定义说明矩阵 $\boldsymbol{A}$ 的左奇异向量和右奇异向量分别是矩阵 $\boldsymbol{A}\boldsymbol{A}^{\mathrm{T}}$ 和 $\boldsymbol{A}^{\mathrm{T}}\boldsymbol{A}$ 的特征向量。这也很容易理解，因为

$$\boldsymbol{A}=\boldsymbol{P}\boldsymbol{\Sigma}\boldsymbol{Q}^{\mathrm{T}}$$

所以

$$\boldsymbol{A}^{\mathrm{T}}=\boldsymbol{Q}\boldsymbol{\Sigma}^{\mathrm{T}}\boldsymbol{P}^{\mathrm{T}}=\boldsymbol{Q}\boldsymbol{\Sigma}\boldsymbol{P}^{\mathrm{T}}$$

因为矩阵 $\boldsymbol{\Sigma}$ 是对称矩阵，所以

$$\boldsymbol{A}\boldsymbol{A}^{\mathrm{T}}=\boldsymbol{P}\boldsymbol{\Sigma}\boldsymbol{Q}^{\mathrm{T}}\boldsymbol{Q}\boldsymbol{\Sigma}\boldsymbol{P}^{\mathrm{T}}=\boldsymbol{P}\boldsymbol{\Sigma}^2\boldsymbol{P}^{\mathrm{T}}$$

其中，$\boldsymbol{Q}^{\mathrm{T}}\boldsymbol{Q}=\boldsymbol{I}$。从上式可以看出，向量 $\boldsymbol{p}_1$、$\boldsymbol{p}_2$、…、$\boldsymbol{p}_m$ 是矩阵 $\boldsymbol{A}\boldsymbol{A}^{\mathrm{T}}$ 的特征向量。同理可以得到向量 $\boldsymbol{q}_1$、$\boldsymbol{q}_2$、…、$\boldsymbol{q}_n$ 是矩阵 $\boldsymbol{A}^{\mathrm{T}}\boldsymbol{A}$ 的特征向量。

4.4.2 矩阵奇异值分解的计算

关系式 $\boldsymbol{AA}^{\mathrm{T}}=\boldsymbol{P\Sigma}^2\boldsymbol{P}^{\mathrm{T}}$ 说明矩阵 $\boldsymbol{AA}^{\mathrm{T}}$ 的非零特征值是矩阵 $\boldsymbol{A}$ 奇异值的平方。假设矩阵 $\boldsymbol{AA}^{\mathrm{T}}$ 的非零特征值是 λ_1、λ_2、…、λ_k，矩阵 $\boldsymbol{A}$ 的奇异值是 σ_1、σ_2、…、σ_k，则有

$$\sigma_i=\sqrt{\lambda_i},\ i=1,2,\cdots,k$$

奇异值跟特征值类似，它们在矩阵 $\boldsymbol{\Sigma}$ 中的对角线上也是从大到小排列的。

另外，直接根据矩阵的奇异值分解 $\boldsymbol{A}=\boldsymbol{P\Sigma Q}^{\mathrm{T}}$ 也容易得到矩阵 $\boldsymbol{A}$ 奇异值向量之间的关系。在关系式 $\boldsymbol{A}=\boldsymbol{P\Sigma Q}^{\mathrm{T}}$ 两边同时右乘矩阵 $\boldsymbol{Q}$，有

$$\boldsymbol{AQ}=\boldsymbol{P\Sigma Q}^{\mathrm{T}}\boldsymbol{Q}=\boldsymbol{P\Sigma}$$

将上式展开有

$$\boldsymbol{Aq}_i=\sigma_i\boldsymbol{p}_i$$

则矩阵 $\boldsymbol{A}$ 的左奇异向量与右奇异向量之间的关系是

$$\boldsymbol{p}_i=\frac{\boldsymbol{Aq}_i}{\sigma_i}$$

例 4.4 假设矩阵 $\boldsymbol{A}=\begin{bmatrix}0&1\\1&1\\1&0\end{bmatrix}$，求矩阵 $\boldsymbol{A}$ 的奇异值分解。

解：（1）求矩阵 $\boldsymbol{AA}^{\mathrm{T}}$ 的特征值和特征向量，得到

$\lambda_1=3$，$\boldsymbol{p}_1=\left(\frac{1}{\sqrt{6}},\frac{2}{\sqrt{6}},\frac{1}{\sqrt{6}}\right)^{\mathrm{T}}$；$\lambda_2=1$，$\boldsymbol{p}_2=\left(\frac{1}{\sqrt{2}},0,-\frac{1}{\sqrt{2}}\right)^{\mathrm{T}}$；$\lambda_3=0$，$\boldsymbol{p}_1=\left(\frac{1}{\sqrt{3}},-\frac{1}{\sqrt{3}},\frac{1}{\sqrt{3}}\right)^{\mathrm{T}}$

故矩阵 $\boldsymbol{P}$ 是

$$\boldsymbol{P}=\begin{bmatrix}\frac{1}{\sqrt{6}}&\frac{1}{\sqrt{2}}&\frac{1}{\sqrt{3}}\\\frac{2}{\sqrt{6}}&0&-\frac{1}{\sqrt{3}}\\\frac{1}{\sqrt{6}}&-\frac{1}{\sqrt{2}}&\frac{1}{\sqrt{3}}\end{bmatrix}$$

由于矩阵 $\boldsymbol{AA}^{\mathrm{T}}$ 的非零特征值是 3 和 1，因此矩阵 $\boldsymbol{A}$ 的奇异值是 $\sqrt{3}$ 和 1，矩阵 $\boldsymbol{\Sigma}$ 是

$$\boldsymbol{\Sigma}=\begin{bmatrix}\sqrt{3}&0\\0&1\\0&0\end{bmatrix}$$

（2）求矩阵 $A^{\mathrm{T}}A$ 的特征值和特征向量，得到

$$\lambda_1=3, \quad q_1=\left(\frac{1}{\sqrt{2}},\frac{1}{\sqrt{2}}\right)^{\mathrm{T}}; \quad \lambda_2=1, \quad q_2=\left(-\frac{1}{\sqrt{2}},\frac{1}{\sqrt{2}}\right)^{\mathrm{T}}$$

故矩阵 Q 是

$$Q=\begin{bmatrix} \frac{1}{\sqrt{2}} & -\frac{1}{\sqrt{2}} \\ \frac{1}{\sqrt{2}} & \frac{1}{\sqrt{2}} \end{bmatrix}$$

因此矩阵 A 的奇异值分解是

$$A=P\Sigma Q^{\mathrm{T}}=\begin{bmatrix} \frac{1}{\sqrt{6}} & \frac{1}{\sqrt{2}} & \frac{1}{\sqrt{3}} \\ \frac{2}{\sqrt{6}} & 0 & -\frac{1}{\sqrt{3}} \\ \frac{1}{\sqrt{6}} & -\frac{1}{\sqrt{2}} & \frac{1}{\sqrt{3}} \end{bmatrix}\begin{bmatrix} \sqrt{3} & 0 \\ 0 & 1 \\ 0 & 0 \end{bmatrix}\begin{bmatrix} \frac{1}{\sqrt{2}} & \frac{1}{\sqrt{2}} \\ -\frac{1}{\sqrt{2}} & \frac{1}{\sqrt{2}} \end{bmatrix}$$

4.4.3　矩阵奇异值分解的意义及逼近

矩阵的奇异值分解将任意一个 $m\times n$ 矩阵 A 分解为 $m\times m$ 矩阵 P 、$m\times n$ 矩阵 Σ 和 $n\times n$ 矩阵 Q^{T} 的乘积。这种分解需要大量的计算和存储开销，那它的意义是什么呢？由上面已知，矩阵的奇异值分解是矩阵特征值分解的一般化，它依然保留了矩阵特征值分解的一些重要特征。其中，一个重要的特征是奇异值分解矩阵中 Σ 的奇异值按从大到小的顺序排列，并且很多矩阵的奇异值从大到小减小得特别快。在一些情况下，前 10%甚至 1%奇异值的和就占据了全部奇异值之和的 99%以上了[5]。在矩阵的奇异值分解中，较大的奇异值会决定原矩阵的主要特征，也就是说，人们可以用前 r 个较大的奇异值来近似描述或逼近原矩阵，即

$$A=P\Sigma Q^{\mathrm{T}}\approx P_{m\times r}\Sigma_{r\times r}Q^{\mathrm{T}}{}_{r\times n}$$

在满足逼近精度要求下，若选取的 r 远小于 m 和 n ，则可以较大地降低计算和存储开销。下面从理论上给出矩阵的低秩逼近[6]。

对任意一个 $m\times n$ 矩阵 A ，不妨设它的秩是 k ，根据它的奇异值分解可以得到

$$A=P\Sigma Q^{\mathrm{T}}=\sum_{i=1}^{k}\sigma_i p_i q_i$$

其中，σ_i 是矩阵 A 的奇异值，p_1、p_2、…、p_k 之间相互正交，q_1、q_2、…、q_k 之间相互正交。

容易得到矩阵 $\boldsymbol{A}$ 的 F-范数的平方是

$$\|\boldsymbol{A}\|_F^2=\|\sum_{i=1}^{k}\sigma_i\boldsymbol{p}_i\boldsymbol{q}_i\|_F^2=\sigma_1^{\ 2}\|\boldsymbol{p}_1\boldsymbol{q}_1\|_F^2+\sigma_2^{\ 2}\|\boldsymbol{p}_2\boldsymbol{q}_2\|_F^2+\cdots+\sigma_k^{\ 2}\|\boldsymbol{p}_k\boldsymbol{q}_k\|_F^2=\sum_{i=1}^{k}\sigma_i^{\ 2}$$

上式说明矩阵 F-范数的平方等于其所有奇异值的平方和。假设 $\boldsymbol{A}_1=\sigma_1\boldsymbol{p}_1\boldsymbol{q}_1^{\mathrm{T}}$，下面将从理论上说明矩阵 $\boldsymbol{A}_1$ 是矩阵 $\boldsymbol{A}$ 的最佳秩一逼近。

由于 $\|\boldsymbol{A}-\boldsymbol{A}_1\|_F^2=\|\boldsymbol{P\Sigma Q}^{\mathrm{T}}-\boldsymbol{A}_1\|_F^2=\|\boldsymbol{\Sigma}-\boldsymbol{P}^{\mathrm{T}}\boldsymbol{A}_1\boldsymbol{Q}\|_F^2$，令 $\boldsymbol{P}^{\mathrm{T}}\boldsymbol{A}_1\boldsymbol{Q}=\alpha\boldsymbol{xy}^{\mathrm{T}}$，其中，$\alpha$ 是一个大于零的常数，$\boldsymbol{x}$和$\boldsymbol{y}$ 分别是 $m\times1$ 和 $n\times1$ 的单位向量。这样就得到

$$\|\boldsymbol{\Sigma}-\boldsymbol{P}^{\mathrm{T}}\boldsymbol{A}_1\boldsymbol{Q}\|_F^2=\|\boldsymbol{\Sigma}-\alpha\boldsymbol{xy}^{\mathrm{T}}\|_F^2=\|\boldsymbol{\Sigma}\|_F^2+\alpha^2-2\alpha\left\langle\boldsymbol{\Sigma},\boldsymbol{xy}^{\mathrm{T}}\right\rangle$$

其中内积 $\left\langle\boldsymbol{\Sigma},\boldsymbol{xy}^{\mathrm{T}}\right\rangle$ 满足

$$\left\langle\boldsymbol{\Sigma},\boldsymbol{xy}^{\mathrm{T}}\right\rangle=\sum_{i=1}^{k}\sigma_i x_i y_i\leqslant\sum_{i=1}^{k}\sigma_i|x_i||y_i|\leqslant\sigma_1\sum_{i=1}^{k}|x_i||y_i|\leqslant\sigma_1\|\boldsymbol{x}\|\cdot\|\boldsymbol{y}\|=\sigma_1$$

因此有

$$\|\boldsymbol{A}-\boldsymbol{A}_1\|_F^2=\|\boldsymbol{\Sigma}\|_F^2+\alpha^2-2\alpha\left\langle\boldsymbol{\Sigma},\boldsymbol{xy}^{\mathrm{T}}\right\rangle\geqslant\|\boldsymbol{\Sigma}\|_F^2+\alpha^2-2\alpha_1=\|\boldsymbol{\Sigma}\|_F^2+(\alpha-\sigma_1)^2-\sigma_1^{\ 2}$$

上式当且仅当 $\alpha=\sigma_1$ 时，$\|\boldsymbol{A}-\boldsymbol{A}_1\|_F^2$ 取得最小值 $\sum_{i=2}^{k}\sigma_i^{\ 2}$，此时矩阵 $\boldsymbol{A}$ 的秩一逼近矩阵 $\boldsymbol{A}_1$ 恰好是 $\sigma_1\boldsymbol{p}_1\boldsymbol{q}_1^{\mathrm{T}}$，即矩阵 $\boldsymbol{A}_1=\sigma_1\boldsymbol{p}_1\boldsymbol{q}_1^{\mathrm{T}}$ 是矩阵 $\boldsymbol{A}$ 的最佳秩一逼近。

类似地可以证明，$\boldsymbol{A}_2=\sigma_2\boldsymbol{p}_2\boldsymbol{q}_2^{\mathrm{T}}$ 是矩阵 $\boldsymbol{A}-\boldsymbol{A}_1$ 的最佳秩一逼近，依此类推，可以得到，$\boldsymbol{A}_r=\sigma_r\boldsymbol{p}_r\boldsymbol{q}_r^{\mathrm{T}}$（$r<k$）是矩阵 $\boldsymbol{A}-\boldsymbol{A}_1-\boldsymbol{A}_2-\cdots-\boldsymbol{A}_{r-1}$ 的最佳秩一逼近。由于矩阵 $\boldsymbol{A}_1+\boldsymbol{A}_2+\cdots+\boldsymbol{A}_r$ 的秩是 r，因此矩阵 $\boldsymbol{A}$ 的最佳秩 r 逼近是

$$\boldsymbol{A}=\boldsymbol{A}_1+\boldsymbol{A}_2+\cdots+\boldsymbol{A}_r$$

对矩阵进行低秩逼近后，可以用前面 r 个主要的奇异值对应的向量来表示矩阵的主要特征向量，从而起到降维和压缩数据的作用，这在机器学习和人工智能领域有着广泛的应用，是一种基础性的方法。

4.4.4 矩阵奇异值分解的应用

矩阵奇异值分解在图像压缩、噪声消除和数据挖掘与分析中有广泛应用。本节将介绍矩阵奇异值分解在图像压缩中的典型应用。

图 4.5 所示为用于数据压缩的原始图像。它是一张分辨率为 1280 像素×720 像素的小狗图像。首先读取该图像数据，并获取 R（红色）、G（绿色）和 B（蓝色）通道的像素矩阵。然后通过调用 numpy 数组中的 linalg.svd()函数，对 3 个通道的像素矩阵进行奇异值分

解，获取不同通道的奇异值及左、右奇异向量。由于得到的奇异值中，可能存在一些比较小的奇异值，因此影响微小的小奇异值信息可以舍去，以在节省存储开销的同时，保留尽可能多的图像信息，从而实现图像压缩。

图 4.5　用于数据压缩的原始图像

以上过程的详细程序代码如下所示。

```
from PIL import Image
import numpy as np
import matplotlib.pyplot as plt

def get_SVD(data,percent):
    U, s, VT = np.linalg.svd(data)
    Sigma = np.zeros(np.shape(data))
    Sigma[:len(s),:len(s)] = np.diag(s)
    count = (int)(sum(s))*percent
    k = -1      #k 是奇异值总和百分比的个数
    curSum = 0  #初值是第 1 个奇异值
    while curSum <= count :
        k += 1
        curSum += s[k]
    D = U[:,:k].dot(Sigma[:k,:k].dot(VT[:k,:])) #奇异值分解还原后的数据
    D[D<0] = 0
    D[D>255] = 255
    return np.rint(D).astype("uint8")

def rebuild_img(filename,p,get_SVD):
    img = Image.open(filename, 'r')
    a = np.array(img)
    R0 = a[:, :, 0]
    G0 = a[:, :, 1]
    B0 = a[:, :, 2]
    R = get_SVD(R0,p)
    G = get_SVD(G0,p)
    B = get_SVD(B0,p)
    I = np.stack((R, G, B), 2)
```

```
    img_svd = Image.fromarray(I)
    return img_svd
filename='C:/users/liaosb/bobby.jpg'
img = Image.open(filename).convert('RGB')
img_svd1 = rebuild_img(filename,0.2,get_SVD)
img_svd2 = rebuild_img(filename,0.4,get_SVD)
img_svd3 = rebuild_img(filename,0.6,get_SVD)
img_svd4 = rebuild_img(filename,0.8,get_SVD)
img_svd5 = rebuild_img(filename,1.0,get_SVD)
plt.figure(1)
plt.subplot(2,3,1)
plt.imshow(img)
plt.axis('off'),plt.title('原始图像')
plt.subplot(2,3,2)
plt.imshow(img_svd1)
plt.axis('off'),plt.title('p=0.2')
plt.subplot(2,3,3)
plt.imshow(img_svd2)
plt.axis('off'),plt.title('p=0.4')
plt.subplot(2,3,4)
plt.imshow(img_svd3)
plt.axis('off'),plt.title('p=0.6')
plt.subplot(2,3,5)
plt.imshow(img_svd4)
plt.axis('off'),plt.title('p=0.8')
plt.subplot(2,3,6)
plt.imshow(img_svd5)
plt.axis('off'),plt.title('p=1.0')
```

压缩图像恢复效果图如图 4.6 所示。

图 4.6　压缩图像恢复效果图

从图 4.6 中可以看出，只要存储奇异值占图像信息的 80%，就可以完全恢复该图像了。事实上，对于一些稀疏数据，压缩的比例更大一些。文献[7]中有一个很好的稀疏数据压缩的例子。假设有一张包含 15×25（单位：个）黑白像素点的图像，如图 4.7 所示。

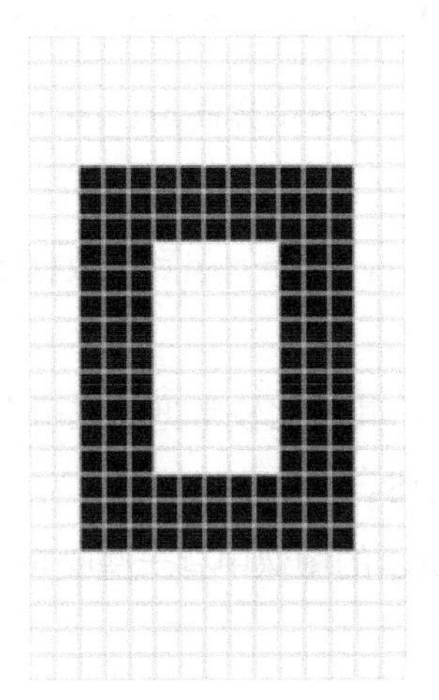

图 4.7　包含黑白像素点的图像

如果用 0 表示白色的像素点，用 1 表示黑色的像素点，这样就可以构造一个与图 4.7 所示图像对应的15×25（单位：维）矩阵 $\boldsymbol{M}$ ，即

$$
M=\begin{bmatrix}
1&1&1&1&1&1&1&1&1&1&1&1&1&1&1\\
1&1&1&1&1&1&1&1&1&1&1&1&1&1&1\\
1&1&1&1&1&1&1&1&1&1&1&1&1&1&1\\
1&1&1&1&1&1&1&1&1&1&1&1&1&1&1\\
1&1&1&1&1&1&1&1&1&1&1&1&1&1&1\\
1&1&0&0&0&0&0&0&0&0&0&0&0&1&1\\
1&1&0&0&0&0&0&0&0&0&0&0&0&1&1\\
1&1&0&0&0&0&0&0&0&0&0&0&0&1&1\\
1&1&0&0&0&1&1&1&1&1&0&0&0&1&1\\
1&1&0&0&0&1&1&1&1&1&0&0&0&1&1\\
1&1&0&0&0&1&1&1&1&1&0&0&0&1&1\\
1&1&0&0&0&1&1&1&1&1&0&0&0&1&1\\
1&1&0&0&0&1&1&1&1&1&0&0&0&1&1\\
1&1&0&0&0&1&1&1&1&1&0&0&0&1&1\\
1&1&0&0&0&1&1&1&1&1&0&0&0&1&1\\
1&1&0&0&0&1&1&1&1&1&0&0&0&1&1\\
1&1&0&0&0&1&1&1&1&1&0&0&0&1&1\\
1&1&0&0&0&0&0&0&0&0&0&0&0&1&1\\
1&1&0&0&0&0&0&0&0&0&0&0&0&1&1\\
1&1&0&0&0&0&0&0&0&0&0&0&0&1&1\\
1&1&1&1&1&1&1&1&1&1&1&1&1&1&1\\
1&1&1&1&1&1&1&1&1&1&1&1&1&1&1\\
1&1&1&1&1&1&1&1&1&1&1&1&1&1&1\\
1&1&1&1&1&1&1&1&1&1&1&1&1&1&1\\
1&1&1&1&1&1&1&1&1&1&1&1&1&1&1
\end{bmatrix}
$$

通过对构造的矩阵 $\boldsymbol{M}$ 进行奇异值分解，发现其只有 3 个非零的奇异值，它们分别是

$$\sigma_1=14.72\text{，}\sigma_2=5.22\text{，}\sigma_3=3.31$$

根据矩阵的奇异值分解关系，可知矩阵 $\boldsymbol{M}$ 是

$$\boldsymbol{M}=\boldsymbol{u}_1\sigma_1\boldsymbol{v}_1^{\mathrm{T}}+\boldsymbol{u}_2\sigma_2\boldsymbol{v}_2^{\mathrm{T}}+\boldsymbol{u}_3\sigma_3\boldsymbol{v}_3^{\mathrm{T}}$$

其中，$\boldsymbol{u}_i$ 和 $\boldsymbol{v}_i$ 分别是奇异值 σ_i 的左、右奇异向量。因此，$\boldsymbol{u}_i$ 是 15 维的向量，$\boldsymbol{v}_i$ 是 25 维的向量。因此，通过 123（3×15+3×25+3=123）个元素即可表示原来的矩阵 $\boldsymbol{M}$，而它原来需要 375（15×25=375）个元素来表示，这样就起到了数据压缩的作用，并且压缩的比例还比较大。

矩阵奇异值分解的应用较多，其他比较常见的应用有噪声消减和数据分析，本节将参考文献[7]中的例子，给出具体阐述。

对于噪声消减，假如图 4.7 所示的图像中有一些噪声或瑕疵数据，有瑕疵的 15 像素×25 像素黑白图像示意图如图 4.8 所示。

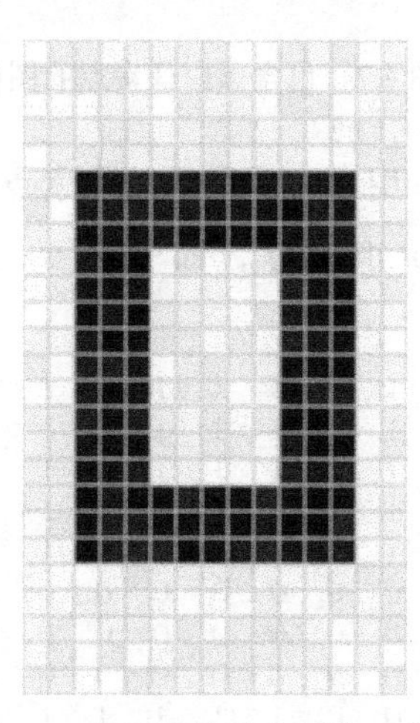

图 4.8　有瑕疵的黑白图像示意图

此外也采用类似压缩图 4.7 所示图像的方法，把图 4.8 所示图像对应的像素矩阵进行奇异值分解，得到如下的奇异值。

$$\sigma_1=14.15\text{，}\sigma_2=4.67\text{，}\sigma_3=3.00\text{，}\sigma_4=0.21\text{，}\cdots\text{，}\sigma_{15}=0.05$$

通过观察矩阵的奇异值可以发现，前面 3 个奇异值比较大，后面的奇异值都比较小。因此，可以假设后面较小的奇异值都是因为图像中存在噪声而产生的，这样就可以对矩阵 $\boldsymbol{M}$ 采用前面的 3 个奇异值和左、右奇异向量做如下近似。

$$\boldsymbol{M}\approx\boldsymbol{u}_1\sigma_1\boldsymbol{v}_1^{\mathrm{T}}+\boldsymbol{u}_2\sigma_2\boldsymbol{v}_2^{\mathrm{T}}+\boldsymbol{u}_3\sigma_3\boldsymbol{v}_3^{\mathrm{T}}$$

这样由于重构处理的图像去除了一些噪声数据的影响，图像质量会有一定的提高。噪

声消减对比示意图如图 4.9 所示，其中图 4.9（a）所示为原始图像，图 4.9（b）所示为噪声消减后的图像。

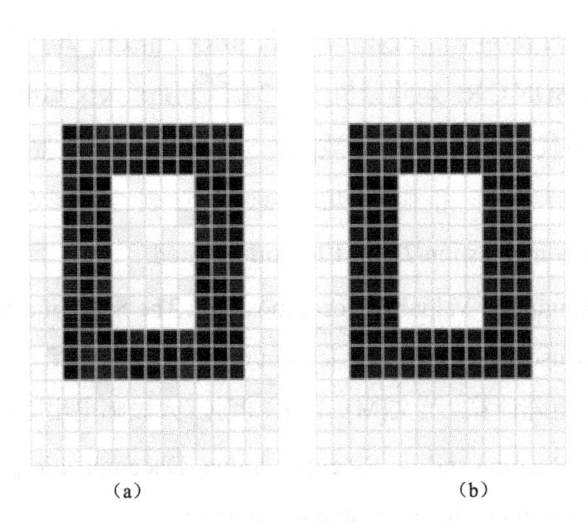

图 4.9 噪声消减对比示意图

矩阵奇异值分解在数据分析中的应用案例也是文献[7]中的，尽管案例很简单，但它能很好地表达矩阵奇异值分解的应用。假如我们收集了一些数据，数据分布示意图如图 4.10 所示。

为了利用矩阵奇异值分解对收集的数据进行分析，将图 4.10 中的数据构建为矩阵，即

$$\boldsymbol{M}=\begin{bmatrix}-1.03 & 0.74 & -0.02 & 0.51 & -1.31 & 0.99 & 0.69 & -0.12 & -0.72 & 1.11\\ -2.23 & 1.61 & -0.02 & 0.88 & -2.39 & 2.02 & 1.62 & -0.35 & -1.67 & 2.46\end{bmatrix}$$

对矩阵 $\boldsymbol{M}$ 进行奇异值分解，得到如下奇异值。

$$\sigma_1=6.04\ ,\quad \sigma_2=0.22$$

通过比较这 2 个奇异值可以发现，第 2 个奇异值比较小，第 1 个奇异值远大于第 2 个奇异值。所以，假设第 2 个奇异值的产生是由数据收集过程中的噪声导致的，它本来应该是零。这样我们就得到矩阵 $\boldsymbol{M}$ 的秩是 1 的矩阵，故收集到的数据应该位于矩阵 $\boldsymbol{M}$ 的奇异向量定义的直线上，如图 4.11 所示。

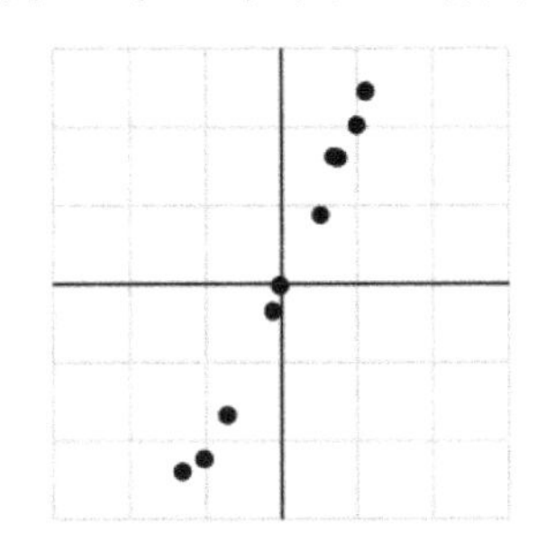

图 4.10 数据分布示意图

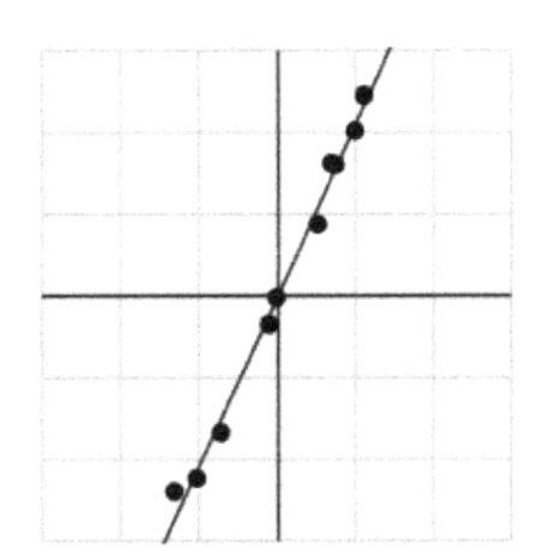

图 4.11 收集数据的真实分布示意图

本章参考文献

[1] 孙博. 机器学习中的数学[M]. 北京: 中国水利水电出版社, 2019.

[2] HORN R A, JOHNSON C R. 矩阵分析[M]. 2 版. 北京: 人民邮电出版社, 2015.

[3] 北京大学数学系前代数小组. 高等代数[M]. 5 版. 北京: 高等教育出版社, 2019.

[4] 万溪. 如何理解矩阵相乘的几何意义或现实意义[EB/OL]. [2021-2-24]. https://www.zhihu.com/question/28623194?sort=created.

[5] KALMAN D. A Singularly Valuable Decomposition: The SVD of a Matrix[EB/OL]. [2022-2-13]. https://www-users.cse.umn.edu/~lerman/math5467/svd.pdf.

[6] 戈卢布, 范洛恩. 矩阵计算: 英文[M]. 4 版. 北京: 人民邮电出版社, 2014.

[7] AUSTIN D. We Recommend a Singular Value Decomposition[EB/OL]. [2022-8-16]. http://www.ams.org/publicoutreach/feature-column/fcarc-svd.

第 5 章　最优化理论与算法

5.1　凸集与凸函数

凸集和凸函数是凸分析中最基本的概念和内容，而凸分析又是支撑最优化理论分析与算法研究的重要工具。本节将对凸集和凸函数进行基本的介绍，并且所有问题都是在 $\mathbf{R}^n$ 空间考虑的。若读者想要对这些内容进行更全面深入的学习和研究，可参阅文献[1]和文献[2]。

5.1.1　凸集

集合 $C \subseteq \mathbf{R}^n$ 称为凸集，如果集合 C 中任意两点之间的线段仍然在该集合中，即 $\forall \boldsymbol{x}, \boldsymbol{y} \in C$ 和满足 $0 \leqslant \alpha \leqslant 1$ 的 α 都有

$$\alpha \boldsymbol{x} + (1-\alpha) \boldsymbol{y} \in C$$

图 5.1 所示为凸集与非凸集。

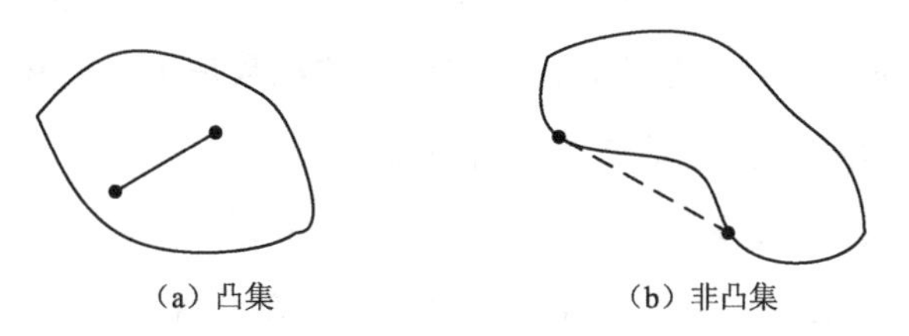

图 5.1　凸集与非凸集

常见的凸集包括以下几种。

（1）仿射集。若通过集合 $C \subseteq \mathbf{R}^n$ 中任意两个不同点的直线仍然在集合 C 中，则称集合 C 是仿射集。也就是说，$\forall \boldsymbol{x}, \boldsymbol{y} \in C$ 和 $\alpha \in \mathbf{R}$ 都有 $\alpha \boldsymbol{x} + (1-\alpha) \boldsymbol{y} \in C$，则集合 C 是仿射集。显然仿射集是凸集。

（2）超平面。假设 $\boldsymbol{a} \in \mathbf{R}^n$ 是一个 n 维向量，$b \in \mathbf{R}$ 是一个常数，则集合 $C = \{\boldsymbol{x} \in \mathbf{R}^n \mid \boldsymbol{a}^{\mathrm{T}} \boldsymbol{x} = b\}$ 称为 $\mathbf{R}^n$ 中的超平面。

$\forall\, \boldsymbol{x}^{(1)}, \boldsymbol{x}^{(2)} \in C$ 和 $0 \leqslant \alpha \leqslant 1$，都有

$$\boldsymbol{a}^{\mathrm{T}}\left[\alpha \boldsymbol{x}^{(1)}+(1-\alpha) x^{(2)}\right]=\alpha b+(1-\alpha) b=b$$

所以 $\alpha \boldsymbol{x}^{(1)}+(1-\alpha) x^{(2)} \in C$，即超平面是凸集。

（3）半空间。假设 $\boldsymbol{a} \in \mathbf{R}^{n}$ 是一个 n 维向量，$b \in \mathbf{R}$ 是一个常数，则集合 $C=\left\{\boldsymbol{x} \in \mathbf{R}^{n} \mid \boldsymbol{a}^{\mathrm{T}} \boldsymbol{x} \leqslant b\right\}$ 称为 $\mathbf{R}^{n}$ 中的半空间。

$\forall\, \boldsymbol{x}^{(1)}, \boldsymbol{x}^{(2)} \in C$ 和 $0 \leqslant \alpha \leqslant 1$，都有

$$\boldsymbol{a}^{\mathrm{T}}\left[\alpha \boldsymbol{x}^{(1)}+(1-\alpha) \boldsymbol{x}^{(2)}\right] \leqslant \alpha b+(1-\alpha) b=b$$

所以 $\alpha \boldsymbol{x}^{(1)}+(1-\alpha) \boldsymbol{x}^{(2)} \in C$，即半空间是凸集。

（4）多面体。假设 $\boldsymbol{A}$ 是 $m \times n$ 矩阵，$\boldsymbol{b}=\left(b_{1}, b_{2}, \cdots, b_{m}\right) \in \mathbf{R}^{m}$，则集合 $C=\left\{x \in \mathbf{R}^{n} \mid \boldsymbol{A x} \leqslant \boldsymbol{b}\right\}$ 称为 $\mathbf{R}^{n}$ 中的多面体，它是 $\mathbf{R}^{n}$ 中 m 个半空间的交。

$\forall\, \boldsymbol{x}^{(1)}, \boldsymbol{x}^{(2)} \in C$ 和 $0 \leqslant \alpha \leqslant 1$，都有

$$\boldsymbol{A}\left[\alpha \boldsymbol{x}^{(1)}+(1-\alpha) \boldsymbol{x}^{(2)}\right] \leqslant \alpha \boldsymbol{b}+(1-\alpha) \boldsymbol{b}=\boldsymbol{b}$$

所以 $\alpha \boldsymbol{x}^{(1)}+(1-\alpha) \boldsymbol{x}^{(2)} \in C$，即多面体是凸集。

假设 $\boldsymbol{v}_{0}$、$\boldsymbol{v}_{1}$、…、$\boldsymbol{v}_{m}$ 是 $\mathbf{R}^{n}$ 中的 $m+1$ 个点，并且 $\boldsymbol{v}_{1}-\boldsymbol{v}_{0}$、$\boldsymbol{v}_{2}-\boldsymbol{v}_{0}$、…、$\boldsymbol{v}_{m}-\boldsymbol{v}_{0}$ 线性独立，则称 $\boldsymbol{v}_{0}$、$\boldsymbol{v}_{1}$、…、$\boldsymbol{v}_{m}$ 构成了一个如下的单纯性 S。

$$S=\{\alpha_{0} \boldsymbol{v}_{0}+\alpha_{1} \boldsymbol{v}_{1}+\cdots+\alpha_{m} \boldsymbol{v}_{m} | \alpha_{i} \geqslant 0, i=1,2, \cdots m ; \sum_{i=0}^{m} \alpha_{i}=1\}$$

易得单纯性是一种多面体。$\boldsymbol{v}_{0}$、$\boldsymbol{v}_{1}$、…、$\boldsymbol{v}_{m}$ 是单纯性的顶点。由于 $\boldsymbol{v}_{1}-\boldsymbol{v}_{0}$、$\boldsymbol{v}_{2}-\boldsymbol{v}_{0}$、…、$\boldsymbol{v}_{m}-\boldsymbol{v}_{0}$ 线性独立，因此单纯性的维数是 m。在 $\mathbf{R}^{n}$ 中，一维单纯性是线段，二维单纯性是三角形，三维单纯性是四面体。

（5）凸锥。假设集合 $C \subseteq \mathbf{R}^{n}$，若 $\forall \boldsymbol{x} \in C$ 和 $\alpha \geqslant 0$ 都有 $\alpha \boldsymbol{x} \in C$，则称集合 C 是 $\mathbf{R}^{n}$ 中的一个锥。若集合 C 是一个锥，并且是凸集，则称它是一个凸锥。

例 5.1 证明集合 $C=\{(\boldsymbol{x}, t) \mid \|\boldsymbol{x}\| \leqslant t\} \subseteq \mathbf{R}^{n+1}$ 是一个凸锥。

证明： 因为 $\forall\,(\boldsymbol{x}, t) \in C$ 和 $\alpha \geqslant 0$，显然有 $\alpha(\boldsymbol{x}, t) \in C$，因此集合 C 是一个锥。又因为 $\forall\,(\boldsymbol{x}, t),(\boldsymbol{y}, t) \in C$，$\alpha(\boldsymbol{x}, t)+(1-\alpha)(\boldsymbol{y}, t)=[\alpha \boldsymbol{x}+(1-\alpha) \boldsymbol{y}, t]$，并且有 $\|\alpha \boldsymbol{x}+(1-\alpha) \boldsymbol{y}\| \leqslant \|\alpha \boldsymbol{x}\|+\|(1-\alpha) \boldsymbol{y}\| \leqslant \alpha t+(1-\alpha) t=t$，所以 $\alpha(\boldsymbol{x}, t)+(1-\alpha)(\boldsymbol{y}, t) \in C$，从而集合 C 是凸集。所以，集合 C 是一个凸锥。

当范数是 l_{2}-范数时，集合 C 也被称为二阶锥或二次锥，即

$$C=\{(\boldsymbol{x}, t) \in \mathbf{R}^{n+1} \mid \|\boldsymbol{x}\|_{2} \leqslant t, t \geqslant 0\}$$

$$=\left\{(\boldsymbol{x},t)^{\mathrm{T}} \mid \begin{bmatrix}\boldsymbol{x}\\t\end{bmatrix}^{\mathrm{T}}\begin{bmatrix}I & 0\\0 & -1\end{bmatrix}\begin{bmatrix}\boldsymbol{x}\\t\end{bmatrix}\leqslant 0, t\geqslant 0\right\}$$

凸集的基本性质如下。

（1）若集合 $C\subseteq\mathbf{R}^n$ 是凸集，则 $\forall\alpha\in\mathbf{R}$，$\boldsymbol{a}\in\mathbf{R}^n$，集合 αC 和 $C+\boldsymbol{a}$ 都是 $\mathbf{R}^n$ 中的凸集。其中，$\alpha C=\{\alpha\boldsymbol{x}\mid\boldsymbol{x}\in C\}$，　$C+\boldsymbol{a}=\{\boldsymbol{x}+\boldsymbol{a}\mid\boldsymbol{x}\in C\}$。

（2）若 $C_1,C_2\subseteq\mathbf{R}^n$ 是凸集，则集合 $C_1\cap C_2$、C_1+C_2、C_1-C_2、C_1C_2 都是 $\mathbf{R}^n$ 中的凸集。

① $C_1\cap C_2=\{\boldsymbol{x}|\boldsymbol{x}\in C_1,\boldsymbol{x}\in C_2\}$，这个结论可以推广到多个凸集的交。

② $C_1+C_2=\{\boldsymbol{x}=\boldsymbol{x}^{(1)}+\boldsymbol{x}^{(2)}\mid\boldsymbol{x}^{(1)}\in C_1,\boldsymbol{x}^{(2)}\in C_2\}$。

③ $C_1-C_2=\left\{\boldsymbol{x}=\boldsymbol{x}^{(1)}-\boldsymbol{x}^{(2)}|\boldsymbol{x}^{(1)}\in C_1,\boldsymbol{x}^{(2)}\in C_2\right\}$。

④ $C_1\times C_2=\{(\boldsymbol{x}^{(1)},\boldsymbol{x}^{(2)})\mid\boldsymbol{x}^{(1)}\in C_1,\boldsymbol{x}^{(2)}\in C_2\}$。

（3）若 $\alpha_i\geqslant 0$，$i=1,2,\cdots,m$，并且 $\alpha_1+\alpha_2+\cdots+\alpha_m=1$，则称 $\alpha_1\boldsymbol{x}^{(1)}+\alpha_2\boldsymbol{x}^{(2)}+\cdots+\alpha_m\boldsymbol{x}^{(m)}$ 是 $\boldsymbol{x}^{(1)}$、$\boldsymbol{x}^{(2)}$、…、$\boldsymbol{x}^{(m)}$ 的一个凸组合。

定理 5.1　集合 $C\subseteq\mathbf{R}^n$ 是凸集当且仅当它包含了其中所有元素的凸组合。

证明： 根据凸集和凸组合的定义可知，集合 $C\subseteq\mathbf{R}^n$ 是凸集当且仅当它包含了所有两个元素的凸组合，这说明，集合 $C\subseteq\mathbf{R}^n$ 是凸集表明了它对其中的任意两个元素取凸组合是封闭的。下面证明该结论对于 $m>2$ 也成立。假设集合 C 对任意小于 m 个元素的凸组合是封闭的。任意给定一个有 m 个元素的凸组合 $\boldsymbol{x}=\alpha_1\boldsymbol{x}^{(1)}+\alpha_2\boldsymbol{x}^{(2)}+\cdots+\alpha_m\boldsymbol{x}^{(m)}$，则其中至少有一个 α_i 不等于 1，因为若 α_i 都等于 1，则有 $\alpha_1+\alpha_2+\cdots+\alpha_m=m=1$，这与假设 $m>2$ 矛盾。

不妨假设 $\alpha_1\neq 1$，令 $\boldsymbol{y}=\beta_2\boldsymbol{x}^{(2)}+\beta_3\boldsymbol{x}^{(3)}+\cdots+\beta_m\boldsymbol{x}^{(m)}$，其中 $\beta_i=\dfrac{\alpha_i}{1-\alpha_1}$。因此，有 $\beta_i\geqslant 0$，$i=2,3,\cdots,m$，$\beta_2+\beta_3+\cdots+\beta_m=\dfrac{\alpha_2+\alpha_3+\cdots+\alpha_m}{1-\alpha_1}=1$。

这说明 $\boldsymbol{y}$ 是集合 C 的有 $m-1$ 个元素的凸组合，根据归纳假设可得 $\boldsymbol{y}\in C$。又因为 $\boldsymbol{x}=\alpha_1\boldsymbol{x}^{(1)}+(1-\alpha_1)\boldsymbol{y}$，所以 $\boldsymbol{x}\in C$，故结论得证。

（4）凸包。包含了集合 $C\subseteq\mathbf{R}^n$ 所有凸集的交称为集合 C 的凸包，记为 $\operatorname{conv} C$。根据凸包的定义，可知 $\operatorname{conv} C$ 是包含集合 C 的最小凸集。根据的性质（2）可知，$\operatorname{conv} C$ 总是凸集。

凸包的定义有多种等价的描述。而定理 5.2 可以视为凸包定义的另外一种描述。

定理 5.2　集合 $C\subseteq\mathbf{R}^n$ 的凸包是由集合 C 中所有元素的凸组合构成的集合，即

$$\operatorname{conv} C=\{\alpha_1\boldsymbol{x}^{(1)}+\alpha_2\boldsymbol{x}^{(2)}+\cdots+\alpha_m\boldsymbol{x}^{(m)}|\boldsymbol{x}^{(i)}\in C,\alpha_i\geqslant 0,i=1,2,\cdots,m,\alpha_1+\alpha_2+\cdots+\alpha_m=1\}$$

证明： 因为 $\operatorname{conv} C$ 是凸集，所以集合 C 的任意元素都属于 $\operatorname{conv} C$，根据定理 5.1 可知，集合 C 任意元素的凸组合都属于 $\operatorname{conv} C$。

反过来，对于 conv C 中的任意两个元素 $\boldsymbol{x}=\alpha_1\boldsymbol{x}^{(1)}+\alpha_2\boldsymbol{x}^{(2)}+\cdots+\alpha_m\boldsymbol{x}^{(m)}$， $\boldsymbol{y}=\beta_1\boldsymbol{y}^{(1)}+\beta_2\boldsymbol{y}^{(2)}+\cdots+\beta_k\boldsymbol{y}^{(k)}, 0\leqslant\mu\leqslant 1, (1-\mu)\boldsymbol{x}+\mu\boldsymbol{y}=(1-\mu)\alpha_1\boldsymbol{x}^{(1)}+(1-\mu)\alpha_2\boldsymbol{x}^{(2)}+\cdots+(1-\mu)\alpha_m\boldsymbol{x}^{(m)}+\mu\beta_1\boldsymbol{y}^{(1)}+\mu\beta_2\boldsymbol{y}^{(2)}+\cdots+\mu\beta_k\boldsymbol{y}^{(k)}$，并且 $(1-\mu)\alpha_1+(1-\mu)\alpha_2+\cdots+(1-\mu)\alpha_m+\mu\beta_1+\mu\beta_2+\cdots+\mu\beta_k=1$。所以，$(1-\mu)\boldsymbol{x}+\mu\boldsymbol{y}$ 是集合 C 中元素的一个凸组合。综合以上两个方面，结论得证。

（5）支撑超平面。假设 $\boldsymbol{x}_0$ 是集合 $C\subseteq\mathbf{R}^n$ 边界①上的一点，若 $\boldsymbol{a}\neq\boldsymbol{0}$，并且 $\forall\boldsymbol{x}\in C$，有 $\boldsymbol{a}^{\mathrm{T}}\boldsymbol{x}\leqslant\boldsymbol{a}^{\mathrm{T}}\boldsymbol{x}_0$，则称超平面 $\{\boldsymbol{x}\mid\boldsymbol{a}^{\mathrm{T}}\boldsymbol{x}=\boldsymbol{a}^{\mathrm{T}}\boldsymbol{x}_0\}$ 是集合 C 在点 $\boldsymbol{x}_0$ 处的支撑超平面。对于凸集，有一个重要的结论在最优化理论中经常使用，即对于任意非空凸集 C 及其边界上任意一点 $\boldsymbol{x}_0$，在点 $\boldsymbol{x}_0$ 处存在集合 C 的支撑超平面。

5.1.2 凸函数

假设集合 $C\subseteq\mathbf{R}^n$ 是一个凸集。若函数 $f:\mathbf{R}^n\to\mathbf{R}$ 满足

$$f(\alpha\boldsymbol{x}+(1-\alpha)\boldsymbol{y})\leqslant\alpha f(\boldsymbol{x})+(1-\alpha)f(\boldsymbol{y}),\quad\forall\,\boldsymbol{x},\boldsymbol{y}\in C,\ 0\leqslant\alpha\leqslant 1 \tag{5.1}$$

则称函数 f 是集合 C 上的凸函数。

若式（5.1）对所有 $\boldsymbol{x}\neq\boldsymbol{y}$ 和 $0<\alpha<1$，总有

$$f(\alpha\boldsymbol{x}+(1-\alpha)\boldsymbol{y})<\alpha f(\boldsymbol{x})+(1-\alpha)f(\boldsymbol{y}) \tag{5.2}$$

成立，则称函数 f 是集合 C 上的严格凸函数。

若 $-f$ 是集合 C 上的凸函数（或严格凸函数），则称 f 是集合 C 上的凹函数（或严格凹函数）。

凸函数的几何意义如图 5.2 所示，即连接函数图像上任意两点的弦位于图像的上方。

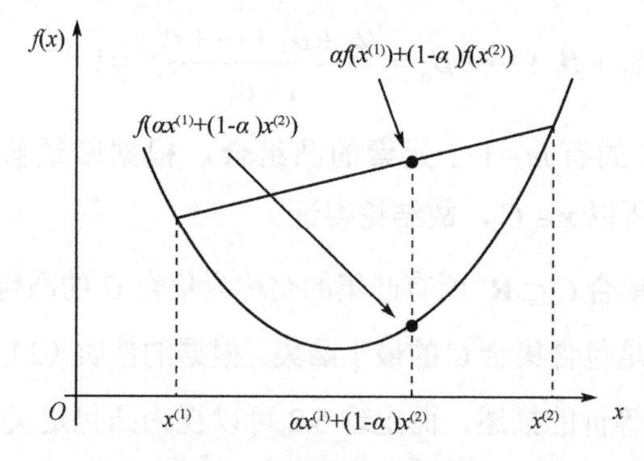

图 5.2 凸函数的几何意义

定理 5.3（Jensen 不等式） 函数 f 是凸函数当且仅当 $f(\alpha_1x^{(1)}+\alpha_2x^{(2)}+\cdots+\alpha_mx^{(m)})\leqslant$

① 集合 C 的边界是满足下列条件的点 $\boldsymbol{x}$ 的集合：$\forall\varepsilon>0$，$\exists\boldsymbol{y}\in C$，$\boldsymbol{z}\notin C$，使得 $\|\boldsymbol{y}-\boldsymbol{x}\|_2\leqslant\varepsilon$，$\|\boldsymbol{z}-\boldsymbol{x}\|_2\leqslant\varepsilon$。

$\alpha_1 f\left(x^{(1)}\right)+\alpha_2 f\left(x^{(2)}\right)+\cdots+\alpha_m f\left(x^{(m)}\right)$，$\forall\ \alpha_i \geqslant 0$，$i=1,2,\cdots,m$；$\alpha_1+\alpha_2+\cdots+\alpha_m=1$。

证明： 根据凸函数的定义，当 m=2 时，结论成立。假设 m=n−1 时结论成立，则当 m=n 时，有

$$f\left(\alpha_1 x^{(1)}+\alpha_2 x^{(2)}+\cdots+\alpha_n x^{(n)}\right)=f\left(\left(\sum_{i=1}^{n-1}\alpha_i\right)\frac{\sum_{i=1}^{n-1}\alpha_i x^{(i)}}{\left(\sum_{i=1}^{n-1}\alpha_i\right)}+\alpha_n x^{(n)}\right)$$

$$\leqslant\left(\sum_{i=1}^{n-1}\alpha_i\right)f\left(\frac{\sum_{i=1}^{n-1}\alpha_i x^{(i)}}{\left(\sum_{i=1}^{n-1}\alpha_i\right)}\right)+\alpha_n f\left(x^{(n)}\right)$$

$$\leqslant\left(\sum_{i=1}^{n-1}\alpha_i\right)\sum_{i=1}^{n-1}\frac{\alpha_i}{\left(\sum_{i=1}^{n-1}\alpha_i\right)}f\left(x^{(i)}\right)+\alpha_n f\left(x^{(n)}\right)$$

$$=\sum_{i=1}^{n}\alpha_i f\left(x^{(i)}\right)$$

因此，当 m=n 时，结论也成立，这样就证明了 Jensen 不等式。

上面第三步利用了归纳假设。该定理是式（5.1）的一般形式。

凸函数的基本性质如下所示。

（1）凸函数的非负加权和是凸函数，即若 f_1、f_2、⋯、f_m 是凸集 C 上的凸函数，则

$$f(\boldsymbol{x})=\alpha_1 f_1+\alpha_2 f_2+\cdots+\alpha_m f_m,\ \ \alpha_i \geqslant 0,\ \ i=1,2,\cdots,m$$

是凸集 C 上的凸函数。

（2）假设集合 $C\subseteq\mathbf{R}^n$ 是凸集，函数 $f:C\to\mathbf{R}$ 是凸函数，则对 $\forall\alpha\in\mathbf{R}$，水平集

$$C_\alpha=\{\boldsymbol{x}\in C\mid f(\boldsymbol{x})\leqslant\alpha\}$$

是 $\mathbf{R}^n$ 中的凸集。

$\forall\ \boldsymbol{x}^{(1)},\boldsymbol{x}^{(2)}\in C_\alpha$，$0\leqslant\lambda\leqslant1$，由函数 f 是凸函数，可得

$$f\left(\lambda\boldsymbol{x}^{(1)}+(1-\lambda)\boldsymbol{x}^{(2)}\right)\leqslant\lambda f\left(\boldsymbol{x}^{(1)}\right)+(1-\lambda)f\left(\boldsymbol{x}^{(2)}\right)\leqslant\alpha$$

因此，$\lambda\boldsymbol{x}^{(1)}+(1-\lambda)\boldsymbol{x}^{(2)}\in C_\alpha$，故水平集 C_α 是凸集。

（3）若 f_1、f_2、⋯、f_m 是凸集 C 上的凸函数，则

$$f(\boldsymbol{x})=\max\ \{f_1(\boldsymbol{x}),f_2(\boldsymbol{x}),\cdots,f_m(\boldsymbol{x})\}$$

是C上的凸函数。

此处将对m=2的情形进行验证。$\forall\ \boldsymbol{x}^{(1)},\boldsymbol{x}^{(2)}\in C$，$0\leqslant\alpha\leqslant 1$，有

$$\begin{aligned}f\left(\alpha\boldsymbol{x}^{(1)}+(1-\alpha)\boldsymbol{x}^{(2)}\right)&=\max\left\{f_1\left(\alpha\boldsymbol{x}^{(1)}+(1-\alpha)\boldsymbol{x}^{(2)}\right),f_2\left(\alpha\boldsymbol{x}^{(1)}+(1-\alpha)\boldsymbol{x}^{(2)}\right)\right\}\\&\leqslant\max\left\{\alpha f_1\left(\boldsymbol{x}^{(1)}\right)+(1-\alpha)f_1\left(\boldsymbol{x}^{(2)}\right),\alpha f_2\left(\boldsymbol{x}^{(1)}\right)+(1-\alpha)f_2\left(\boldsymbol{x}^{(2)}\right)\right\}\\&\leqslant\alpha\max\left\{f_1\left(\boldsymbol{x}^{(1)}\right)+f_2\left(\boldsymbol{x}^{(1)}\right)\right\}+(1-\alpha)\max\left\{f_1\left(\boldsymbol{x}^{(2)}\right)+f_2\left(\boldsymbol{x}^{(2)}\right)\right\}\\&=\alpha f\left(\boldsymbol{x}^{(1)}\right)+(1-\alpha)f\left(\boldsymbol{x}^{(2)}\right)\end{aligned}$$

所以，$f(\boldsymbol{x})$是凸函数。

（4）假设集合$C\subseteq\mathbf{R}^n$是凸集，若函数$f:C\to\mathbf{R}$是C上的凸函数，则函数f在集合C的内部（记为int$C$）①连续。

$\forall\ \boldsymbol{x}\in\text{int}C$，总可以找到单纯性$S\subseteq\text{int}C$，使得$\boldsymbol{x}\in\text{int}S$。不妨设$S$的顶点是$\boldsymbol{v}_0$、$\boldsymbol{v}_1$、…、$\boldsymbol{v}_m$，令$\lambda=\max\{f(\boldsymbol{v}_0),f(\boldsymbol{v}_1),\cdots,f(\boldsymbol{v}_m)\}$，由于$S$中的任意点都可以表示成它的顶点的凸组合，根据Jensen不等式，容易得到

$$f(\boldsymbol{y})\leqslant\lambda,\ \forall\boldsymbol{y}\in S$$

因为$\boldsymbol{x}\in\text{int}S$，所以存在充分小的$r>0$，使得$B(\boldsymbol{x},r)=\{\boldsymbol{u}\in\mathbf{R}^n\ \|\ \|\boldsymbol{u}-\boldsymbol{x}\|<r\}\subseteq S$。对任意的$0<\varepsilon<1$，选取$\boldsymbol{z}$，使得$\|\boldsymbol{z}-\boldsymbol{x}\|<\varepsilon r$，并令$\boldsymbol{w}=\boldsymbol{x}+\dfrac{\boldsymbol{z}-\boldsymbol{x}}{\varepsilon}$，有$\boldsymbol{z}=(1-\varepsilon)\boldsymbol{x}+\varepsilon\boldsymbol{w}$。

根据$\boldsymbol{w}$的公式可知，$\boldsymbol{w}\in S$，并且函数f是凸函数，从而有

$$f(\boldsymbol{z})\leqslant(1-\varepsilon)f(\boldsymbol{x})+\varepsilon f(\boldsymbol{w})\leqslant(1-\varepsilon)f(\boldsymbol{x})+\varepsilon\lambda$$

即

$$f(\boldsymbol{z})-f(\boldsymbol{x})\leqslant\varepsilon\left(\lambda-f(\boldsymbol{x})\right)$$

又因为$\boldsymbol{x}=\dfrac{\varepsilon(2\boldsymbol{x}-\boldsymbol{w})}{1+\varepsilon}+\dfrac{\boldsymbol{z}}{(1+\varepsilon)}$，并且$\|2\boldsymbol{x}-\boldsymbol{w}-\boldsymbol{x}\|<r$，所以$2\boldsymbol{x}-\boldsymbol{w}\in S$。

从而有

$$f(\boldsymbol{x})\leqslant\frac{\varepsilon}{(1-\varepsilon)}f(2\boldsymbol{x}-\boldsymbol{w})+\frac{1}{1+\varepsilon}f(\boldsymbol{w})\leqslant\frac{\varepsilon}{(1-\varepsilon)}\lambda+\frac{1}{1+\varepsilon}f(\boldsymbol{z})$$

① 假设$C\subseteq\mathbf{R}^n$，$\boldsymbol{x}\in C$，若存在$r>0$，使得以$\boldsymbol{x}$为中心、r为半径的开球$B(\boldsymbol{x},r)\subseteq C$，则称$\boldsymbol{x}$是$C$的内点。$C$的所有内点构成的集合称为$C$的内部。

即

$$f(\boldsymbol{x})-f(\boldsymbol{z})\leqslant\varepsilon(\lambda-f(\boldsymbol{x}))$$

综上可得，当$\|\boldsymbol{z}-\boldsymbol{x}\|<\varepsilon r$时，有

$$|f(\boldsymbol{x})-f(\boldsymbol{z})|\leqslant\varepsilon(\lambda-f(\boldsymbol{x}))$$

由ε的任意性可知，函数f在$\boldsymbol{x}$处连续。而且$\boldsymbol{x}$是任意的，故函数f在集合C的内部连续成立。

5.1.3　凸函数的判定

除根据凸函数的定义判定一个函数是否是凸函数外，本节将介绍几种常见的判定函数是否是凸函数的方法。

定理 5.4　假设集合$C\subseteq\mathbf{R}^n$是凸集，函数$f:C\to\mathbf{R}$，$\forall\,\boldsymbol{x},\boldsymbol{y}\in C$，$\alpha\in[0,1]$，定义$\varphi(t)=f(t\boldsymbol{x}+(1-t)\boldsymbol{y})$，$t\in[0,1]$，则函数$f$是凸函数的充分必要条件为$\varphi(t)$是区间$[0,1]$上的凸函数。

证明： 必要性。$\forall\,\boldsymbol{x},\boldsymbol{y}\in C$，$t_1$，$t_2\in[0,1]$，$\alpha\in[0,1]$，因为函数$f$是凸函数，所以

$$\begin{aligned}\varphi(\alpha t_1+(1-\alpha)t_2)&=f((\alpha t_1+(1-\alpha)t_2)\boldsymbol{x}+(1-(\alpha t_1+(1-\alpha)t_2))\boldsymbol{y})\\&=f(\alpha(\boldsymbol{x}t_1+(1-t_1)\boldsymbol{y})+(1-\alpha)(t_2\boldsymbol{x}+(1-t_2)\boldsymbol{y}))\\&\leqslant\alpha\varphi(t_1)+(1-\alpha)\varphi(t_2)\end{aligned}$$

所以$\varphi(t)$是区间$[0,1]$上的凸函数。

充分性。$\forall\,\boldsymbol{x},\boldsymbol{y}\in C$，$\alpha\in[0,1]$，因为$\varphi(t)$是区间$[0,1]$上的凸函数，所以

$$\begin{aligned}f(\alpha\boldsymbol{x}+(1-\alpha)\boldsymbol{y})=\varphi(\alpha)&=\varphi(1\cdot\alpha+0\cdot(1-\alpha))\\&\leqslant\alpha\varphi(1)+(1-\alpha)\varphi(0)\\&=\alpha f(\boldsymbol{x})+(1-\alpha)f(\boldsymbol{y})\end{aligned}$$

所以函数f是集合$C\subseteq\mathbf{R}^n$上的凸函数。

定理 5.5　假设集合$C\subseteq\mathbf{R}^n$是开凸集，函数$f:C\to\mathbf{R}$是可微函数，则函数f是凸函数的充分必要条件为$\forall\boldsymbol{x},\boldsymbol{y}\in C$，都有

$$f(\boldsymbol{x})\geqslant f(\boldsymbol{y})+\nabla f(\boldsymbol{y})^{\mathrm{T}}(\boldsymbol{x}-\boldsymbol{y})$$

证明： 必要性。$\forall\,\boldsymbol{x},\boldsymbol{y}\in C$，$\alpha\in[0,1]$，因为函数$f$是凸函数，所以

$$f(\alpha\boldsymbol{x}+(1-\alpha)\boldsymbol{y})\leqslant\alpha f(\boldsymbol{x})+(1-\alpha)f(\boldsymbol{y})$$

将上式变形可得

$$f(\boldsymbol{x})-f(\boldsymbol{y})\geqslant\frac{f(\boldsymbol{y}+\alpha(\boldsymbol{x}-\boldsymbol{y}))-f(\boldsymbol{y})}{\alpha}$$

将上式中 $\alpha\to0^{+}$ 得到

$$f(\boldsymbol{x})\geqslant f(\boldsymbol{y})+\nabla f(\boldsymbol{y})^{\mathrm{T}}(\boldsymbol{x}-\boldsymbol{y})$$

充分性。$\forall\boldsymbol{x},\boldsymbol{y}\in C$，$\alpha\in[0,1]$，令 $\boldsymbol{z}=\alpha\boldsymbol{x}+(1-\alpha)\boldsymbol{y}$，因为 C 是凸集，所以 $\boldsymbol{z}\in C$。根据题设有

$$f(\boldsymbol{x})\geqslant f(\boldsymbol{z})+\nabla f(\boldsymbol{z})^{\mathrm{T}}(\boldsymbol{x}-\boldsymbol{z})\tag{5.3}$$

$$f(\boldsymbol{y})\geqslant f(\boldsymbol{z})+\nabla f(\boldsymbol{z})^{\mathrm{T}}(\boldsymbol{y}-\boldsymbol{z})\tag{5.4}$$

先将式（5.3）乘以 $1-\alpha$，将式（5.4）乘以 α，然后两式相加得到

$$\begin{aligned}(1-\alpha)f(\boldsymbol{x})+\alpha f(\boldsymbol{y})&\geqslant f(\boldsymbol{z})+\nabla f(\boldsymbol{z})^{\mathrm{T}}\left[(1-\alpha)(\boldsymbol{x}-\boldsymbol{z})+\alpha(\boldsymbol{y}-\boldsymbol{z})\right]\\&=f(\boldsymbol{z})+\nabla f(\boldsymbol{z})^{\mathrm{T}}\left[\alpha\boldsymbol{x}+(1-\alpha)\boldsymbol{y}-\boldsymbol{z}\right]\\&=f(\boldsymbol{z})+\nabla f(\boldsymbol{z})^{\mathrm{T}}(\boldsymbol{z}-\boldsymbol{z})\\&=f(\boldsymbol{z})\end{aligned}$$

即 $f(\alpha\boldsymbol{x}+(1-\alpha)\boldsymbol{y})\leqslant(1-\alpha)f(\boldsymbol{x})+\alpha f(\boldsymbol{y})$，故函数 f 是凸函数。

这个定理的结论也可以用几何图形给出很直观的解释，如图 5.3 所示。同时，图 5.3 也表明，对于一个可微的凸函数，该函数曲线上任意一点的切平面，位于该函数曲线的下方。

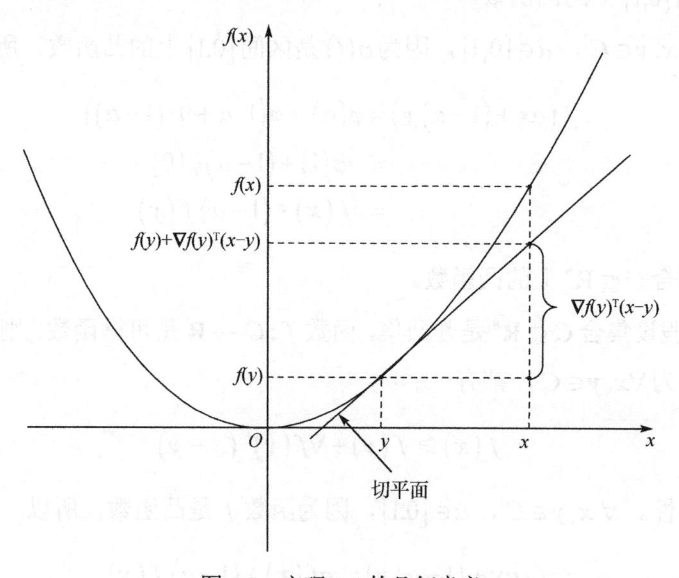

图 5.3　定理 5.5 的几何意义

定理 5.6　假设集合 $C\subseteq\mathbf{R}^n$ 是开凸集，函数 $f:C\to\mathbf{R}$ 是二次连续可微函数，则函数 f 是凸函数的充分必要条件为对 $\forall\boldsymbol{x}\in C$ 处的黑塞矩阵是半正定矩阵。

证明： 必要性。$\forall\,\boldsymbol{x}\in C$，$\boldsymbol{y}\in\mathbf{R}^n$，因为集合 C 是开凸集，存在充分小的 α，使得 $\boldsymbol{x}+\alpha\boldsymbol{y}\in C$，所以

$$f(\boldsymbol{x}+\alpha\boldsymbol{y})\geqslant f(\boldsymbol{x})+\alpha\nabla f(\boldsymbol{x})^{\mathrm{T}}\boldsymbol{y}\tag{5.5}$$

又因为 f 是二次连续可微函数，所以根据泰勒公式有

$$f(\boldsymbol{x}+\alpha\boldsymbol{y})=f(\boldsymbol{x})+\alpha\nabla f(\boldsymbol{x})^{\mathrm{T}}\boldsymbol{y}+\frac{\alpha^2}{2}\boldsymbol{y}^{\mathrm{T}}\nabla^2 f(\boldsymbol{x})\boldsymbol{y}+R_n(\boldsymbol{x})\tag{5.6}$$

比较式（5.5）和式（5.6）可得

$$\frac{\alpha^2}{2}\boldsymbol{y}^{\mathrm{T}}\nabla^2 f(\boldsymbol{x})\boldsymbol{y}+R_n(\boldsymbol{x})\geqslant 0\tag{5.7}$$

根据拉格朗日余项可知，$R_n(\boldsymbol{x})$ 是 $\|\alpha\boldsymbol{y}\|^3$ 的高阶无穷小，因此，当 α 趋向零时，$\dfrac{R_n(\boldsymbol{x})}{\alpha^2}$ 趋向零。

因此，式（5.7）两边除以 α^2，并令 α 趋向零，得到

$$\boldsymbol{y}^{\mathrm{T}}\nabla^2 f(\boldsymbol{x})\boldsymbol{y}\geqslant 0$$

所以，黑塞矩阵是半正定矩阵。

充分性。$\forall\,\boldsymbol{x},\boldsymbol{y}\in C$，$\alpha\in[0,1]$，由泰勒公式有

$$f(\boldsymbol{y})-f(\boldsymbol{x})=\nabla f(\boldsymbol{x})^{\mathrm{T}}(\boldsymbol{y}-\boldsymbol{x})+\frac{1}{2}(\boldsymbol{y}-\boldsymbol{x})^{\mathrm{T}}\nabla^2 f(\boldsymbol{x}+\alpha(\boldsymbol{y}-\boldsymbol{x}))(\boldsymbol{y}-\boldsymbol{x})$$

根据题设有

$$(\boldsymbol{y}-\boldsymbol{x})^{\mathrm{T}}\nabla^2 f(\boldsymbol{x}+\alpha(\boldsymbol{y}-\boldsymbol{x}))(\boldsymbol{y}-\boldsymbol{x})\geqslant 0$$

即得 $f(\boldsymbol{y})-f(\boldsymbol{x})\geqslant\nabla f(\boldsymbol{x})^{\mathrm{T}}(\boldsymbol{y}-\boldsymbol{x})$，因此根据定理 5.5 可得函数 f 是凸函数。

类似于定理 5.5 和定理 5.6 的证明方法，容易得到定理 5.7 中的函数是严格凸函数的结论。

定理 5.7　假设集合 $C\subseteq\mathbf{R}^n$ 是开凸集，函数 $f:C\to\mathbf{R}$ 是二次连续可微函数。对 $\forall\boldsymbol{x},\boldsymbol{y}\in C$，$\boldsymbol{x}\neq\boldsymbol{y}$，若以下条件之一成立，则函数 f 是严格凸函数。

（1）$f(\boldsymbol{x})>f(\boldsymbol{y})+\nabla f(\boldsymbol{y})^{\mathrm{T}}(\boldsymbol{x}-\boldsymbol{y})$。

（2）对任意的 $\boldsymbol{x}$，黑塞矩阵 $\nabla^2 f(\boldsymbol{x})$ 是正定矩阵。

5.2 最优化问题与求解算法的一般形式

5.2.1 最优化问题及解的定义

假设 $\boldsymbol{x}=\left(x_1,x_2,\cdots,x_n\right)\in X\subseteq\mathbf{R}^n$，$f_i\left(\boldsymbol{x}\right),g_j\left(\boldsymbol{x}\right):\mathbf{R}^n\to\mathbf{R}$（$i=1,2,\cdots,p$，$j=1,2,\cdots,q$），则最优化问题可以表示成如下的一般形式。

$$\begin{cases}\min\limits_{x\in X} f_0\left(\boldsymbol{x}\right)\\ \text{s.t.}\begin{cases}f_i\left(\boldsymbol{x}\right)\leqslant 0, i=1,2,\cdots,p\\ g_j\left(\boldsymbol{x}\right)=0, j=1,2,\cdots,q\end{cases}\end{cases} \tag{5.8}$$

式中，$\boldsymbol{x}$ 是优化变量；$f_0\left(\boldsymbol{x}\right)$ 是优化目标函数。式（5.8）中的第二式称为约束条件。把属于集合 X，同时满足约束条件的点称为可行点。全体可行点的集合称为可行集或可行域 Ω，即

$$\Omega=X\cap\left\{\boldsymbol{x}\in\mathbf{R}^n, f_i\left(\boldsymbol{x}\right)\leqslant 0, i=1,2,\cdots,p, g_j\left(\boldsymbol{x}\right)=0, j=1,2,\cdots,q\right\}$$

若 $\boldsymbol{x}^*\in\Omega$，并且 $\forall\boldsymbol{x}\in\Omega$ 有 $f_0\left(\boldsymbol{x}^*\right)\leqslant f_0\left(\boldsymbol{x}\right)$，则称 $\boldsymbol{x}^*$ 是式（5.8）的全局最优解（最优解）。由于式（5.8）是一个极小化优化问题，它的全局最优解也称为极小点（全局极小点），类似地可以给出极大化优化问题的最优解定义。

若 $\boldsymbol{x}^*\in\Omega$，并且存在 $\boldsymbol{x}^*$ 的邻域 $N_\delta\left(\boldsymbol{x}^*\right)=\{\boldsymbol{x}\,|\,\|\boldsymbol{x}-\boldsymbol{x}^*\|<\delta,\delta>0\}$，使得 $\forall\boldsymbol{x}\in N_\delta\left(\boldsymbol{x}^*\right)\cap\Omega$ 有

$$f_0\left(\boldsymbol{x}^*\right)\leqslant f_0\left(\boldsymbol{x}\right)$$

则称 $\boldsymbol{x}^*$ 是式（5.8）的局部最优解（局部极小点）。

定理 5.8 假设集合 $C\subseteq\mathbf{R}^n$ 是凸集，若函数 $f:C\to\mathbf{R}$ 是 C 上的凸函数，则函数 f 在集合 C 的局部最优解也是全局最优解，并且该解的集合是凸集。

证明： 假设 $\boldsymbol{x}^*$ 是函数 f 在集合 C 上的局部最优解，则存在 $\boldsymbol{x}^*$ 的邻域 $N_\delta\left(\boldsymbol{x}^*\right)=\{\boldsymbol{x}\,|\,\|\boldsymbol{x}-\boldsymbol{x}^*\|<\delta,\delta>0\}$，使得

$$\forall\boldsymbol{x}\in N_\delta\left(\boldsymbol{x}^*\right)\cap C,\ f\left(\boldsymbol{x}^*\right)\leqslant f\left(\boldsymbol{x}\right)$$

假设 $\boldsymbol{x}^*$ 不是函数 f 在集合 C 上的全局最优解，则存在 $\bar{\boldsymbol{x}}\in C$，使得 $f\left(\bar{\boldsymbol{x}}\right)\leqslant f\left(\boldsymbol{x}^*\right)$。由于集合 C 是凸集，因此对于任意的 $0<\alpha<1$，有 $\alpha\bar{\boldsymbol{x}}+\left(1-\alpha\right)\boldsymbol{x}^*\in C$。根据函数 f 是集合 C 上的凸函数有

$$f\left(\alpha\bar{\boldsymbol{x}}+\left(1-\alpha\right)\boldsymbol{x}^*\right)\leqslant\alpha f\left(\bar{\boldsymbol{x}}\right)+\left(1-\alpha\right)f\left(\boldsymbol{x}^*\right)<\alpha f\left(\boldsymbol{x}^*\right)+\left(1-\alpha\right)f\left(\boldsymbol{x}^*\right)=f\left(\boldsymbol{x}^*\right)$$

当 α 充分小时，$\alpha\bar{\boldsymbol{x}}+(1-\alpha)\boldsymbol{x}^* \in N_\delta(\boldsymbol{x}^*)\cap C$，这样得到上式与 $\boldsymbol{x}^*$ 是函数 f 在集合 C 上的局部最优解矛盾，从而间接证明了 $\boldsymbol{x}^*$ 是函数 f 在集合 C 上的全局最优解。

由于函数 f 在集合 C 上的全局最优解处的函数值是它的最小值，不妨设该值是 a，则函数 f 在集合 C 上的最优解的集合可以表示为

$$\mathcal{A}=\{\boldsymbol{x}\mid \boldsymbol{x}\in C, f(\boldsymbol{x})\leqslant a\}$$

由于集合 $\mathcal{A}$ 是一个水平集，因此根据函数的凸性可知，集合 $\mathcal{A}$ 是一个凸集。

5.2.2　优化算法的一般思路

求解最优化问题的优化算法一般是迭代下降算法，也就是选择一个初始点 $\boldsymbol{x}^0$，从点 $\boldsymbol{x}^0$ 出发，采取某种策略或规则，产生一个迭代点列 $\{\boldsymbol{x}^k\}$，使得在每次迭代中，新的迭代点 $\boldsymbol{x}^{k+1}$ 处的目标函数值较上一个迭代点 $\boldsymbol{x}^k$ 处的目标函数值有所减小，即 $f_0(\boldsymbol{x}^{k+1})<f_0(\boldsymbol{x}^k)$，直到迭代点列 $\{\boldsymbol{x}^k\}$ 收敛于全局最优解 $\boldsymbol{x}^*$ 或满足某种终止条件，迭代终止。其中，在每一次迭代中，从当前迭代点 $\boldsymbol{x}^k$ 得到下一个迭代点 $\boldsymbol{x}^{k+1}$，需要采用不同的策略或规则，从而得到了一些不同的优化算法。最常用的优化算法是线性搜索算法和信赖域算法。

1）线性搜索算法

线性搜索算法先从迭代点 $\boldsymbol{x}^k$ 处构造一个方向 $\boldsymbol{p}^k$，称为搜索方向，再根据搜索方向 $\boldsymbol{p}^k$ 求解一维最优化问题确定最优的迭代步长 α_k，即

$$\alpha_k \;=\; \underset{\alpha>0}{\operatorname{argmin}}\, f_0(\boldsymbol{x}^k+\alpha\boldsymbol{p}^k) \tag{5.9}$$

令 $\boldsymbol{x}^{k+1}=\boldsymbol{x}^k+\alpha_k\boldsymbol{p}^k$，得到新的迭代点 $\boldsymbol{x}^{k+1}$。式（5.9）是确定迭代步长 α_k 的理论算法或精确线性搜索算法，具体的搜索算法包括试探法和插值法，这两种算法都是很经典的算法。读者要想了解相关算法内容，可参阅文献[3]～[6]。

因此，如果求解最优化问题的优化算法采用线性搜索算法驱动迭代点列的产生，那么该算法的步骤如算法 5.1 所示。

算法 5.1　迭代下降算法
选取初始点 $\boldsymbol{x}^0$ 重复迭代 （1）确定搜索方向 $\boldsymbol{p}^k$ （2）根据搜索方向 $\boldsymbol{p}^k$ 确定迭代步长 $\alpha_k>0$ （3）令 $\boldsymbol{x}^{k+1}=\boldsymbol{x}^k+\alpha_k\boldsymbol{p}^k$ 直到迭代点列收敛于全局最优解或满足某种终止条件，输出 $\boldsymbol{x}^{k+1}$

由算法 5.1 可知，该类算法包括三个基本要素，即初始点、搜索方向和迭代步长。事实上，很多优化算法的设计及支撑优化算法设计的基本理论都是围绕这三个基本要素展开的。在讨论具体的算法设计和相关理论分析之前，本节将通过例 5.2，以图形化的方式，对算法 5.1 及其基本要素给出几何表示，以帮助读者理解算法的内涵。

例 5.2 已知

$$\text{s.t.}\begin{cases} x_1^2 - x_2 \leqslant 0 & ① \\ 15x_1 + 10x_2 \leqslant 12 & ② \end{cases}$$

求解

$$\min\left(x_1 - 1\right)^2 + \left(x_2 - 1\right)^2 \qquad ③$$

解： 图 5.4 对算法 5.1 有一个直观的描述，图 5.4 中的同心圆表示目标函数③的等高线，曲线 c_1 和 c_2 分别表示约束条件①和②，c_1 和 c_2 围成的区域表示该优化问题的可行域，$\boldsymbol{x}^0$ 表示迭代的初始点，$\boldsymbol{x}^*$ 表示该问题的最优解。从图 5.4 中可以看出每经过一次迭代，新的迭代点位于更里面的等高线上，通过目标函数可以看出，里面的等高线较外面的等高线对应的函数值要小。因此，迭代点列使函数值不断减小，直到达到最优解 $\boldsymbol{x}^*$。

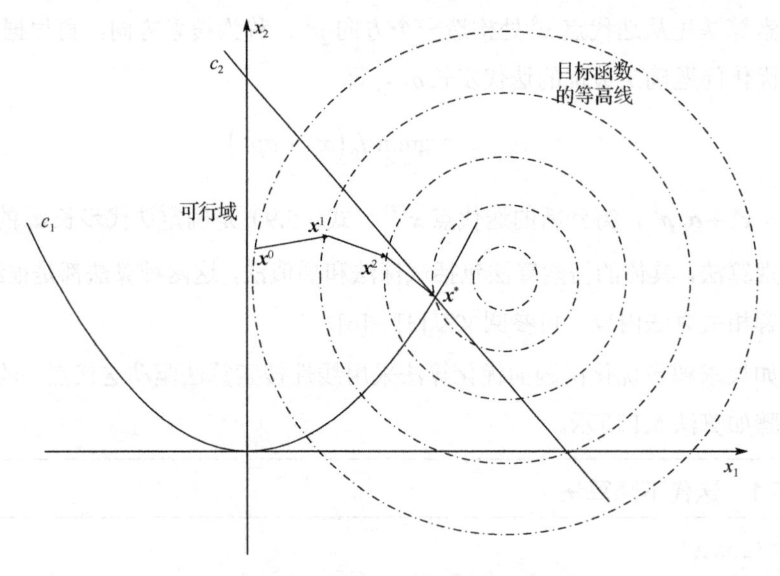

图 5.4 算法 5.1 的几何表示①

2）信赖域算法

信赖域算法也是一种优化算法，与线性搜索算法不同的是，它并不是先确定搜索方向，

① 本图参考了文献[7]中的相关图，但在原图上又有所创新。

再根据搜索方向确定迭代步长，而是首先在当前迭代点 $\boldsymbol{x}^k$ 处构造一个信赖域，这个信赖域一般是当前迭代点 $\boldsymbol{x}^k$ 的一个邻域 $\{\boldsymbol{x}^k+\boldsymbol{s} \mid \|\boldsymbol{s}\| \leqslant \Delta_k\}$，$\Delta_k$ 是信赖域半径，然后在信赖域内用一个逼近子问题 $m_k(\boldsymbol{s})$ 逼近目标函数 $f(\boldsymbol{x}^k)$（一般采用二次逼近），并在信赖域内求解逼近子问题，得到试探步 $\boldsymbol{s}^k$，如果试探步 $\boldsymbol{s}^k$ 满足一定的条件（如目标函数值适当减小），令 $\boldsymbol{x}^{k+1}=\boldsymbol{x}^k+\boldsymbol{s}^k$，否则，$\boldsymbol{x}^{k+1}=\boldsymbol{x}^k$，最后按某种规则校正信赖域半径 Δ_{k+1}，继续迭代，直到迭代终止。

因此，求解最优化问题的信赖域算法步骤如算法 5.2 所示。

算法 5.2　信赖域算法
选取初始点 $\boldsymbol{x}^0$ 和信赖域半径 $\Delta_0>0$，k=0 重复迭代 （1）用 $m_k(\boldsymbol{s})$ 得到一个满足 $\|\boldsymbol{s}^k\| \leqslant \Delta_k$ 的试探步 $\boldsymbol{s}^k$ （2）如果试探步 $\boldsymbol{s}^k$ 满足一定的条件，令 $\boldsymbol{x}^{k+1}=\boldsymbol{x}^k+\boldsymbol{s}^k$，否则，$\boldsymbol{x}^{k+1}=\boldsymbol{x}^k$ （3）按某种规则校正信赖域半径 Δ_{k+1}，并令 k=k+1 直到迭代点列收敛于全局最优解或满足某种终止条件，输出 $\boldsymbol{x}^{k+1}$

同样借助于例 5.2 的优化问题，以图形化的方式，对算法 5.2 给出几何表示，如图 5.5 所示。

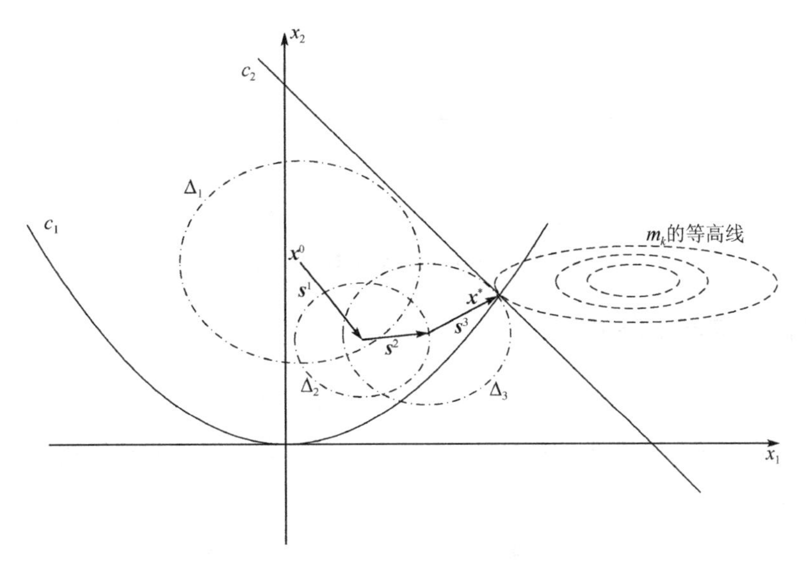

图 5.5　算法 5.2 的几何表示

在图 5.5 中，椭圆形的曲线表示逼近子问题 $m_k(\boldsymbol{s})$ 的等高线，三个圆表示三个信赖域，信赖域半径分别是 Δ_1、Δ_2 和 Δ_3；在每次迭代求解逼近子问题时，信赖域中会有一个合适的试探步，即图 5.5 中的$\boldsymbol{s}^1$、$\boldsymbol{s}^2$和$\boldsymbol{s}^3$，从图 5.5 可以看出，试探步可能位于信赖域内部，也可能位于信赖域边界，这与信赖域半径大小的选择有关。严格地说，图 5.5 中还缺少一部分图形表示，该图中只给出了$m_k(\boldsymbol{s})$的等高线，没有给出目标函数的等高线。图 5.5 这样表示的原因是例 5.2 中目标函数的等高线也是一些圆，容易和信赖域的表示混淆，这样表示还能突出信赖域及得到的试探步。

信赖域内目标函数的二次逼近如图 5.6 所示。在图 5.6 中实线圆表示目标函数的等高线，为了更直观和清晰，只画了一条目标函数的等高线。从图 5.6 中可以看出，信赖域内的$m_k(\boldsymbol{s})$较好地逼近了目标函数，如果信赖域半径过大或迭代点列离开当前信赖域，逼近误差将增大，这也是为什么要在信赖域内求解逼近子问题，并不断根据实际情况调整下次迭代信赖域半径的原因。

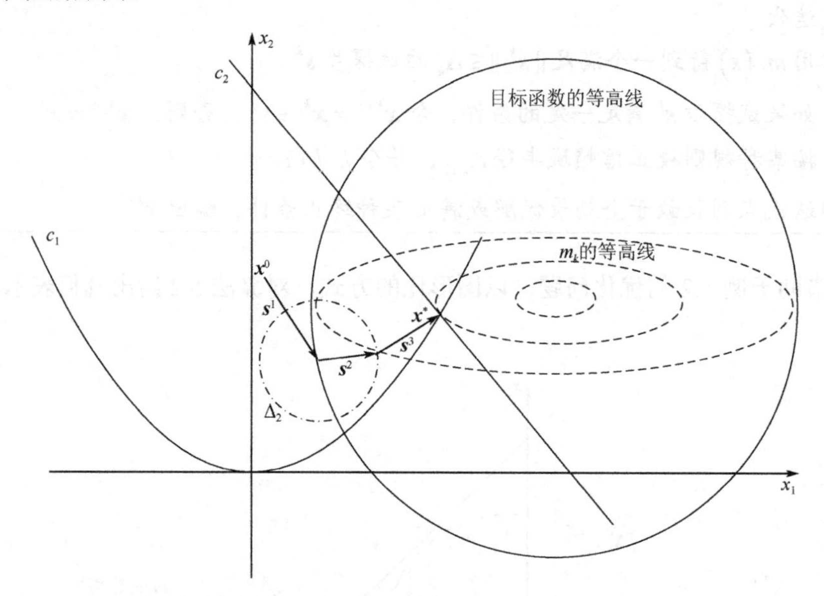

图 5.6　信赖域内目标函数的二次逼近

5.2.3　可行方向与下降方向

从 5.2.2 节介绍的优化算法可以看出，每进行一次迭代，人们都希望目标函数值有一定程度的减小，也就说，每次迭代要确定一个方向（或向量），使得目标函数值有一定程度的减小。

一般地，对最优化问题而言，若$\boldsymbol{p}\in\Omega$，$\boldsymbol{p}\neq\boldsymbol{0}$，存在$t>0$，使得

$$\boldsymbol{x}+t\boldsymbol{p}\in\Omega$$

则称向量$\boldsymbol{p}$是目标函数$f_0(\boldsymbol{x})$在点$\boldsymbol{x}$处的可行方向。

若$\boldsymbol{p}\in\Omega$，$\boldsymbol{p}\neq\boldsymbol{0}$，存在$\delta>0$，使得

$$f_0(\boldsymbol{x}+t\boldsymbol{p})<f_0(\boldsymbol{x}),\ \forall t\in(0,\delta)$$

则称向量 $\boldsymbol{p}$ 是目标函数 $f_0(\boldsymbol{x})$ 在点 $\boldsymbol{x}$ 处的下降方向。

5.3　最优性条件

最优性条件是指一个最优化问题的全局最优解所满足的条件（必要条件和充分条件），它为在优化算法设计中搜索解空间、算法的停止规则及算法分析等提供了必要的理论基础，并且它是最优化理论中最基本和最重要的内容之一。这部分内容在经典的最优化理论中也比较成熟，有兴趣的读者可以参阅文献[8]～[10]。

本节将优化问题放在 $\mathbf{R}^n$ 空间中考虑，并且主要以梯度和黑塞矩阵为工具，来导出 $\mathbf{R}^n$ 空间可微函数的经典最优性条件。

5.3.1　无约束问题的最优性条件

假设 $\boldsymbol{x}=(x_1,x_2,\cdots,x_n)\in\mathbf{R}^n$，$f(\boldsymbol{x}):\mathbf{R}^n\to\mathbf{R}$ 连续可微，则无约束问题的一般形式如下。

$$\min_{\boldsymbol{x}\in\mathbf{R}^n} f(\boldsymbol{x}) \tag{5.10}$$

定理 5.9（一阶必要条件）　假设式（5.10）的目标函数 $f(\boldsymbol{x})$ 连续可微，点 $\boldsymbol{x}^*\in\mathbf{R}^n$ 是它的局部最优解，则有 $\nabla f(\boldsymbol{x}^*)=\mathbf{0}$。

证明： 假设 $\nabla f(\boldsymbol{x}^*)\neq\mathbf{0}$，令向量 $\boldsymbol{p}=-\nabla f(\boldsymbol{x}^*)$，则有

$$\boldsymbol{p}^{\mathrm{T}}\nabla f(\boldsymbol{x}^*)=-\nabla f(\boldsymbol{x}^*)^{\mathrm{T}}\nabla f(\boldsymbol{x}^*)=-\|\nabla f(\boldsymbol{x}^*)\|^2<0$$

因为 $f(\boldsymbol{x})$ 连续可微，有 $\nabla f(\boldsymbol{x})$ 在点 $\boldsymbol{x}^*$ 邻域连续，所以存在常数 $\sigma>0$，满足

$$\boldsymbol{p}^{\mathrm{T}}\nabla f(\boldsymbol{x}^*+\theta\boldsymbol{p})<0,\ \forall\ \theta\in(0,\ \sigma)$$

根据泰勒公式有

$$f(\boldsymbol{x}^*+\theta\boldsymbol{p})=f(\boldsymbol{x}^*)+\theta\boldsymbol{p}^{\mathrm{T}}\nabla f(\boldsymbol{x}^*+t\boldsymbol{p}),\ t\in(0,\theta)$$

因为 $\theta\boldsymbol{p}^{\mathrm{T}}\nabla f(\boldsymbol{x}^*+t\boldsymbol{p})<0$，所以有

$$f(\boldsymbol{x}^*+\theta\boldsymbol{p})<f(\boldsymbol{x}^*)$$

这与点 $\boldsymbol{x}^*$ 是函数 $f(\boldsymbol{x})$ 的局部最优解矛盾，因此有 $\nabla f(\boldsymbol{x}^*)=\mathbf{0}$。

定理 5.10（二阶必要条件）　假设式（5.10）的目标函数 $f(\boldsymbol{x})$ 二次连续可微，点 $\boldsymbol{x}^*\in\mathbf{R}^n$ 是它的局部最优解，则有 $\nabla f(\boldsymbol{x}^*)=\mathbf{0}$，黑塞矩阵 $\nabla^2 f(\boldsymbol{x}^*)$ 是半正定矩阵。

证明： 定理 5.9 已经证明了$\nabla f\left(\boldsymbol{x}^*\right)=\boldsymbol{0}$，此处只需要证明黑塞矩阵$\nabla^2 f\left(\boldsymbol{x}^*\right)$是半正定矩阵即可。假设$\nabla^2 f\left(\boldsymbol{x}^*\right)$不是半正定矩阵，则存在向量$\boldsymbol{p}$，使得

$$\boldsymbol{p}^{\mathrm{T}}\nabla^2 f\left(\boldsymbol{x}^*\right)\boldsymbol{p}<0$$

因为$f(\boldsymbol{x})$二次连续可微，有$\nabla^2 f\left(\boldsymbol{x}^*\right)$在点$\boldsymbol{x}^*$邻域连续，所以存在常数$\sigma>0$，满足

$$\boldsymbol{p}^{\mathrm{T}}\nabla^2 f\left(\boldsymbol{x}^*+\theta\boldsymbol{p}\right)\boldsymbol{p}<0,\ \forall\theta\in(0,\ \sigma)$$

因此，根据泰勒公式有

$$f\left(\boldsymbol{x}^*+\theta\boldsymbol{p}\right)=f\left(\boldsymbol{x}^*\right)+\theta\boldsymbol{p}^{\mathrm{T}}\nabla f\left(\boldsymbol{x}^*\right)+\frac{1}{2}\theta^2\boldsymbol{p}^{\mathrm{T}}\nabla^2 f\left(\boldsymbol{x}^*+\theta\boldsymbol{p}\right)\boldsymbol{p},\ \ t\in(0,\theta)$$

因为$\nabla f\left(\boldsymbol{x}^*\right)=\boldsymbol{0}$，$\frac{1}{2}\theta^2\boldsymbol{p}^{\mathrm{T}}\nabla^2 f\left(\boldsymbol{x}^*+\theta\boldsymbol{p}\right)\boldsymbol{p}<0$，所以有

$$f\left(\boldsymbol{x}^*+\theta\boldsymbol{p}\right)<f\left(\boldsymbol{x}^*\right)$$

这与点$\boldsymbol{x}^*$是函数$f(\boldsymbol{x})$的局部最优解矛盾，因此有$\boldsymbol{p}^{\mathrm{T}}\nabla^2 f\left(\boldsymbol{x}^*\right)\boldsymbol{p}\geqslant 0$，即矩阵$\nabla^2 f\left(\boldsymbol{x}^*\right)$是半正定矩阵。

定理 5.11（二阶充分条件） 假设式（5.10）的目标函数$f(x)$二次连续可微，若梯度$\nabla f\left(\boldsymbol{x}^*\right)=\boldsymbol{0}$，黑塞矩阵$\nabla^2 f\left(x^*\right)$是正定矩阵，则$\boldsymbol{x}^*$是它的局部最优解。

证明： 假设$\boldsymbol{x}^*$不是函数$f(\boldsymbol{x})$的局部最优解，则存在收敛于$\boldsymbol{x}^*$的点列$\left\{\boldsymbol{x}^{(k)}\right\}$，使得$k$充分大时，有$f\left(\boldsymbol{x}^k\right)<f\left(\boldsymbol{x}^*\right)$。

根据泰勒公式有

$$f\left(\boldsymbol{x}^k\right)=f\left(\boldsymbol{x}^*\right)+\nabla f\left(\boldsymbol{x}^*\right)^{\mathrm{T}}\left(\boldsymbol{x}^k-\boldsymbol{x}^*\right)+\frac{1}{2}\left(\boldsymbol{x}^k-\boldsymbol{x}^*\right)^{\mathrm{T}}\nabla^2 f\left(\boldsymbol{x}^*\right)\left(\boldsymbol{x}^k-\boldsymbol{x}^*\right)+R_2\left(\boldsymbol{x}^k\right) \tag{5.11}$$

式中，$R_2\left(\boldsymbol{x}^k\right)$是$\|\boldsymbol{x}^k-\boldsymbol{x}^*\|^2$的高阶无穷小，即$\boldsymbol{x}^k$趋向$\boldsymbol{x}^*$时，$\dfrac{R_2\left(\boldsymbol{x}^k\right)}{\|\boldsymbol{x}^k-\boldsymbol{x}^*\|^2}$趋向零。

因此，在式（5.11）两边同时除以$\|\boldsymbol{x}^k-\boldsymbol{x}^*\|^2$，并利用题设$\nabla f\left(\boldsymbol{x}^*\right)=\boldsymbol{0}$，得到

$$\frac{f\left(\boldsymbol{x}^k\right)-f\left(\boldsymbol{x}^*\right)}{\|\boldsymbol{x}^k-\boldsymbol{x}^*\|^2}=\frac{\frac{1}{2}\left(\boldsymbol{x}^k-\boldsymbol{x}^*\right)^{\mathrm{T}}\nabla^2 f\left(\boldsymbol{x}^*\right)\left(\boldsymbol{x}^k-\boldsymbol{x}^*\right)}{\|\boldsymbol{x}^k-\boldsymbol{x}^*\|^2}+\frac{R_2\left(\boldsymbol{x}^k\right)}{\|\boldsymbol{x}^k-\boldsymbol{x}^*\|^2}$$

根据假设，上式左边小于零，而右边第二项又趋向零，因此得到

$$\frac{\frac{1}{2}\left(\boldsymbol{x}^k-\boldsymbol{x}^*\right)^{\mathrm{T}}\nabla^2 f\left(\boldsymbol{x}^*\right)\left(\boldsymbol{x}^k-\boldsymbol{x}^*\right)}{\|\boldsymbol{x}^k-\boldsymbol{x}^*\|^2}<0,\ \ k\to\infty \tag{5.12}$$

令 $\boldsymbol{p}^{(k)}=\dfrac{\boldsymbol{x}^k-\boldsymbol{x}^*}{\|\boldsymbol{x}^k-\boldsymbol{x}^*\|}$，则 $\|\boldsymbol{p}^{(k)}\|=1$，$\left\{\boldsymbol{p}^{(k)}\right\}$ 是一个有界点列，因此存在收敛子列 $\left\{\boldsymbol{p}^{(k_j)}\right\}$，当 k_j 趋向 ∞ 时，$\boldsymbol{p}^{(k_j)}$ 趋向 $\boldsymbol{p}$，$\|\boldsymbol{p}\|=1$，因此由式（5.12）可得

$$\boldsymbol{p}^{\mathrm{T}}\nabla^2 f\left(\boldsymbol{x}^*\right)\boldsymbol{p}\leqslant 0$$

这与题设 $\nabla^2 f\left(\boldsymbol{x}^*\right)$ 是正定矩阵矛盾，因此假设不成立，从而得到 $\boldsymbol{x}^*$ 是函数 $f\left(\boldsymbol{x}\right)$ 的局部最优解。

定理 5.12（充分必要条件）　假设式（5.10）的目标函数 $f\left(\boldsymbol{x}\right)$ 是可微的凸函数，则点 $\boldsymbol{x}^*\in\mathbf{R}^n$ 是它的全局最优解的充分必要条件为 $\nabla f\left(\boldsymbol{x}^*\right)=\boldsymbol{0}$。

证明： 必要性。因为 $\boldsymbol{x}^*\in\mathbf{R}^n$ 是函数 $f\left(\boldsymbol{x}\right)$ 的全局最优解，当然也是它的一个局部最优解，由定理 5.9 可知，$\nabla f\left(\boldsymbol{x}^*\right)=\boldsymbol{0}$。

充分性。因为函数 $f\left(\boldsymbol{x}\right)$ 是可微的凸函数，所以有

$$f\left(\boldsymbol{x}\right)\geqslant f\left(\boldsymbol{x}^*\right)+\nabla f\left(\boldsymbol{x}^*\right)^{\mathrm{T}}\left(\boldsymbol{x}-\boldsymbol{x}^*\right),\ \forall\boldsymbol{x}\in\mathbf{R}^n$$

又因为 $\nabla f\left(\boldsymbol{x}^*\right)=\boldsymbol{0}$，所以 $f\left(\boldsymbol{x}\right)\geqslant f\left(\boldsymbol{x}^*\right)$，$\forall\boldsymbol{x}\in\mathbf{R}^n$，即 $\boldsymbol{x}^*$ 是函数 $f\left(\boldsymbol{x}\right)$ 的全局最优解。

5.3.2　约束问题的最优性条件

假设 $\boldsymbol{x}=\left(x_1,x_2,\cdots,x_n\right)\in\mathbf{R}^n$，$f\left(\boldsymbol{x}\right),f_i\left(\boldsymbol{x}\right),g_j\left(\boldsymbol{x}\right):\mathbf{R}^n\rightarrow\mathbf{R}$（$i=1,2,\cdots,p,\ j=1,2,\cdots,q$）连续可微，约束问题的一般形式如下。

$$\begin{cases}\min\limits_{\boldsymbol{x}\in\mathbf{R}^n} f\left(\boldsymbol{x}\right)\\ \text{s.t.}\begin{cases}f_i\left(\boldsymbol{x}\right)\leqslant 0,i=1,2,\cdots,p\\ g_j\left(\boldsymbol{x}\right)=0,j=1,2,\cdots,q\end{cases}\end{cases}\tag{5.13}$$

则约束问题的可行域 $\varOmega$ 如下。

$$\varOmega=\left\{\boldsymbol{x}\in\mathbf{R}^n,f_i\left(\boldsymbol{x}\right)\leqslant 0,i=1,2,\cdots,p,g_j\left(\boldsymbol{x}\right)=0,j=1,2,\cdots,q\right\}$$

定理 5.13　假设点 $\boldsymbol{x}^*\in\mathbf{R}^n$ 是式（5.13）的局部最优解，$\varOmega$ 是凸集，则有

$$\nabla f\left(\boldsymbol{x}^*\right)^{\mathrm{T}}\left(\boldsymbol{x}-\boldsymbol{x}^*\right)\geqslant 0,\ \forall\boldsymbol{x}\in\varOmega$$

证明： 假设存在 $\boldsymbol{x}\in\varOmega$，使得 $\nabla f\left(\boldsymbol{x}^*\right)^{\mathrm{T}}\left(\boldsymbol{x}-\boldsymbol{x}^*\right)<0$，根据泰勒公式有，$\forall\ \theta>0$，存在 $t\in[0,1]$，使得

$$f\left(\boldsymbol{x}^*+\theta\left(\boldsymbol{x}-\boldsymbol{x}^*\right)\right)=f\left(\boldsymbol{x}^*\right)+\theta\nabla f\left(\boldsymbol{x}^*+t\theta\left(\boldsymbol{x}-\boldsymbol{x}^*\right)\right)^{\mathrm{T}}\left(\boldsymbol{x}-\boldsymbol{x}^*\right)\tag{5.14}$$

因为函数 $f\left(\boldsymbol{x}\right)$ 连续可微，得到 $\nabla f\left(\boldsymbol{x}\right)$ 连续，所以当 θ 充分小时，根据假设有

$$\theta\nabla f\left(\boldsymbol{x}^*+t\theta\left(\boldsymbol{x}-\boldsymbol{x}^*\right)\right)^{\mathrm{T}}\left(\boldsymbol{x}-\boldsymbol{x}^*\right)<0$$

结合上式与式（5.14）得到

$$f\left(\boldsymbol{x}^*+\theta\left(\boldsymbol{x}-\boldsymbol{x}^*\right)\right)<f\left(\boldsymbol{x}^*\right)$$

这与 $\boldsymbol{x}^*\in\mathbf{R}^n$ 是式（5.13）的局部最优解矛盾，所以假设不成立，从而反证了结论成立。

定理 5.14 假设点 $\boldsymbol{x}^*\in\Omega$，且有

$$\forall\boldsymbol{x}\in\Omega,\ \nabla f\left(\boldsymbol{x}^*\right)^{\mathrm{T}}\left(\boldsymbol{x}-\boldsymbol{x}^*\right)>0$$

则 $\boldsymbol{x}^*$ 是式（5.13）的严格局部最优解①。

证明：假设 $\boldsymbol{x}^*$ 不是式（5.13）的严格局部最优解，则存在 $\boldsymbol{x}^{(k)}\in\Omega$ 使得

$$f\left(\boldsymbol{x}^{(k)}\right)\leqslant f\left(\boldsymbol{x}^*\right)$$

构造点列 $\left\{\boldsymbol{x}^{(k)}\right\}\subset\Omega$，$\boldsymbol{x}^{(k)}\neq\boldsymbol{x}^*,\left\{\boldsymbol{x}^{(k)}\right\}\to\boldsymbol{x}^*$。令 $\boldsymbol{d}^{(k)}=\dfrac{\boldsymbol{x}^{(k)}-\boldsymbol{x}^*}{\|\boldsymbol{x}^{(k)}-\boldsymbol{x}^*\|}$，由于 $\|\boldsymbol{d}^{(k)}\|=1$，因此 $\left\{\boldsymbol{d}^{(k)}\right\}$ 是一个有界序列，必存在收敛子列 $\left\{\boldsymbol{d}^{(k_j)}\right\}$，使得 $\boldsymbol{d}^{(k_j)}\to\boldsymbol{d}\neq\mathbf{0}$。

根据假设有

$$f\left(\boldsymbol{x}^{(k_j)}\right)-f\left(\boldsymbol{x}^*\right)\leqslant 0$$

结合泰勒公式有

$$f\left(\boldsymbol{x}^{(k_j)}\right)-f\left(\boldsymbol{x}^*\right)=\nabla f\left(\boldsymbol{x}^*\right)^{\mathrm{T}}\left(\boldsymbol{x}^{(k_j)}-\boldsymbol{x}^*\right)+R_1\left(\boldsymbol{x}^{(k_j)}\right)\leqslant 0$$

上式中 $R_1\left(\boldsymbol{x}^{(k_j)}\right)$ 是 $\|\boldsymbol{x}^{(k_j)}-\boldsymbol{x}^*\|$ 的高阶无穷小，因此在它两边同时除以 $\|\boldsymbol{x}^{(k_j)}-\boldsymbol{x}^*\|$，并令 $k_j\to\infty$ 得到

$$\nabla f\left(\boldsymbol{x}^*\right)^{\mathrm{T}}\boldsymbol{d}\leqslant 0$$

这与题设矛盾，因此假设不成立，从而 $\boldsymbol{x}^*$ 是式（5.13）的严格局部最优解。

注意：定理 5.11 和定理 5.14 的证明都采用了构造一个点列让它们逼近我们要考虑的最优点，然后根据点列的特性帮助我们进行问题分析的思想，这种思想是最优化理论分析中一种常用、重要的方法。事实上，最优化理论中经典的基于切锥的分析方法的思想是上述逼近思想的拓展，它也是在最优点处对问题的可行域进行一种近似或逼近。

① 严格局部最优解是指局部最优解定义中的不等式严格成立。

如果函数 $f(\boldsymbol{x})$ 是 Ω 上的凸函数，结合定理 5.13 和定理 5.5，可以很容易得到式（5.13）的充分必要条件。

定理 5.15　如果函数 $f(\boldsymbol{x})$ 是 Ω 上的凸函数，Ω 是凸集，那么点 $\boldsymbol{x}^* \in \mathbf{R}^n$ 是式（5.13）局部最优解的充分必要条件为

$$\nabla f(\boldsymbol{x}^*)^{\mathrm{T}}(\boldsymbol{x}-\boldsymbol{x}^*) \geqslant 0,\ \forall \boldsymbol{x} \in \Omega$$

在定理 5.15 给出的约束问题最优性条件中，根据向量的夹角公式可得，$\nabla f(\boldsymbol{x}^*)^{\mathrm{T}}(\boldsymbol{x}-\boldsymbol{x}^*) \geqslant 0$ 表示 $\nabla f(\boldsymbol{x}^*)$ 与向量 $\boldsymbol{x}-\boldsymbol{x}^*$ 之间的夹角小于或等于 90°。此处还是以例 5.2 为例给出定理 5.15 的图形化解释，如图 5.7 所示。

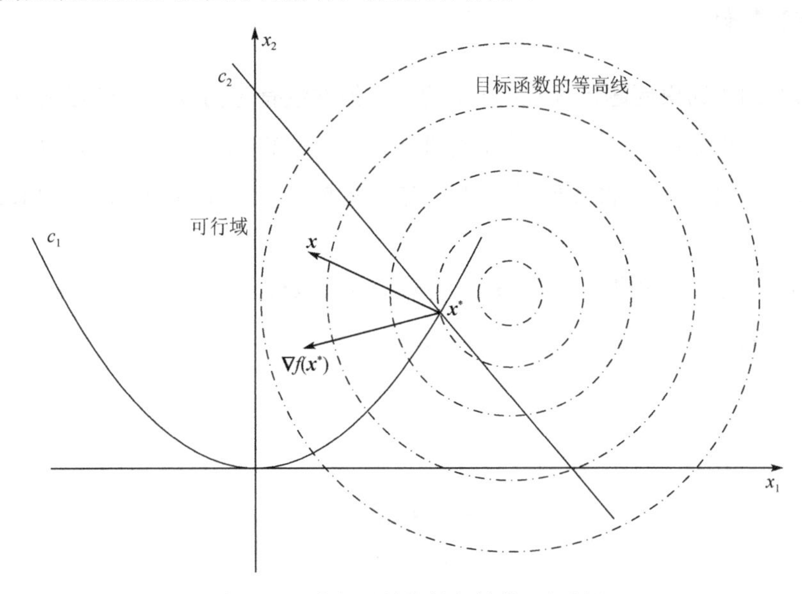

图 5.7　约束问题最优性条件的几何解释

从图 5.7 中可以直观地看到，对于可行域内的任意一点 $\boldsymbol{x}$，$\nabla f(\boldsymbol{x}^*)$ 与向量 $\boldsymbol{x}-\boldsymbol{x}^*$ 之间的夹角小于或等于 90°。定理 5.13 和定理 5.15 中的 Ω 是凸集不能省略，图 5.8 给出了当 Ω 不是凸集时，$\nabla f(\boldsymbol{x}^*)$ 与向量 $\boldsymbol{x}-\boldsymbol{x}^*$ 之间的夹角大于 90° 的示意图。可行域由曲线 c_1 的上半部分构成，是一个非凸集。图 5.8 中示意的点 $\boldsymbol{x}$ 虽然位于可行域内，但最优性条件不成立。

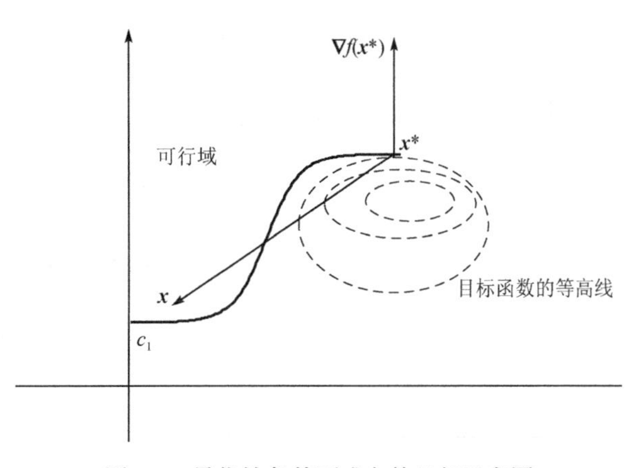

图 5.8　最优性条件不成立的几何示意图

由最优性条件、可行方向和下降方向的定义可知，点 $\boldsymbol{x}^*$ 是式（5.13）在集合 Ω 上的局部最优解，则在点 $\boldsymbol{x}^*$ 处的可行方向一定不是下降方向。人们通常把这一结论作为最优性的几何条件。如果将其写成定理的形式，其表述如下。

定理 5.16 函数 $f(\boldsymbol{x})$ 是集合 Ω 上的可微函数，$\Omega \subset \mathbf{R}^n$ 是非空集合，若点 $\boldsymbol{x}^* \in \Omega$ 是式（5.13）的局部最优解，则 $F_0 \cap D = \varnothing$。其中，集合 F_0 是 $f(\boldsymbol{x})$ 在点 $\boldsymbol{x}^*$ 处的下降方向集合，即 $F_0 = \{\boldsymbol{d} \mid \nabla f(\boldsymbol{x}^*)^{\mathrm{T}} \boldsymbol{d}\}$；集合 D 是集合 Ω 在点 $\boldsymbol{x}^*$ 处所有可行方向组成的集合，也称其为集合 Ω 在点 $\boldsymbol{x}^*$ 处的可行方向锥，即 $D = \left\{\boldsymbol{d} \middle| \boldsymbol{d} \neq \boldsymbol{0}, \boldsymbol{x}^* \in \Omega\text{的闭包}, \exists \alpha > 0, \text{使得} \forall t \in (0, \alpha), \text{有} \boldsymbol{x}^* + t\boldsymbol{d} \in \Omega\right\}$。

5.3.3 KKT 条件

5.3.2 节介绍了约束问题最优性的几何条件，但并没有对构成它的可行域 Ω 的约束函数进行微观分析。事实上，人们可以将最优性的几何条件转化为代数条件，以进行约束问题的最优性条件研究，本节将在此基础上，导出重要的卡罗需-库恩-塔克（Karush-Kuhn-Tucker，KKT）条件。

首先给出有效约束的概念。式（5.13）在点 $\boldsymbol{x} \in \Omega$ 处满足 $f_i(\boldsymbol{x}) = 0$，$g_j(\boldsymbol{x}) = 0$ 的约束称为点 $\boldsymbol{x}$ 处的有效约束[①]。有效约束的指标集记为 $I(\boldsymbol{x})$。

为方便用代数形式表示 $I(\boldsymbol{x})$，式（5.13）的约束标号需要用不同的整数区分开，即

$$\begin{cases} \min\limits_{\boldsymbol{x} \in \mathbf{R}^n} f(\boldsymbol{x}) \\ \text{s.t.} \begin{cases} f_i(\boldsymbol{x}) \leqslant 0, i = 1, 2, \cdots, p \\ g_j(\boldsymbol{x}) = 0, j = p+1, p+2, \cdots, p+q \end{cases} \end{cases} \tag{5.15}$$

并且记 $A(\boldsymbol{x}) = \{i | f_i(\boldsymbol{x}) = 0, i = 1, 2, \cdots, p\}$，因此，式（5.15）的有效约束指标集是

$$I(\boldsymbol{x}) = A(\boldsymbol{x}) \cup \{j \mid g_j(\boldsymbol{x}) = 0, j = p+1, p+2, \cdots, p+q\}$$

例 5.3 考虑如下约束问题。

$$\min_{\boldsymbol{x} \in \mathbf{R}^2} (x_1 - 1)^2 + x_2^3$$

$$\text{s.t. } 3x_1 + x_2 - 10 \leqslant 0$$

$$0 \leqslant x_1 \leqslant 3$$

① 很多教材中最优性条件的讲解是从只有不等式约束问题过渡到一般的既有不等式约束又有等式约束的问题，因此它们定义有效约束时往往只考虑不等式约束，本书将一起考虑，显然等式约束都是有效约束。

$$0 \leqslant x_2 \leqslant 2$$

解：以上约束问题的标准形式是[①]

$$\min_{x \in \mathbf{R}^2} (x_1 - 1)^2 + x_2^3$$

$$\text{s.t. } 3x_1 + x_2 - 10 \leqslant 0 \quad ①$$

$$-x_1 \leqslant 0 \quad ②$$

$$x_1 - 3 \leqslant 0 \quad ③$$

$$-x_2 \leqslant 0 \quad ④$$

$$x_2 - 2 \leqslant 0 \quad ⑤$$

该问题的有效约束指数集示意图如图 5.9 所示。从图 5.9 中可以看出可行点 $O = (0,0)^{\mathrm{T}}$ 处的有效约束是该问题的第二个和第四个约束，因此 $I(O) = \{2,4\}$；可行点 $A = (3,2)^{\mathrm{T}}$ 处的有效约束是该问题的第一个和第三个约束，因此 $I(A) = \{1,3\}$；可行点 $B = (0,2)^{\mathrm{T}}$ 处的有效约束是该问题的第二个和第五个约束，因此 $I(B) = \{2,5\}$。

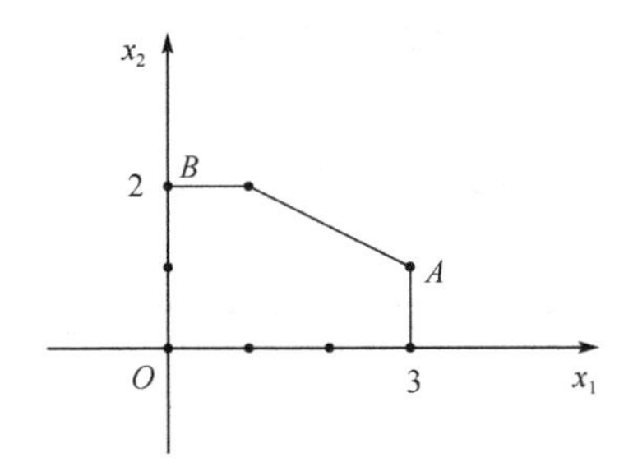

图 5.9　有效约束指标集示意图

定理 5.17（弗里茨·约翰条件）　假设式（5.15）的目标函数 $f(\boldsymbol{x})$ 和约束函数 $f_i(\boldsymbol{x})$（$i = 1,2,\cdots,p$）、$g_j(\boldsymbol{x})$（$j = p+1, p+2,\cdots,p+q$）在点 $\boldsymbol{x}^*$ 处连续可微。若点 $\boldsymbol{x}^*$ 是局部最优解，则存在不全为零的数，$\lambda_0 \geqslant 0$，$\lambda_i \geqslant 0$，$i \in A(\boldsymbol{x}^*)$ 和 μ_j（$j \in p+1, p+2,\cdots,p+q$），使得

$$\lambda_0 \nabla f(\boldsymbol{x}^*) + \sum_{i \in A(\boldsymbol{x}^*)} \lambda_i \nabla f_i(\boldsymbol{x}^*) + \sum_{j=p+1}^{p+q} \mu_j \nabla g_j(\boldsymbol{x}^*) = \mathbf{0} \tag{5.16}$$

定理 5.17 是式（5.15）的一个一阶必要条件，并且是一个适用范围很广的一阶必要条件，它没有对构成约束问题约束集的函数给出任何限制。实际上有了这个一般的定理后，由它的结论也很容易推导出最常用的 KKT 条件。这里没有给出定理 5.17 的证明，因为它

① 约束后面的标号是为了方便读者理解有效约束指标集的，可以不需要。

不是本节的重点，关于它的证明方法很多优化理论的教材都有，并且从不同的角度给出证明，具体内容见文献[11]。

根据定理 5.17 可得，式（5.16）中的λ_0可能为 0，但如果λ_0为 0 将导致式（5.16）左边第一项为 0，这样式（5.16）中将不包含目标函数的任何信息，这将使得定理的意义不大。因此，有必要在定理 5.17 的基础上对约束函数添加一些限制条件，这些限制条件通常称为约束规范。约束规范有很多种，最常见的约束规范包括线性独立约束规范和 Slater 约束规范。

拉格朗日乘子的定义

函数$L(x,\boldsymbol{\lambda},\boldsymbol{\mu})=f(x)+\sum_{i\in A(x)}\lambda_i f_i(x)+\sum_{j=p+1}^{p+q}\mu_j g_j(x)$称为式（5.15）的拉格朗日函数，其中$\boldsymbol{\lambda}$和$\boldsymbol{\mu}$是由$\lambda_i$（$i\in A(x)$）和$\mu_j$（$j=p+1,p+2,\cdots,p+q$）构成的向量，称为拉格朗日乘子①。

定理 5.18（KKT 条件） 假设式（5.15）的目标函数$f(\boldsymbol{x})$和约束函数$f_i(\boldsymbol{x})$（$i=1,2,\cdots,p$）、$g_j(\boldsymbol{x})$（$j=p+1,p+2,\cdots,p+q$）在点$\boldsymbol{x}^*$处连续可微。向量集$\left\{\nabla f_i(\boldsymbol{x}^*),\nabla g_j(\boldsymbol{x}^*)\mid i\in A(\boldsymbol{x}^*),j=p+1,p+2,\cdots,p+q\right\}$线性无关。若点$\boldsymbol{x}^*$是局部最优解，则存在常数$\lambda_i\geqslant 0$（$i\in A(\boldsymbol{x}^*)$）和$\mu_j$（$j=p+1,p+2,\cdots,p+q$），使得

$$\nabla f(\boldsymbol{x}^*)+\sum_{i\in A(\boldsymbol{x}^*)}\lambda_i\nabla f_i(\boldsymbol{x}^*)+\sum_{j=p+1}^{p+q}\mu_j\nabla g_j(\boldsymbol{x}^*)=\boldsymbol{0} \tag{5.17}$$

证明： 根据定理 5.17 有，存在不全为零的数$\lambda_0\geqslant 0$、$\alpha_i\geqslant 0$（$i\in A(\boldsymbol{x}^*)$）和β_j（$j\in p+1,p+2,\cdots,p+q$），使得

$$\lambda_0\nabla f(\boldsymbol{x}^*)+\sum_{i\in A(\boldsymbol{x}^*)}\alpha_i\nabla f_i(\boldsymbol{x}^*)+\sum_{j=p+1}^{p+q}\beta_j\nabla g_j(\boldsymbol{x}^*)=\boldsymbol{0} \tag{5.18}$$

又因为向量集$\left\{\nabla f_i(\boldsymbol{x}^*),\nabla g_j(\boldsymbol{x}^*)\mid i\in A(\boldsymbol{x}^*),j=p+1,p+2,\cdots,p+q\right\}$线性无关可得$\lambda_0\neq 0$，否则如果$\lambda_0=0$，代入式(5.18)可得向量集$\left\{\nabla f_i(\boldsymbol{x}^*),\nabla g_j(\boldsymbol{x}^*)\mid i\in A(\boldsymbol{x}^*),j=p+1,p+2,\cdots,p+q\right\}$线性相关，与题设矛盾。于是，将式（5.18）两边同时除以λ_0得到

$$\nabla f(\boldsymbol{x}^*)+\sum_{i\in A(\boldsymbol{x}^*)}\frac{\alpha_i}{\lambda_0}\nabla f_i(\boldsymbol{x}^*)+\sum_{j=p+1}^{p+q}\frac{\beta_j}{\lambda_0}\nabla g_j(\boldsymbol{x}^*)=\boldsymbol{0}$$

在上式中，令$\lambda_i=\dfrac{\alpha_i}{\lambda_0}$（$i\in A(\boldsymbol{x}^*)$），$\mu_j=\dfrac{\beta_j}{\lambda_0}$（$j\in p+1,p+2,\cdots,p+q$）得到

---

① 也有作者称之为拉格朗日乘数。

$$\nabla f\left(\boldsymbol{x}^{*}\right)+\sum_{i\in A\left(\boldsymbol{x}^{*}\right)}\lambda_{i}\nabla f_{i}\left(\boldsymbol{x}^{*}\right)+\sum_{j=p+1}^{p+q}\mu_{j}\nabla g_{j}\left(\boldsymbol{x}^{*}\right)=\mathbf{0}$$

于是结论得证。

在 KKT 条件中，由于$i\in A\left(\boldsymbol{x}^{*}\right)$时，$f_{i}\left(\boldsymbol{x}^{*}\right)=0$，有$\lambda_{i}f_{i}\left(\boldsymbol{x}^{*}\right)=0$；如果当$i\notin A\left(\boldsymbol{x}^{*}\right)$时，令$\lambda_{i}=0$，也有$\lambda_{i}f_{i}\left(\boldsymbol{x}^{*}\right)=0$，于是式（5.17）可以写成如下的等价形式。

$$\begin{cases}\nabla f\left(\boldsymbol{x}^{*}\right)+\sum_{i=1}^{p}\lambda_{i}\nabla f_{i}\left(\boldsymbol{x}^{*}\right)+\sum_{j=p+1}^{p+q}\mu_{j}\nabla g_{j}\left(\boldsymbol{x}^{*}\right)=\mathbf{0}\\ f_{i}\left(\boldsymbol{x}^{*}\right)\leqslant 0,\ i=1,2,\cdots,p\\ \lambda_{i}f_{i}\left(\boldsymbol{x}^{*}\right)=0,\ i=1,2,\cdots,p\\ \lambda_{i}\geqslant 0,\ i=1,2,\cdots,p\\ g_{j}\left(\boldsymbol{x}^{*}\right)=0,\ j=p+1,p+2,\cdots,p+q\end{cases}\tag{5.19}$$

上式称为 KKT 条件。其中式（5.19）中的第三式又称为互补松弛条件，第一式也可以等价地写为$\nabla_{\boldsymbol{x}}L\left(\boldsymbol{x}^{*},\boldsymbol{\lambda},\boldsymbol{\mu}\right)=\mathbf{0}$，$L\left(\boldsymbol{x},\boldsymbol{\lambda},\boldsymbol{\mu}\right)$是式（5.15）的拉格朗日函数。

5.4　梯度下降法

梯度下降法是法国著名数学家柯西提出的，该方法经常用来求解无约束问题的最小值，是最优化理论与算法中最基础性的内容。

5.4.1　最速下降方向

求解无约束问题最小值的普遍思路是，根据上面介绍的迭代下降算法，先从一个初始点出发，找到一个与该初始点相关的局部下降方向，让目标函数值减小，然后寻找一个新的下降方向，这样不断迭代，一直到目标函数值变化很小或满足迭代终止条件，从而得到无约束问题的局部最小值。这个思路的核心问题是确定目标函数下降方向，人们希望每次迭代时目标函数值下降最快，就是希望找到一个最优的下降方向，使得目标函数值沿着该方向下降最快。那么这样的最优下降方向是否存在？答案是肯定的。这个最优下降方向就是目标函数的负梯度方向，也称为最速下降方向。为什么称负梯度方向是最速下降方向呢？下面将给出详细的分析和理论解释。

考虑以下无约束问题。

$$\min_{\boldsymbol{x}\in\mathbf{R}^{n}}f\left(\boldsymbol{x}\right)\tag{5.20}$$

式中，目标函数 $f(\boldsymbol{x})$ 是连续可微的。

根据第 2 章介绍的方向导数的概念可知，最速下降方向就是目标函数 $f(\boldsymbol{x})$ 在某点变化率最大的方向。根据方向导数与梯度的关系可知，对一个任意的非零向量 $\boldsymbol{d}$，函数 $f(\boldsymbol{x})$ 在点 $\boldsymbol{x}$ 处沿方向向量 $\boldsymbol{d}$ 的方向导数 $\mathrm{D}f(\boldsymbol{x};\boldsymbol{d})$ 与它在点 $\boldsymbol{x}$ 处梯度之间的关系是

$$\mathrm{D}f(\boldsymbol{x};\boldsymbol{d})=\nabla f(\boldsymbol{x})^{\mathrm{T}}\boldsymbol{d}$$

这样有

$$\mathrm{D}f(\boldsymbol{x};\boldsymbol{d})=\nabla f(\boldsymbol{x})^{\mathrm{T}}\boldsymbol{d}$$

根据向量夹角公式，得到

$$\mathrm{D}f(\boldsymbol{x};\boldsymbol{d})=\nabla f(\boldsymbol{x})^{\mathrm{T}}\boldsymbol{d}=\|\nabla f(\boldsymbol{x})\|\|\boldsymbol{d}\|\cos\theta$$

式中，θ 是梯度 $\nabla f(\boldsymbol{x})$ 与方向向量 $\boldsymbol{d}$ 的夹角。为了使目标函数 $f(\boldsymbol{x})$ 在某点的变化率最大，就是要使得上式右边最大，于是得到当 θ 是 0° 时，即方向向量与梯度方向相同时，函数值上升最快；当 θ 是 180° 时，即方向向量与梯度方向相反时，函数值下降最快。由于式(5.20)是求解最小值，因此函数的最优下降方向是负梯度方向，这就是把负梯度方向称为最速下降方向的原因。下面采用更为严格的理论分析，求出最速下降方向就是负梯度方向。

根据方向导数与梯度的关系，求目标函数 $f(\boldsymbol{x})$ 在某点处的最速下降方向，可以归结为求解以下优化问题。

$$\begin{cases}\min\limits_{\boldsymbol{x}\in\mathbf{R}^n} f(\boldsymbol{x})^{\mathrm{T}}\boldsymbol{d}\\ \text{s.t. } \|\boldsymbol{d}\|\leqslant 1\end{cases}$$

以上优化问题的解很容易求出。根据施瓦茨不等式有

$$\left|\nabla f(\boldsymbol{x})^{\mathrm{T}}\boldsymbol{d}\right|\leqslant\|\nabla f(\boldsymbol{x})\|\|\boldsymbol{d}\|\leqslant\|\nabla f(\boldsymbol{x})\|$$

即有

$$\nabla f(\boldsymbol{x})^{\mathrm{T}}\boldsymbol{d}\geqslant-\|\nabla f(\boldsymbol{x})\|$$

利用 $\nabla f(\boldsymbol{x})^{\mathrm{T}}\nabla f(\boldsymbol{x})=\|\nabla f(\boldsymbol{x})\|^2$，很容易得到，当 $\boldsymbol{d}=-\dfrac{\nabla f(\boldsymbol{x})}{\|\nabla f(\boldsymbol{x})\|}$ 时，上式的等号成立。因此可得，负梯度方向是最速下降方向。

这里要说明的是，上面的最速下降方向是针对欧氏空间最常用的 2-范数讨论的。读者可以针对不同的范数讨论最速下降方向，具体内容见文献[9]。

5.4.2 梯度下降算法

5.4.1 节介绍了最速下降方向就是目标函数的负梯度方向。因此，求解无约束问题的梯度下降算法的步骤如算法 5.3 所示。

算法 5.3 梯度下降算法
选取初始点 $\boldsymbol{x}^0$；设置算法终止条件或精度 ε 重复迭代 （1）计算搜索方向 $\boldsymbol{d}^k=-\nabla f\left(\boldsymbol{x}^k\right)$ （2）固定搜索方向 $\boldsymbol{d}^k$，确定迭代步长 $\alpha_k>0$，其可通过精确设置或一维线搜索获得。已知迭代步长后即求解以下优化问题。 $$\min_{\alpha\in\mathbf{R}} f\left(\boldsymbol{x}^k+\alpha\boldsymbol{d}^k\right)$$ （3）令 $\boldsymbol{x}^{k+1}=\boldsymbol{x}^k+\alpha_k\boldsymbol{d}^k$ 直到迭代点列收敛于全局最优解、满足某种终止条件或 $\\|\boldsymbol{d}\\|\leqslant\varepsilon$，输出 $\boldsymbol{x}^{k+1}$

梯度下降算法中的最速下降方向反映了目标函数的一种局部性质，该算法是一阶收敛的。当接近局部最小值时，由于梯度变得比较小，算法的收敛速度会变慢，迭代点列 $\{\boldsymbol{x}^k\}$ 路径会出现“之”字形的锯齿，从全局来看，算法的收敛速度大为减慢。之所以会出现“之”字形锯齿是因为算法中相邻两个搜索方向是正交的，该原因可以从以下内容得到验证。

令 $\varphi(\alpha)=f\left(\boldsymbol{x}^k+\alpha\boldsymbol{d}^k\right)$，$\boldsymbol{d}^k=-\nabla f\left(\boldsymbol{x}^k\right)$，从点 $\boldsymbol{x}^k$ 出发，沿着搜索方向 $\boldsymbol{d}^k$ 确定迭代步长 α_k，即令 $\varphi(\alpha)$ 的导数为零，有

$$\varphi'(\alpha)=\nabla f\left(\boldsymbol{x}^k+\alpha_k\boldsymbol{d}^k\right)^{\mathrm{T}}\boldsymbol{d}^k=0$$

故

$$-\nabla f\left(\boldsymbol{x}^{k+1}\right)^{\mathrm{T}}\nabla f\left(\boldsymbol{x}^k\right)=0$$

上式说明在梯度下降算法中，搜索方向 $\boldsymbol{d}^{k+1}=-\nabla f\left(\boldsymbol{x}^{k+1}\right)$ 与搜索方向 $\boldsymbol{d}^k=-\nabla f\left(\boldsymbol{x}^k\right)$ 正交，这就表明迭代点列会出现“之”字形的锯齿。

梯度下降算法在迭代过程中只计算了函数在当前点的梯度值，具有计算量小的优点。梯度下降算法的终止条件一般设置为梯度满足一定的精度，即 $\|\nabla f\left(\boldsymbol{x}^k\right)\|\leqslant\varepsilon$ 时，算法终止迭代。梯度下降算法中的迭代步长在机器学习中也被称为学习速率，它的设置对算法的收敛性有很大的影响。一般情况下迭代步长可以设置为比较小的固定常数，以保证 $\boldsymbol{x}^k+\alpha_k\boldsymbol{d}^k$ 在 $\boldsymbol{x}^k$ 的邻域内，也可以按算法 5.3 中第（2）步那样求出最优的迭代步长。在欧氏空间下，采用 2-范数，这时的梯度下降算法也称为最速下降算法，因为这时的最速下降方向就是目

标函数的负梯度方向。在机器学习，特别是深度学习中，由于模型比较复杂，逼近的目标函数一般是非凸函数，迭代步长的设置比较复杂，一般采用动态调整的策略。

5.4.3 随机梯度下降算法

在深度学习中，广泛使用的是随机梯度下降算法（Stochastic Gradient Descent，SGD）。一般需要先根据原始模型的输出与期望的输出构建损失函数，然后通过优化算法对损失函数进行优化，使得模型在训练数据集上损失函数的值最小，以便找到模型最优的参数。在求解深度网络模型参数中，使用最多的算法是梯度下降算法的一种变种，称为随机梯度下降算法。由于深度学习中训练样本的数量比较大，因此需要对训练样本进行随机采样和分块，每次只是随机地抽取一个样本或一批样本，根据该样本或该批样本得到的损失误差值来更新模型参数，这就是随机梯度下降算法的基本思路。

在机器学习中，假设有 N 个训练样本 (x_i, y_i)，$i=1,2,\cdots,N$，损失函数 $L(\boldsymbol{w})$ 在训练样本上的平均损失定义是

$$L(\boldsymbol{w})=\frac{1}{N}\sum_{i=1}^{N}L(\boldsymbol{w},x_i,y_i)$$

式中，$\boldsymbol{w}$ 是机器学习模型要学习的参数；$L(\boldsymbol{w},x_i,y_i)$ 是对单个训练样本 (x_i,y_i) 的损失。如果采样梯度下降算法对模型进行训练，那么每次更新模型参数用到的梯度是 $\nabla L(\boldsymbol{w})=\frac{1}{N}\sum_{i=1}^{N}\nabla L(\boldsymbol{w},x_i,y_i)$，这说明每次计算损失函数的梯度时，要先计算每个训练样本损失函数的梯度，然后计算它们的平均值。但是，当训练样本比较大时，如果每次都对所有训练样本进行梯度计算，那么会导致计算时间和内存开销都比较大，甚至不可行。因此，随机梯度下降算法对梯度下降算法进行了改进，每次仅仅随机抽取一个样本或一批样本来估计当前梯度，这样计算速度快，内存开销小。但是这样计算的梯度不是真正的最速下降方向，而是最速下降方向的近似。正是由于随机梯度下降算法每次计算的梯度有一定的误差，因此该算法中每次的搜索方向不一定是下降方向，这样会导致迭代过程中损失函数下降曲线出现一些波动，有时甚至会出现不收敛的可能性，但是在实际使用中效果比较好。随机梯度下降算法的步骤如算法 5.4 所示。

算法 5.4 随机梯度下降算法

给定 N 个训练样本 (x_i,y_i)，$i=1,2,\cdots,N$，模型对每个样本的损失函数是 $L(\boldsymbol{w},x_i,y_i)$，模型参数 $\boldsymbol{w}$ 的初始值是 $\boldsymbol{w}^0$，迭代步长 $\alpha>0$，块大小变量是 batchsize，设置算法终止条件或训练轮数是 n_ epoch

重复迭代

（1）随机打乱训练样本

（2）将打乱的训练样本分割为 $\frac{N}{\text{batchsize}}$ 个数据块[1]

重复迭代

（3）每次从数据块中取一个数据块，即获取 batchsize 个训练样本，根据这些训练样本按下式估计梯度。

$$\nabla L(\boldsymbol{w})=\frac{1}{\text{batchsize}}\sum_{i=1}^{\text{batchsize}}\nabla L(\boldsymbol{w},x_i,y_i)$$

（4）根据估计的梯度，按下式更新模型参数 $\boldsymbol{w}$ 。

$$\boldsymbol{w}^{k+1}=\boldsymbol{w}^{k}-\alpha\nabla L(\boldsymbol{w})$$

直到取完所有数据块

直到满足算法终止条件或训练轮数n_epoch，输出 $\boldsymbol{w}^{\text{n\_epoch}}$

在算法 5.4 中，如果 batchsize 大小设置为 1，那么该算法就是随机梯度下降算法，否则该算法就是批量梯度下降（Batch Gradient Descent，BGD）算法，当 batchsize 大小设置比较小时，批量梯度下降算法又称为小批量梯度下降算法。在算法 5.4 中，迭代步长α一般称为学习速率，它对算法的稳定性有很大的影响。学习速率的设置方法见文献[12]。

5.5　牛顿法

5.5.1　牛顿法的定义

梯度下降算法是一阶收敛算法，它只利用了目标函数的梯度信息，当靠近局部最优解时，由于梯度变小，算法收敛速度会变慢。如果目标函数是二次连续可微的，利用目标函数的二阶导数信息如牛顿法及其改进算法，可以加快算法收敛速度。

牛顿法的基本思想是，若目标函数 $f(\boldsymbol{x})$ 是二次连续可微的，则可以用目标函数 $f(\boldsymbol{x})$ 的二阶泰勒展开式近似代替目标函数，这样近似目标函数为二次函数，并通过令近似目标函数梯度为零向量，得到搜索方向。

假设目标函数 $f(\boldsymbol{x})$ 是二次连续可微的，$\boldsymbol{x}\in\mathbf{R}^n$，由于直接计算 $\nabla f(\boldsymbol{x})=\mathbf{0}$ 往往比较困难，因此对目标函数在点 $\boldsymbol{x}^*$ 处进行泰勒展开，并丢掉最后面的高阶项，得到目标函数的二阶近似是

① 这里假定 $\frac{N}{\text{batchsize}}$ 刚好为一个整数。

$$f(\boldsymbol{x}) \approx f(\boldsymbol{x}^*) + \nabla f(\boldsymbol{x}^*)^{\mathrm{T}}(\boldsymbol{x}-\boldsymbol{x}^*) + \frac{1}{2}(\boldsymbol{x}-\boldsymbol{x}^*)^{\mathrm{T}}\nabla^2 f(\boldsymbol{x}^*)(\boldsymbol{x}-\boldsymbol{x}^*)$$

对上式两边求关于自变量$\boldsymbol{x}$的梯度，得到

$$\nabla f(\boldsymbol{x}) \approx \nabla f(\boldsymbol{x}^*) + \nabla^2 f(\boldsymbol{x}^*)(\boldsymbol{x}-\boldsymbol{x}^*) \tag{5.21}$$

令上式右边等于零向量，得到

$$\boldsymbol{x} = \boldsymbol{x}^* - \left(\nabla^2 f(\boldsymbol{x}^*)\right)^{-1}\nabla f(\boldsymbol{x}^*) \tag{5.22}$$

式中，$\left(\nabla^2 f(\boldsymbol{x}^*)\right)^{-1}$是黑塞矩阵$\nabla^2 f(\boldsymbol{x}^*)$的逆矩阵，此处假定式（5.21）中的黑塞矩阵是可逆的。于是，根据式（5.22）有，如果从任意一点$\boldsymbol{x}^k$出发，可以根据下式迭代，得到$\boldsymbol{x}^{k+1}$。

$$\boldsymbol{x}^{k+1} = \boldsymbol{x}^k - \left(\nabla^2 f(\boldsymbol{x}^k)\right)^{-1}\nabla f(\boldsymbol{x}^k)$$

牛顿法的步骤如算法 5.5 所示。

算法 5.5　牛顿法

选取初始点$\boldsymbol{x}^0$，令$k=0$，设置算法终止条件或精度$\varepsilon>0$

重复迭代

（1）计算当前点$\boldsymbol{x}^k$处的梯度$\nabla f(\boldsymbol{x}^k)$，如果$\|\nabla f(\boldsymbol{x}^k)\|\leqslant\varepsilon$，终止迭代；否则计算当前点$\boldsymbol{x}^k$处的黑塞矩阵$\nabla^2 f(\boldsymbol{x}^k)$，求出搜索方向$\boldsymbol{d}^k=-\left(\nabla^2 f(\boldsymbol{x}^k)\right)^{-1}\nabla f(\boldsymbol{x}^k)$

（2）按下式更新$\boldsymbol{x}^k$，得到迭代点$\boldsymbol{x}^{k+1}$。

$$\boldsymbol{x}^{k+1} = \boldsymbol{x}^k + \boldsymbol{d}^k$$

直到满足算法终止条件

牛顿法是利用泰勒公式对目标函数在当前点$\boldsymbol{x}^k$的邻域内进行二次近似，为了保证$\boldsymbol{x}^k+\boldsymbol{d}^k$在当前点$\boldsymbol{x}^k$的邻域内，该算法中增加了迭代步长$\alpha>0$。添加了迭代步长的算法称为阻尼牛顿法。迭代步长$\alpha>0$可以设置为固定大小的常数，也可以用一维搜索方法求出。阻尼牛顿法的步骤如算法 5.6 所示。

算法 5.6　阻尼牛顿法

选取初始点$\boldsymbol{x}^0$，迭代步长$\alpha>0$，令$k=0$，设置算法终止条件或精度$\varepsilon>0$

重复迭代

（1）计算当前点$\boldsymbol{x}^k$处的梯度$\nabla f(\boldsymbol{x}^k)$，如果$\|\nabla f(\boldsymbol{x}^k)\|\leqslant\varepsilon$，终止迭代；否则计算当前点$\boldsymbol{x}^k$处的黑塞矩阵$\nabla^2 f(\boldsymbol{x}^k)$，求出搜索方向$\boldsymbol{d}^k=-\left(\nabla^2 f(\boldsymbol{x}^k)\right)^{-1}\nabla f(\boldsymbol{x}^k)$

（2）按下式更新 $\boldsymbol{x}^k$，得到迭代点 $\boldsymbol{x}^{k+1}$。

$$\boldsymbol{x}^{k+1} = \boldsymbol{x}^k + \alpha \boldsymbol{d}^k$$

直到满足算法终止条件

牛顿法中的搜索方向也称为牛顿方向。由于牛顿法利用目标函数的二阶导数信息，收敛速度较梯度下降算法更快，并且牛顿法是先对目标函数进行二次近似后，再令梯度为零向量，从而得到的迭代关系，因此对于凸二次函数，牛顿法经过一次迭代就找到了局部最优解[11]。

设凸二次函数 $f(x) = \frac{1}{2}\boldsymbol{x}^{\mathrm{T}}\boldsymbol{A}\boldsymbol{x} + \boldsymbol{b}^{\mathrm{T}}\boldsymbol{x} + c$，其中 $\boldsymbol{A}$ 是对称正定矩阵。

令 $f(\boldsymbol{x})$ 的梯度为零向量，有

$$\nabla f(\boldsymbol{x}) = \boldsymbol{A}\boldsymbol{x} + \boldsymbol{b} = \boldsymbol{0}$$

得到最优解是

$$\boldsymbol{x}^* = -\boldsymbol{A}^{-1}\boldsymbol{b}$$

如果采用牛顿法求解该问题，取任意的初始点 $\boldsymbol{x}^0$，有

$$\boldsymbol{x}^1 = \boldsymbol{x}^0 + \boldsymbol{d}^0 = \boldsymbol{x}^0 - \left(\nabla^2 f\left(\boldsymbol{x}^0\right)\right)^{-1} \nabla f\left(\boldsymbol{x}^0\right) = \boldsymbol{x}^0 - \boldsymbol{A}^{-1}\left(\boldsymbol{A}\boldsymbol{x}^0 + \boldsymbol{b}\right) = -\boldsymbol{A}^{-1}\boldsymbol{b}$$

从上式可得，采用牛顿法，迭代一次就得到了局部最优解。这说明牛顿法在收敛性上具有较好的性质。但是，当初始点远离局部最优解的点时，牛顿法也有可能不收敛，这是因为搜索方向不一定是下降方向。牛顿法也存在计算量比较大的缺陷，因为牛顿法需要计算当前点的梯度、黑塞矩阵和黑塞矩阵的逆矩阵。并且牛顿法也可能面临黑塞矩阵不可逆或近似不可逆的情况。针对牛顿法的缺陷和可能存在的问题，目前存在许多改进的牛顿法，最经典的就是拟牛顿法。

5.5.2 拟牛顿法的定义

拟牛顿法是对牛顿法的改进，它代表一系列算法。在原始的牛顿法中，需要先求出黑塞矩阵 $\nabla^2 f\left(\boldsymbol{x}^k\right)$，然后求它的逆矩阵，最后进行更新得到新的点 $\boldsymbol{x}^{k+1}$。拟牛顿法的基本思想：不直接求精确的黑塞矩阵，而是对黑塞矩阵或黑塞矩阵的逆矩阵进行近似，用构造的近似矩阵进行牛顿法迭代，不同的构造方法会产生不同的拟牛顿法。下面介绍两个最经典的拟牛顿法，即 DFP 算法和 BFGS 算法，在介绍这两个算法之前，本节将先介绍拟牛顿条件。

1．拟牛顿条件

假设目标函数 $f(\boldsymbol{x})$ 是二次连续可微的，$\boldsymbol{x}\in\mathbf{R}^n$，根据泰勒公式有

$$f(\boldsymbol{x})\approx f(\boldsymbol{x}^k)+\nabla f(\boldsymbol{x}^k)^{\mathrm{T}}(\boldsymbol{x}-\boldsymbol{x}^k)+\frac{1}{2}(\boldsymbol{x}-\boldsymbol{x}^*)^{\mathrm{T}}\nabla^2 f(\boldsymbol{x}^k)(\boldsymbol{x}-\boldsymbol{x}^k)$$

对上式两边取 $\boldsymbol{x}$ 的梯度，有

$$\nabla f(\boldsymbol{x})\approx\nabla f(\boldsymbol{x}^k)+\nabla^2 f(\boldsymbol{x}^k)(\boldsymbol{x}-\boldsymbol{x}^k)$$

取 $\boldsymbol{x}=\boldsymbol{x}^{k+1}$ 得到

$$\nabla f(\boldsymbol{x}^{k+1})-\nabla f(\boldsymbol{x}^k)\approx\nabla^2 f(\boldsymbol{x}^k)(\boldsymbol{x}^{k+1}-\boldsymbol{x}^k)$$

为了简化计算表达式，令 $\boldsymbol{g}_k=\nabla f(\boldsymbol{x}^k)$，$\boldsymbol{H}_k=\nabla^2 f(\boldsymbol{x}^k)$，有

$$\boldsymbol{g}_{k+1}-\boldsymbol{g}_k\approx\boldsymbol{H}_k(\boldsymbol{x}^{k+1}-\boldsymbol{x}^k)$$

令 $\boldsymbol{\delta}_k=\boldsymbol{x}^{k+1}-\boldsymbol{x}^k$，$\boldsymbol{y}_k=\boldsymbol{g}_{k+1}-\boldsymbol{g}_k$，得到

$$\boldsymbol{y}_k=\boldsymbol{H}_k\boldsymbol{\delta}_k \quad \text{或} \quad \boldsymbol{\delta}_k\approx\boldsymbol{H}_k^{-1}\boldsymbol{y}_k \tag{5.23}$$

上式称为拟牛顿条件。拟牛顿条件是用来构造近似黑塞矩阵或黑塞矩阵逆矩阵时需要满足的条件。

2．DFP 算法

DFP 算法的基本思想是对黑塞矩阵的逆矩阵 $\boldsymbol{H}_k^{-1}$ 进行近似。假设用矩阵 $\boldsymbol{G}_k$ 作为逆矩阵 $\boldsymbol{H}_k^{-1}$ 的近似矩阵，令它的初始值是单位矩阵 $\boldsymbol{I}$，按下式对矩阵 $\boldsymbol{G}_k$ 进行迭代。

$$\boldsymbol{G}_{k+1}=\boldsymbol{G}_k+\boldsymbol{E}_k \tag{5.24}$$

式中，$\boldsymbol{E}_k$ 是校正矩阵，其表达式为

$$\boldsymbol{E}_k=\alpha_k\boldsymbol{u}_k\boldsymbol{u}_k^{\mathrm{T}}+\beta_k\boldsymbol{v}_k\boldsymbol{v}_k^{\mathrm{T}} \tag{5.25}$$

式中，$\boldsymbol{u}_k$ 和 $\boldsymbol{v}_k$ 是两个待定向量；α_k 和 β_k 是两个待定系数。由于黑塞矩阵是对称矩阵，因此人们希望构造的矩阵 $\boldsymbol{G}_k$ 也是对称矩阵，根据式（5.24）和式（5.25）可得构造的矩阵 $\boldsymbol{G}_k$ 是对称矩阵。

下面将给出待定向量和待定系数的具体推导过程。根据拟牛顿条件和式（5.24）有

$$(\boldsymbol{G}_k+\boldsymbol{E}_k)\boldsymbol{y}_k=\boldsymbol{\delta}_k$$

所以有

$$\boldsymbol{E}_k\boldsymbol{y}_k = \boldsymbol{\delta}_k - \boldsymbol{G}_k\boldsymbol{y}_k$$

将式（5.25）代入上式得到

$$(\alpha_k\boldsymbol{u}_k\boldsymbol{u}_k^{\mathrm{T}} + \beta_k\boldsymbol{v}_k\boldsymbol{v}_k^{\mathrm{T}})\boldsymbol{y}_k = \boldsymbol{\delta}_k - \boldsymbol{G}_k\boldsymbol{y}_k$$

整理上式得到

$$\alpha_k\boldsymbol{u}_k\boldsymbol{u}_k^{\mathrm{T}}\boldsymbol{y}_k + \beta_k\boldsymbol{v}_k\boldsymbol{v}_k^{\mathrm{T}}\boldsymbol{y}_k = \boldsymbol{\delta}_k - \boldsymbol{G}_k\boldsymbol{y}_k$$

上式可能有多个解，但此处可以取一些特殊情况来满足上式，以便求出待定向量和待定系数。因此，令

$$\alpha_k\boldsymbol{u}_k\boldsymbol{u}_k^{\mathrm{T}}\boldsymbol{y}_k = \boldsymbol{\delta}_k\text{，}\quad \beta_k\boldsymbol{v}_k\boldsymbol{v}_k^{\mathrm{T}}\boldsymbol{y}_k = -\boldsymbol{G}_k\boldsymbol{y}_k \tag{5.26}$$

由于式（5.26）中 $\boldsymbol{u}_k^{\mathrm{T}}\boldsymbol{y}_k$ 和 $\boldsymbol{v}_k^{\mathrm{T}}\boldsymbol{y}_k$ 是标量，因此取

$$\boldsymbol{u}_k = \boldsymbol{\delta}_k\text{，}\quad \boldsymbol{v}_k = -\boldsymbol{G}_k\boldsymbol{y}_k$$

这样就是得到了两个待定向量，将它们代入式（5.26），得到

$$\alpha_k\boldsymbol{\delta}_k\boldsymbol{\delta}_k^{\mathrm{T}}\boldsymbol{y}_k = \alpha_k\boldsymbol{\delta}_k\left(\boldsymbol{\delta}_k^{\mathrm{T}}\boldsymbol{y}_k\right) = \alpha_k\left(\boldsymbol{\delta}_k^{\mathrm{T}}\boldsymbol{y}_k\right)\boldsymbol{\delta}_k = \boldsymbol{\delta}_k$$

于是得到

$$\alpha_k = \frac{1}{\boldsymbol{\delta}_k^{\mathrm{T}}\boldsymbol{y}_k}$$

又根据

$$\beta_k\boldsymbol{G}_k\boldsymbol{y}_k\left(\boldsymbol{G}_k\boldsymbol{y}_k\right)^{\mathrm{T}}\boldsymbol{y}_k = \beta_k\boldsymbol{G}_k\boldsymbol{y}_k\boldsymbol{y}_k^{\mathrm{T}}\boldsymbol{G}_k^{\mathrm{T}}\boldsymbol{y}_k = \beta_k\boldsymbol{G}_k\boldsymbol{y}_k\boldsymbol{y}_k^{\mathrm{T}}\boldsymbol{G}_k\boldsymbol{y}_k = \beta_k\boldsymbol{G}_k\boldsymbol{y}_k(\boldsymbol{y}_k^{\mathrm{T}}\boldsymbol{G}_k\boldsymbol{y}_k) = -\boldsymbol{G}_k\boldsymbol{y}_k$$

且上式中 $\boldsymbol{y}_k^{\mathrm{T}}\boldsymbol{G}_k\boldsymbol{y}_k$ 是标量，因此上式可以写为

$$\beta_k(\boldsymbol{y}_k^{\mathrm{T}}\boldsymbol{G}_k\boldsymbol{y}_k)\boldsymbol{G}_k\boldsymbol{y}_k = -\boldsymbol{G}_k\boldsymbol{y}_k$$

于是得到

$$\beta_k = -\frac{1}{\boldsymbol{y}_k^{\mathrm{T}}\boldsymbol{G}_k\boldsymbol{y}_k}$$

将待定向量和待定系数代入式（5.24）就得到矩阵 $\boldsymbol{G}_k$ 的迭代更新公式，即

$$\boldsymbol{G}_{k+1} = \boldsymbol{G}_k - \frac{\boldsymbol{G}_k\boldsymbol{y}_k\boldsymbol{y}_k^{\mathrm{T}}\boldsymbol{G}_k}{\boldsymbol{y}_k^{\mathrm{T}}\boldsymbol{G}_k\boldsymbol{y}_k} + \frac{\boldsymbol{\delta}_k\boldsymbol{\delta}_k^{\mathrm{T}}}{\boldsymbol{y}_k^{\mathrm{T}}\boldsymbol{\delta}_k}$$

根据以上介绍，DFP 算法的步骤如算法 5.7 所示。

算法 5.7　DFP 算法

选取初始点 $\boldsymbol{x}^0$，$\boldsymbol{G}_k=\boldsymbol{I}$，令 $k=0$，设置算法终止条件或精度 $\varepsilon>0$

重复迭代

（1）计算当前点 $\boldsymbol{x}^k$ 处的 $\boldsymbol{d}_k=-\boldsymbol{G}_k\boldsymbol{g}_k$

（2）用一维搜索方法计算迭代步长 η_k，令 $\boldsymbol{\delta}_k=\eta_k\boldsymbol{d}_k$，按下式更新 $\boldsymbol{x}^{k+1}$。

$$\boldsymbol{x}^{k+1}=\boldsymbol{x}^k+\boldsymbol{\delta}_k$$

（3）计算 $\boldsymbol{g}_{k+1}$；如果 $\|\boldsymbol{g}_{k+1}\|\leqslant\varepsilon$，算法终止迭代，否则按下式计算 $\boldsymbol{y}_k$。

$$\boldsymbol{y}_k=\boldsymbol{g}_{k+1}-\boldsymbol{g}_k$$

（4）按下式更新 $\boldsymbol{G}_{k+1}$。

$$\boldsymbol{G}_{k+1}=\boldsymbol{G}_k-\frac{\boldsymbol{G}_k\boldsymbol{y}_k\boldsymbol{y}_k^{\mathrm{T}}\boldsymbol{G}_k}{\boldsymbol{y}_k^{\mathrm{T}}\boldsymbol{G}_k\boldsymbol{y}_k}+\frac{\boldsymbol{\delta}_k\boldsymbol{\delta}_k^{\mathrm{T}}}{\boldsymbol{y}_k^{\mathrm{T}}\boldsymbol{\delta}_k}$$

直到满足算法终止条件

在 DFP 算法中，构造的矩阵 $\boldsymbol{G}_k$ 是对称的，根据上面介绍的牛顿法在求解目标函数是凸二次函数时的有效性，人们希望构造的矩阵 $\boldsymbol{G}_k$ 是正定矩阵。那么，按照 DFP 算法构造的矩阵 $\boldsymbol{G}_k$ 是否满足正定性？事实上，假设 $\boldsymbol{G}_k$ 是正定矩阵，容易得到 $\boldsymbol{G}_{k+1}$ 也是正定矩阵。

定理 5.19　假设在 DFP 算法中，$\boldsymbol{G}_k$ 是正定矩阵，则 $\boldsymbol{G}_{k+1}$ 也是正定矩阵。

证明：对任意的向量 $\boldsymbol{z}\neq\boldsymbol{0}$ 有

$$\boldsymbol{z}^{\mathrm{T}}\boldsymbol{G}_{k+1}\boldsymbol{z}=\boldsymbol{z}^{\mathrm{T}}\boldsymbol{G}_k\boldsymbol{z}-\frac{\boldsymbol{z}^{\mathrm{T}}\boldsymbol{G}_k\boldsymbol{y}_k\boldsymbol{y}_k^{\mathrm{T}}\boldsymbol{G}_k\boldsymbol{z}}{\boldsymbol{y}_k^{\mathrm{T}}\boldsymbol{G}_k\boldsymbol{y}_k}+\frac{\boldsymbol{z}^{\mathrm{T}}\boldsymbol{\delta}_k\boldsymbol{\delta}_k^{\mathrm{T}}\boldsymbol{z}}{\boldsymbol{y}_k^{\mathrm{T}}\boldsymbol{\delta}_k}$$

根据上式有

$$\boldsymbol{z}^{\mathrm{T}}\boldsymbol{G}_{k+1}\boldsymbol{z}=\frac{\boldsymbol{y}_k^{\mathrm{T}}\boldsymbol{\delta}_k\left[\left(\boldsymbol{z}^{\mathrm{T}}\boldsymbol{G}_k\boldsymbol{z}\right)\left(\boldsymbol{y}_k^{\mathrm{T}}\boldsymbol{G}_k\boldsymbol{y}_k\right)-\left(\boldsymbol{z}^{\mathrm{T}}\boldsymbol{G}_k\boldsymbol{y}_k\right)^2\right]+\left(\boldsymbol{\delta}_k^{\mathrm{T}}\boldsymbol{z}\right)^2\left(\boldsymbol{y}_k^{\mathrm{T}}\boldsymbol{G}_k\boldsymbol{y}_k\right)}{\left(\boldsymbol{y}_k^{\mathrm{T}}\boldsymbol{\delta}_k\right)\left(\boldsymbol{y}_k^{\mathrm{T}}\boldsymbol{G}_k\boldsymbol{y}_k\right)}\tag{5.27}$$

根据柯西公式[①]，可以得到上式中的 $\left(\boldsymbol{z}^{\mathrm{T}}\boldsymbol{G}_k\boldsymbol{z}\right)\left(\boldsymbol{y}_k^{\mathrm{T}}\boldsymbol{G}_k\boldsymbol{y}_k\right)-\left(\boldsymbol{z}^{\mathrm{T}}\boldsymbol{G}_k\boldsymbol{y}_k\right)^2\geqslant 0$，同时 $\boldsymbol{G}_k$ 是正定矩阵有 $\boldsymbol{y}_k^{\mathrm{T}}\boldsymbol{G}_k\boldsymbol{y}_k>0$，即得上式右边的第一项

$$\frac{\boldsymbol{y}_k^{\mathrm{T}}\boldsymbol{\delta}_k\left[\left(\boldsymbol{z}^{\mathrm{T}}\boldsymbol{G}_k\boldsymbol{z}\right)\left(\boldsymbol{y}_k^{\mathrm{T}}\boldsymbol{G}_k\boldsymbol{y}_k\right)-\left(\boldsymbol{z}^{\mathrm{T}}\boldsymbol{G}_k\boldsymbol{y}_k\right)^2\right]}{\left(\boldsymbol{y}_k^{\mathrm{T}}\boldsymbol{\delta}_k\right)\left(\boldsymbol{y}_k^{\mathrm{T}}\boldsymbol{G}_k\boldsymbol{y}_k\right)}=\frac{\left[\left(\boldsymbol{z}^{\mathrm{T}}\boldsymbol{G}_k\boldsymbol{z}\right)\left(\boldsymbol{y}_k^{\mathrm{T}}\boldsymbol{G}_k\boldsymbol{y}_k\right)-\left(\boldsymbol{z}^{\mathrm{T}}\boldsymbol{G}_k\boldsymbol{y}_k\right)^2\right]}{\left(\boldsymbol{y}_k^{\mathrm{T}}\boldsymbol{G}_k\boldsymbol{y}_k\right)}\geqslant 0$$

和第二项

① 可以在 $\mathbf{R}^n$ 中定义内积 $\langle \boldsymbol{z},\boldsymbol{y}_k\rangle=\boldsymbol{z}^{\mathrm{T}}\boldsymbol{G}_k\boldsymbol{y}_k$，直接由柯西公式有，$\langle \boldsymbol{z},\boldsymbol{z}\rangle\langle \boldsymbol{y}_k,\boldsymbol{y}_k\rangle-\left(\langle \boldsymbol{z},\boldsymbol{y}_k\rangle\right)^2\geqslant 0$。

$$\frac{\left(\boldsymbol{\delta}_k^{\mathrm{T}}\boldsymbol{z}\right)^2\left(\boldsymbol{y}_k^{\mathrm{T}}\boldsymbol{G}_k\boldsymbol{y}_k\right)}{\left(\boldsymbol{y}_k^{\mathrm{T}}\boldsymbol{\delta}_k\right)\left(\boldsymbol{y}_k^{\mathrm{T}}\boldsymbol{G}_k\boldsymbol{y}_k\right)}=\frac{\left(\boldsymbol{\delta}_k^{\mathrm{T}}\boldsymbol{z}\right)^2}{\left(\boldsymbol{y}_k^{\mathrm{T}}\boldsymbol{\delta}_k\right)}$$

上式中 $\boldsymbol{y}_k^{\mathrm{T}}\boldsymbol{\delta}_k=\left(\boldsymbol{H}_k\boldsymbol{\delta}_k\right)^{\mathrm{T}}\boldsymbol{\delta}_k=\left(\boldsymbol{G}_k\boldsymbol{\delta}_k\right)^{\mathrm{T}}\boldsymbol{\delta}_k=\boldsymbol{\delta}_k^{\mathrm{T}}\boldsymbol{G}_k\boldsymbol{\delta}_k>0$，因此式（5.27）右边第二项也大于或等于零，这样就得到 $\boldsymbol{z}^{\mathrm{T}}\boldsymbol{G}_{k+1}\boldsymbol{z}\geqslant 0$。下面只需要证明 $\boldsymbol{z}^{\mathrm{T}}\boldsymbol{G}_{k+1}\boldsymbol{z}\neq 0$，就说明矩阵 $\boldsymbol{G}_{k+1}$ 是正定矩阵。

$\boldsymbol{z}^{\mathrm{T}}\boldsymbol{G}_{k+1}\boldsymbol{z}=0$ 的充分必要条件是

$$\left(\boldsymbol{z}^{\mathrm{T}}\boldsymbol{G}_k\boldsymbol{z}\right)\left(\boldsymbol{y}_k^{\mathrm{T}}\boldsymbol{G}_k\boldsymbol{y}_k\right)-\left(\boldsymbol{z}^{\mathrm{T}}\boldsymbol{G}_k\boldsymbol{y}_k\right)^2=0\text{，且 }\boldsymbol{\delta}_k^{\mathrm{T}}\boldsymbol{z}=0$$

根据上面第一个等式说明向量 $\boldsymbol{z}$ 与向量 $\boldsymbol{y}_k$ 线性相关，即存在 $k\neq 0,\ k\in\mathbf{R}$，使得 $\boldsymbol{z}=k\boldsymbol{y}_k$，而根据这个关系可得

$$\boldsymbol{\delta}_k^{\mathrm{T}}\boldsymbol{z}=k\boldsymbol{\delta}_k^{\mathrm{T}}\boldsymbol{y}_k=k\boldsymbol{\delta}_k^{\mathrm{T}}\boldsymbol{G}_k\boldsymbol{\delta}_k\neq 0$$

这样与 $\boldsymbol{\delta}_k^{\mathrm{T}}\boldsymbol{z}=0$ 矛盾，因此，$\boldsymbol{z}^{\mathrm{T}}\boldsymbol{G}_{k+1}\boldsymbol{z}=0$ 不成立，于是就得到了

$$\boldsymbol{z}^{\mathrm{T}}\boldsymbol{G}_{k+1}\boldsymbol{z}>0$$

根据向量 $\boldsymbol{z}$ 的任意性，可得 $\boldsymbol{G}_{k+1}$ 也是正定矩阵。

3．BFGS 算法

BFGS 算法的基本思想是对黑塞矩阵 $\boldsymbol{H}_k$ 进行近似。假设用 $\boldsymbol{B}_k$ 作为黑塞矩阵 $\boldsymbol{H}_k$ 的近似矩阵，采用和 DFP 算法类似的思想，令它的初始值是单位矩阵 $\boldsymbol{I}$，按下式对矩阵 $\boldsymbol{B}_k$ 进行迭代。

$$\boldsymbol{B}_{k+1}=\boldsymbol{B}_k+\boldsymbol{E}_k \tag{5.28}$$

式中，$\boldsymbol{E}_k$ 是校正矩阵，其表达式为

$$\boldsymbol{E}_k=\alpha_k\boldsymbol{u}_k\boldsymbol{u}_k^{\mathrm{T}}+\beta_k\boldsymbol{v}_k\boldsymbol{v}_k^{\mathrm{T}} \tag{5.29}$$

式中，$\boldsymbol{u}_k$ 和 $\boldsymbol{v}_k$ 是两个待定向量；α_k 和 β_k 是两个待定系数。根据拟牛顿条件，矩阵 $\boldsymbol{B}_k$ 应该满足

$$(\boldsymbol{B}_k+\boldsymbol{E}_k)\boldsymbol{\delta}_k=\boldsymbol{y}_k$$

将校正矩阵 $\boldsymbol{E}_k$ 代入上式有

$$(\boldsymbol{B}_k+\alpha_k\boldsymbol{u}_k\boldsymbol{u}_k^{\mathrm{T}}+\beta_k\boldsymbol{v}_k\boldsymbol{v}_k^{\mathrm{T}})\boldsymbol{\delta}_k=\boldsymbol{y}_k$$

整理上式后得到

$$\alpha_k\boldsymbol{u}_k\boldsymbol{u}_k^{\mathrm{T}}\boldsymbol{\delta}_k+\beta_k\boldsymbol{v}_k\boldsymbol{v}_k^{\mathrm{T}}\boldsymbol{\delta}_k=\boldsymbol{y}_k-\boldsymbol{B}_k\boldsymbol{\delta}_k$$

即

$$\alpha_k\left(\boldsymbol{u}_k^{\mathrm{T}}\boldsymbol{\delta}_k\right)\boldsymbol{u}_k+\beta_k\left(\boldsymbol{v}_k^{\mathrm{T}}\ \boldsymbol{\delta}_k\right)\boldsymbol{v}_k=\boldsymbol{y}_k-\boldsymbol{B}_k\boldsymbol{\delta}_k$$

和 DFP 算法推导过程一样，取上式的一组特殊解，令

$$\alpha_k\left(\boldsymbol{u}_k^{\mathrm{T}}\boldsymbol{\delta}_k\right)\boldsymbol{u}_k=\boldsymbol{y}_k,\quad \beta_k\left(\boldsymbol{v}_k^{\mathrm{T}}\ \boldsymbol{\delta}_k\right)\boldsymbol{v}_k=-\boldsymbol{B}_k\boldsymbol{\delta}_k \tag{5.30}$$

由于上式中 $\boldsymbol{u}_k^{\mathrm{T}}\boldsymbol{\delta}_k$ 和 $\boldsymbol{v}_k^{\mathrm{T}}\ \boldsymbol{\delta}_k$ 是标量，不妨令

$$\boldsymbol{u}_k=\boldsymbol{y}_k,\quad \boldsymbol{v}_k=-\boldsymbol{B}_k\boldsymbol{\delta}_k$$

将 $\boldsymbol{u}_k=\boldsymbol{y}_k$ 代入式（5.30）的第一个等式得到

$$\alpha_k\left(\boldsymbol{u}_k^{\mathrm{T}}\boldsymbol{\delta}_k\right)\boldsymbol{u}_k=\alpha_k\left(\boldsymbol{y}_k^{\mathrm{T}}\boldsymbol{\delta}_k\right)\boldsymbol{y}_k=\boldsymbol{y}_k$$

所以有

$$\alpha_k=\frac{1}{\boldsymbol{y}_k^{\mathrm{T}}\boldsymbol{\delta}_k}$$

将 $\boldsymbol{v}_k=-\boldsymbol{B}_k\boldsymbol{\delta}_k$ 代入式（5.30）的第二个等式得到

$$\beta_k\left(\boldsymbol{B}_k\boldsymbol{\delta}_k\right)^{\mathrm{T}}\ \boldsymbol{\delta}_k\boldsymbol{B}_k\boldsymbol{\delta}_k=\beta_k\left(\boldsymbol{\delta}_k^{\mathrm{T}}\boldsymbol{B}_k\boldsymbol{\delta}_k\right)\boldsymbol{B}_k\boldsymbol{\delta}_k=-\boldsymbol{B}_k\boldsymbol{\delta}_k$$

所以有

$$\beta_k=-\frac{\boldsymbol{B}_k\boldsymbol{\delta}_k}{\boldsymbol{\delta}_k^{\mathrm{T}}\boldsymbol{B}_k\boldsymbol{\delta}_k}$$

则校正矩阵 $\boldsymbol{E}_k$ 是

$$\boldsymbol{E}_k=\frac{\boldsymbol{y}_k\boldsymbol{y}_k^{\mathrm{T}}}{\boldsymbol{y}_k^{\mathrm{T}}\boldsymbol{\delta}_k}-\frac{\boldsymbol{B}_k\boldsymbol{\delta}_k\boldsymbol{\delta}_k^{\mathrm{T}}\boldsymbol{B}_k}{\boldsymbol{\delta}_k^{\mathrm{T}}\boldsymbol{B}_k\boldsymbol{\delta}_k}$$

因此，近似黑塞矩阵 $\boldsymbol{B}_k$ 的迭代更新等式是

$$\boldsymbol{B}_{k+1}=\boldsymbol{B}_k+\frac{\boldsymbol{y}_k\boldsymbol{y}_k^{\mathrm{T}}}{\boldsymbol{y}_k^{\mathrm{T}}\boldsymbol{\delta}_k}-\frac{\boldsymbol{B}_k\boldsymbol{\delta}_k\boldsymbol{\delta}_k^{\mathrm{T}}\boldsymbol{B}_k}{\boldsymbol{\delta}_k^{\mathrm{T}}\boldsymbol{B}_k\boldsymbol{\delta}_k}$$

根据以上介绍，BFGS 算法的步骤如算法 5.8 所示。

算法 5.8　BFGS 算法
选取初始点 $\boldsymbol{x}^0$，$\boldsymbol{B}_0=\boldsymbol{I}$，令 $k=0$，设置算法终止条件或精度 $\varepsilon>0$

重复迭代

（1）计算当前点 $\boldsymbol{x}^k$ 处的 $\boldsymbol{d}_k=-\boldsymbol{B}_k^{-1}\boldsymbol{g}_k$

（2）用一维搜索方法计算迭代步长 η_k，令 $\boldsymbol{\delta}_k=\eta_k\boldsymbol{d}_k$，按下式更新 $\boldsymbol{x}^{k+1}$。

$$\boldsymbol{x}^{k+1}=\boldsymbol{x}^k+\boldsymbol{\delta}_k$$

（3）计算 $\boldsymbol{g}_{k+1}$；如果 $\|\boldsymbol{g}_{k+1}\|\leqslant\varepsilon$，算法终止迭代，否则按下式计算 $\boldsymbol{y}_k$。

$$\boldsymbol{y}_k=\boldsymbol{g}_{k+1}-\boldsymbol{g}_k$$

（4）按下式更新 $\boldsymbol{B}_{k+1}$。

$$\boldsymbol{B}_{k+1}=\boldsymbol{B}_k+\frac{\boldsymbol{y}_k\boldsymbol{y}_k^{\mathrm{T}}}{\boldsymbol{y}_k^{\mathrm{T}}\boldsymbol{\delta}_k}-\frac{\boldsymbol{B}_k\boldsymbol{\delta}_k\boldsymbol{\delta}_k^{\mathrm{T}}\boldsymbol{B}_k}{\boldsymbol{\delta}_k^{\mathrm{T}}\boldsymbol{B}_k\boldsymbol{\delta}_k}$$

直到满足算法终止条件

和 DFP 算法类似，如果矩阵 $\boldsymbol{B}_k$ 是正定矩阵，也可以证明 $\boldsymbol{B}_{k+1}$ 是正定矩阵，也就是说，如果初始矩阵 $\boldsymbol{B}_0$ 是正定矩阵，BFGS 算法也能保证迭代过程中构造的矩阵 $\boldsymbol{B}_k$ 是正定矩阵。

5.6　优化算法在机器学习中的应用

机器学习是一种重要的人工智能解决方法，它研究的是从数据中产生模型的算法，也称为学习算法[13]。机器学习与优化算法密切相关，本节以支持向量机为例给出优化算法在机器学习中的应用。

5.6.1　优化算法求解机器学习问题的一般模式

机器学习的算法有很多种，为了便于大家理解，本节以机器学习中的监督学习为例，给出优化算法求解监督学习问题的一般模式。上面介绍了机器学习研究的是从数据中产生模型的算法，这里可以简单地理解产生的模型是一个从数据样本空间到目标空间的映射或函数 $f\left(\left(\boldsymbol{x},\boldsymbol{y}\right),\boldsymbol{w}\right)$，$\boldsymbol{w}$ 是模型的参数。假设有 N 个训练样本 $\left(\boldsymbol{x}_i,y_i\right)$，$i=1,2,\cdots,N$，$\boldsymbol{x}_i$ 是样本 i 的特征向量，y_i 是样本 i 的标签值（或真实的输出值），$f\left(\boldsymbol{x}_i,\boldsymbol{w}\right)$ 是模型的输出值。样本 i 产生的误差或损失是 $L\left(y_i,f\left(\boldsymbol{x}_i,\boldsymbol{w}\right)\right)$，损失函数 $L\left(\boldsymbol{w}\right)$ 在训练数据集上的损失是

$$L\left(\boldsymbol{w}\right)=\frac{1}{N}\sum_{i=1}^{N}L\left(y_i,f\left(\boldsymbol{x}_i,\boldsymbol{w}\right)\right)$$

所以，机器学习要求解的数学模型一般都归结为求解如下的最优化问题。

$$\min_{\boldsymbol{w}}R\left(\boldsymbol{w}\right)=\min_{\boldsymbol{w}}\frac{1}{N}\sum_{i=1}^{N}L\left(y_i,f\left(\boldsymbol{x}_i,\boldsymbol{w}\right)\right)$$

因此，监督机器学习的本质可以归结为损失函数最小化的优化问题，这个优化问题可以使用各种优化算法来求解。除少数情况外，以上优化问题一般很难直接求出其解析解，并且也很难求出其真正意义上的最优解或是求出最优解要花费的代价很大，对这类问题一般的做法是利用迭代的思想尽可能地逼近问题的最优解。

5.6.2　支持向量机的动机与基本概念

支持向量机是一种二分类模型。对于一个二分类问题，给定训练数据集 $X=\{(\boldsymbol{x}_1,y_1),(\boldsymbol{x}_2,y_2),\cdots,(\boldsymbol{x}_N,y_N)\}$,其中，$\boldsymbol{x}_i\in\mathbf{R}^n$，$y_i\in\{1,-1\}$，$i=1,2,\cdots,N$。可能有多个分离超平面能对训练数据集进行分类，那么算法应该去寻找哪一个分离超平面呢？或者在这些超平面中，哪个是“最好的”分离超平面呢？

支持向量机的目的是寻找一个分离超平面来对训练数据集进行分类，分类的原则是使得间隔最大化，最终可将间隔最大化问题形式化为一个求解凸优化问题。本节以训练数据集线性可分和近似线性可分为例，通过硬间隔最大化和软间隔最大化，介绍线性可分支持向量机和线性支持向量机。在介绍这些具体的算法之前，首先介绍几个相关的基本概念。

（1）训练数据集线性可分和线性不可分。给定一个训练数据集 $X=\{(\boldsymbol{x}_1,y_1),(\boldsymbol{x}_2,y_2),\cdots,(\boldsymbol{x}_N,y_N)\}$,其中，$\boldsymbol{x}_i\in\mathbf{R}^n$，$y_i\in\{1,-1\}$，$i=1,2,\cdots,N$，若存在一个分离超平面 S

$$\boldsymbol{w}^{\mathrm{T}}\boldsymbol{x}+b=0 \tag{5.31}$$

能将数据集完全正确地划分到该超平面的两侧，即对所有 $y_i=1$ 的训练样本，有 $\boldsymbol{w}^{\mathrm{T}}\boldsymbol{x}_i+b>0$，对所有 $y_i=-1$ 的训练样本，有 $\boldsymbol{w}^{\mathrm{T}}\boldsymbol{x}_i+b<0$，则称数据集 X 是线性可分数据集，否则，称其是线性不可分数据集。

（2）支持向量和间隔。划分样本空间的一个分离超平面 S 可以用式（5.31）表示，若训练数据集是线性可分的，该超平面 S 可以对训练数据集进行正确地分类，则对任意的训练样本 $(\boldsymbol{x}_i,y_i)$ 有[①]

$$y_i\left(\boldsymbol{w}^{\mathrm{T}}\boldsymbol{x}_i+b\right)\geqslant 1$$

把满足 $y_i\left(\boldsymbol{w}^{\mathrm{T}}\boldsymbol{x}_i+b\right)=1$ 的训练样本称为支持向量。

支持向量与间隔示意图如图 5.10 所示，其中位于分离超平面 $\boldsymbol{w}^{\mathrm{T}}\boldsymbol{x}+b=1$ 和分离超平面 $\boldsymbol{w}^{\mathrm{T}}\boldsymbol{x}+b=-1$ 上的训练样本是支持向量。这些训练样本是到分离超平面 $\boldsymbol{w}^{\mathrm{T}}\boldsymbol{x}+b=0$ 距离最

① 该式右边选择大于或等于 1 是为了计算方便，原则上可以是任意常数，但无论该常数是多少，都可以通过改变 $\boldsymbol{w}$ 和 b 使其变为常数 1。

近的一些点。分离超平面 $\boldsymbol{w}^{\mathrm{T}}\boldsymbol{x}+b=1$ 和分离超平面 $\boldsymbol{w}^{\mathrm{T}}\boldsymbol{x}+b=-1$ 称为间隔边界，它们之间的距离称为间隔。

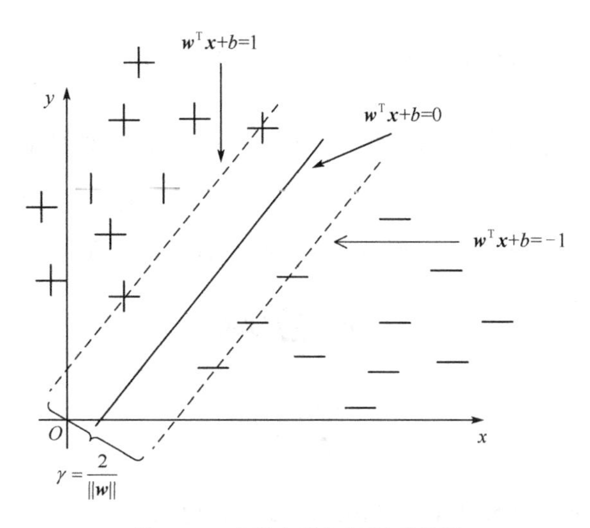

图 5.10　支持向量与间隔示意图

根据点平面的距离计算公式可知，位于分离超平面 $\boldsymbol{w}^{\mathrm{T}}\boldsymbol{x}+b=1$ 和分离超平面 $\boldsymbol{w}^{\mathrm{T}}\boldsymbol{x}+b=-1$ 上的训练样本到分离超平面 $\boldsymbol{w}^{\mathrm{T}}\boldsymbol{x}+b=0$ 的距离都是 $\frac{\left|\boldsymbol{w}^{\mathrm{T}}\boldsymbol{x}+b\right|}{\|\boldsymbol{w}\|}=\frac{1}{\|\boldsymbol{w}\|}$。因此，分离超平面 $\boldsymbol{w}^{\mathrm{T}}\boldsymbol{x}+b=1$ 和分离超平面 $\boldsymbol{w}^{\mathrm{T}}\boldsymbol{x}+b=-1$ 之间的间隔是 $\frac{2}{\|\boldsymbol{w}\|}$。

因为支持向量机的核心问题是使得间隔最大化，而有了间隔这个基本的概念，就可以将其转化为如下的最优化问题。

$$\begin{cases}\max \ \dfrac{2}{\|\boldsymbol{w}\|} \\ \text{s.t.} \ \ y_i\left(\boldsymbol{w}^{\mathrm{T}}\boldsymbol{x}_i+b\right)\geqslant 1，\ i=1,2,\cdots,N\end{cases} \tag{5.32}$$

为便于计算，以上最大化问题可转化为如下等价的最小化问题。

$$\begin{cases}\min \ \dfrac{1}{2}\|\boldsymbol{w}\|^2 \\ \text{s.t.} \ \ y_i\left(\boldsymbol{w}^{\mathrm{T}}\boldsymbol{x}_i+b\right)\geqslant 1，\ i=1,2,\cdots,N\end{cases} \tag{5.33}$$

5.6.3　线性可分支持向量机

由于最优化问题是一个凸优化问题，有很多优化算法可以用来求解这个问题。但如果把优化问题看作原始的最优化问题，可以采用拉格朗日对偶理论来求解这个问题，且效率更高。根据最优性条件，对式（5.33）中第二式的每一个约束引入一个拉格朗日乘子 α_i（$i=1,2,\cdots,N$），则该优化问题的拉格朗日函数可以写为

$$L(\boldsymbol{w},b,\boldsymbol{\alpha})=\frac{1}{2}\|\boldsymbol{w}\|^2+\sum_{i=1}^{N}\alpha_i\left[1-y_i\left(\boldsymbol{w}^{\mathrm{T}}x_i+b\right)\right] \tag{5.34}$$

式中，$\boldsymbol{\alpha}=\left(\alpha_1,\alpha_2,\cdots,\alpha_N\right)^{\mathrm{T}}$ 是拉格朗日乘子向量。根据拉格朗日对偶理论，首先利用式（5.34）求关于原变量的极小值，然后求关于拉格朗日乘子的极大值，就得到原问题的对偶问题。对拉格朗日函数分别关于 $\boldsymbol{w}$ 和 b 求偏导，令它们分别等于零向量、零得到

$$\boldsymbol{w}=\sum_{i=1}^{N}\alpha_i y_i \boldsymbol{x}_i \tag{5.35}$$

$$\sum_{i=1}^{N}\alpha_i y_i=0 \tag{5.36}$$

将式（5.35）代入式（5.34），并利用式（5.36）得到

$$\min_{\boldsymbol{w},b}\ L(\boldsymbol{w},b,\boldsymbol{\alpha})=-\frac{1}{2}\sum_{i=1}^{N}\sum_{j=1}^{N}\alpha_i\alpha_j y_i y_j\left(\boldsymbol{x}_i\cdot\boldsymbol{x}_j\right)+\sum_{i=1}^{N}\alpha_i \tag{5.37}$$

通过求式（5.37）的极大值，就得到原问题的对偶问题如下。

$$\begin{cases}\max\limits_{\boldsymbol{\alpha}}\ -\dfrac{1}{2}\sum\limits_{i=1}^{N}\sum\limits_{j=1}^{N}\alpha_i\alpha_j y_i y_j\left(\boldsymbol{x}_i\cdot\boldsymbol{x}_j\right)+\sum\limits_{i=1}^{N}\alpha_i \\ \text{s.t.}\ \ \sum\limits_{i=1}^{N}\alpha_i y_i=0 \\ \alpha_i\geqslant 0,\ i=1,2,\cdots,N\end{cases} \tag{5.38}$$

以上优化问题称为硬间隔最大化支持向量机的对偶问题。根据拉格朗日对偶理论，对于式（5.33）和式（5.38），存在 $\boldsymbol{w}^*$、b^*、$\boldsymbol{\alpha}^*$，使得 $\boldsymbol{w}^*$、b^* 和 $\boldsymbol{\alpha}^*$ 是原问题对偶问题的最优解。于是，对于线性可分的训练数据集，假设式（5.38）的最优解是 $\boldsymbol{\alpha}^*$，则可以根据 $\boldsymbol{\alpha}^*$ 求出式（5.33）的最优解 $\boldsymbol{w}^*$、b^*，从而得到分离超平面 S

$$\boldsymbol{w}^*\cdot\boldsymbol{x}+b^*=0$$

和相应的分类决策函数 $f(\boldsymbol{x})$

$$f(\boldsymbol{x})=\mathrm{sign}\left(\boldsymbol{w}^*\cdot\boldsymbol{x}+b^*\right)$$

实际上，根据式（5.38）的最优解 $\boldsymbol{\alpha}^*$ 和 KKT 条件，可以很容易将式（5.33）的最优解 $\boldsymbol{w}^*$ 和 b^* 用 $\boldsymbol{\alpha}^*$ 表示出来。因为根据 KKT 条件，可以得到

$$\begin{cases} \boldsymbol{w}^* = \sum_{i=1}^{N} \alpha_i^* y_i \boldsymbol{x}_i \\ \sum_{i=1}^{N} \alpha_i^* y_i = 0 \\ \alpha_i^* \geqslant 0, \ i = 1, 2, \cdots, N \\ y_i \left(\boldsymbol{w}^* \cdot \boldsymbol{x}_i + b^* \right) - 1 \geqslant 0, \ i = 1, 2, \cdots, N \\ \alpha_i^* \left[y_i \left(\boldsymbol{w}^* \cdot \boldsymbol{x}_i + b^* \right) - 1 \right] = 0, \ i = 1, 2, \cdots, N \end{cases} \tag{5.39}$$

根据式（5.39）的第一式可直接得到 $\boldsymbol{w}^*$ 与 $\boldsymbol{\alpha}^*$ 的关系，并且在该式中，至少存在一个 $\alpha_i^* > 0$，否则的话，根据式（5.39）的第三式有，$\boldsymbol{\alpha}^* = \boldsymbol{0}$，从而有 $\boldsymbol{w}^* = \boldsymbol{0}$，而 $\boldsymbol{w}^* = \boldsymbol{0}$ 不是原问题对偶问题的最优解，产生矛盾。不妨假设对下标 j 有，$\alpha_j^* > 0$，并结合式（5.39）的第五式得到

$$y_j \left(\boldsymbol{w}^* \cdot \boldsymbol{x}_j + b^* \right) - 1 = 0 \tag{5.40}$$

将式（5.40）两边同时乘以 y_j，并利用 $y_j^2 = 1$ 得到

$$b^* = y_j - \boldsymbol{w}^* \cdot \boldsymbol{x}_j \tag{5.41}$$

将式（5.39）的第一式代入式（5.41）得到

$$b^* = y_j - \sum_{i=1}^{N} \alpha_i^* y_i \left(\boldsymbol{x}_i \cdot \boldsymbol{x}_j \right) \tag{5.42}$$

这样式（5.42）就给出了 b^* 与 $\boldsymbol{\alpha}^*$ 的关系。于是，分类决策函数 $f(\boldsymbol{x})$ 可以表示为

$$f(\boldsymbol{x}) = \operatorname{sign}\left(\sum_{i=1}^{N} \alpha_i^* y_i \left(\boldsymbol{x}_i \cdot \boldsymbol{x} \right) + y_j - \sum_{i=1}^{N} \alpha_i^* y_i \left(\boldsymbol{x}_i \cdot \boldsymbol{x}_j \right) \right) \tag{5.43}$$

根据式（5.39）的第三、四、五式，可以发现，对任意的训练样本 $(\boldsymbol{x}_i, y_i)$，总有 $\alpha_i = 0$ 或 $y_i f(\boldsymbol{x}_i) = 1$。若 $\alpha_i = 0$，则训练样本 $(\boldsymbol{x}_i, y_i)$ 不会出现在式（5.43）中，也就是说，这种情况下，训练样本 $(\boldsymbol{x}_i, y_i)$ 对分类决策函数 $f(\boldsymbol{x})$ 没有影响。若 $\alpha_i > 0$，则有 $y_i f(\boldsymbol{x}_i) = 1$，所对应的训练样本 $(\boldsymbol{x}_i, y_i)$ 就位于最大间隔边界上，等价于训练样本 $(\boldsymbol{x}_i, y_i)$ 是一个支持向量。这也解释了支持向量机的一个重要性质：训练完成之后，大部分训练样本都不需要保留，最终的分类决策函数仅与支持向量有关。

根据以上分析，线性可分支持向量机的学习算法的步骤如算法 5.9 所示。

算法 5.9　线性可分支持向量机的学习算法
输入：训练数据集 $X = \{(\boldsymbol{x}_1, y_1), (\boldsymbol{x}_2, y_2), \cdots, (\boldsymbol{x}_N, y_N)\}$，其中，$\boldsymbol{x}_i \in \mathbf{R}^n$，$y_i \in \{1, -1\}$，$i = 1, 2, \cdots, N$

输出：分离超平面S和分类决策函数$f(\boldsymbol{x})$

（1）求解如下对偶问题的最优解$\boldsymbol{\alpha}^*$。

$$\max_{\boldsymbol{\alpha}} \quad -\frac{1}{2}\sum_{i=1}^{N}\sum_{j=1}^{N}\alpha_i\alpha_j y_i y_j\left(\boldsymbol{x}_i\cdot\boldsymbol{x}_j\right)+\sum_{i=1}^{N}\alpha_i$$

$$\text{s.t.} \quad \sum_{i=1}^{N}\alpha_i y_i = 0$$

$$\alpha_i \geqslant 0,\ i=1,2,\cdots,N$$

（2）根据$\boldsymbol{\alpha}^*$计算$\boldsymbol{w}^*$，即

$$\boldsymbol{w}^* = \sum_{i=1}^{N}\alpha_i^* y_i \boldsymbol{x}_i$$

（3）选择$\boldsymbol{\alpha}^*$的一个正分量$\alpha_j^* > 0$，计算b^*，即

$$b^* = y_j - \sum_{i=1}^{N}\alpha_i^* y_i\left(\boldsymbol{x}_i\cdot\boldsymbol{x}_j\right)$$

（4）根据$\boldsymbol{w}^*$和b^*求分离超平面S，即

$$\boldsymbol{w}^*\cdot\boldsymbol{x}+b^*=0$$

（5）根据$\boldsymbol{w}^*$和b^*求分类决策函数$f(\boldsymbol{x})$，即

$$f(\boldsymbol{x})=\operatorname{sign}\left(\boldsymbol{w}^*\cdot\boldsymbol{x}+b^*\right)$$

在以上介绍的线性可分支持向量机的学习算法中，第（1）步是求解一个二次规划问题，理论上可以使用通用的二次规划算法来求解[14]。但是，该问题的规模正比于训练样本数量。这样当训练样本数量很大时，在实际中使用通用的二次规划算法求解该问题往往不可行。为了解决这个问题，很多学者根据这个问题本身的特性，提出了很多高效的求解算法，具体内容见文献[15]。

5.6.4 软间隔最大化

线性可分支持向量机要求训练数据集是线性可分的，否则意味着存在一些训练样本$\left(\boldsymbol{x}_i, y_i\right)$不能满足间隔大于或等于1的约束条件，这种情况在实际任务中也是普遍存在的。式（5.33）使得间隔最大化，实际上是硬间隔最大化。为了使硬间隔最大化适合存在部分训练样本不满足约束条件的情况，需要对线性可分支持向量机进行修改。修改的思路是允许部分训练样本不满足约束条件，或者允许它在部分训练样本分类上出错，也就是扩展硬间隔最大化到软间隔最大化。

软间隔的核心思想是对约束条件中的每一个约束引进一个松弛变量ξ_i（$\xi_i \geqslant 0$），使约束条件变为

$$y_i\left(\boldsymbol{w}^{\mathrm{T}}\boldsymbol{x}_i+b\right)\geqslant 1-\xi_i,\ i=1,2,\cdots,N \tag{5.44}$$

同时，对每个松弛变量 ξ_i，引入一个代价 $\xi_i \geqslant 0$，这样原来的最小化目标函数 $\frac{1}{2}\|\boldsymbol{w}\|^2$ 变为

$$\min_{\boldsymbol{w},b,\xi} \ \frac{1}{2}\|\boldsymbol{w}\|^2 + C\sum_{i=1}^{N}\xi_i \tag{5.45}$$

式（5.45）由两项构成，第一项与硬间隔最大化一样，目的是使间隔最大化；第二项的目的是使误分类点的个数尽量小。$C>0$ 是一个常数，显然，当 C 是无穷大时，式（5.45）迫使所有训练样本满足约束条件，这样目标函数就变成了硬间隔最大化的目标函数；当 C 是有限值时，式（5.45）允许部分训练样本不满足硬约束。简单地说，软间隔就是允许部分训练样本不满足 $y_i\left(\boldsymbol{w}^{\mathrm{T}}\boldsymbol{x}_i + b\right) \geqslant 1$。软间隔示意图如图 5.11 所示。

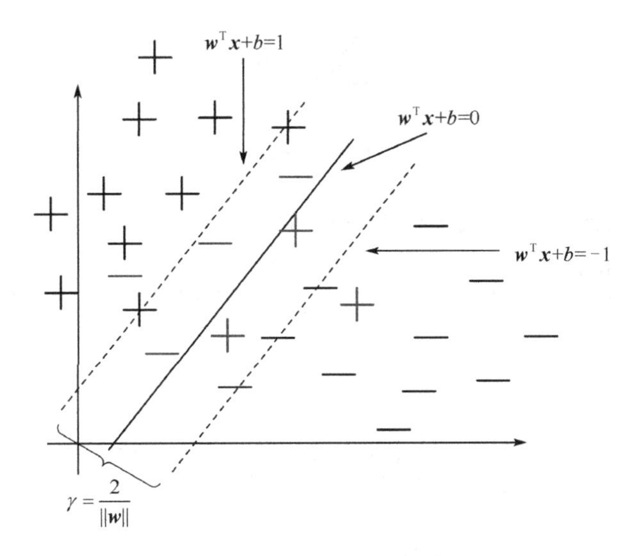

图 5.11　软间隔示意图

通过比较图 5.10 和图 5.11 可以发现，它们之间的区别是图 5.11 中有部分训练样本（图 5.11 中实线上方的负样本和实线下方的正样本）没有被分离超平面 $\boldsymbol{w}^{\mathrm{T}}\boldsymbol{x} + b = 0$ 正确地分类，或者说这些训练样本不满足约束条件 $y_i\left(\boldsymbol{w}^{\mathrm{T}}\boldsymbol{x}_i + b\right) \geqslant 1$，除这些训练样本以外，其他训练样本都被分离超平面 $\boldsymbol{w}^{\mathrm{T}}\boldsymbol{x} + b = 0$ 正确地分类，这种间隔最大化称为软间隔最大化。根据上面的分析，对于线性不可分的训练数据集，软间隔最大化问题可以描述为

$$\begin{cases} \min\limits_{\boldsymbol{w},b,\xi} \ \frac{1}{2}\|\boldsymbol{w}\|^2 + C\sum\limits_{i=1}^{N}\xi_i \\ \text{s.t.} \ \ y_i\left(\boldsymbol{w}^{\mathrm{T}}\boldsymbol{x}_i + b\right) \geqslant 1 - \xi_i, \ \ i = 1,2,\cdots,N \\ \xi_i \geqslant 0, \ \ i = 1,2,\cdots,N \end{cases} \tag{5.46}$$

根据拉格朗日对偶理论[1]，对式（5.46）的第二式和第三式引入相应的拉格朗日乘子 $\alpha_i \geqslant 0$，$\mu_i \geqslant 0$，则式（5.46）的拉格朗日函数是

$$L(\boldsymbol{w},b,\xi,\boldsymbol{\alpha},\boldsymbol{\mu})=\frac{1}{2}\|\boldsymbol{w}\|^2+C\sum_{i=1}^{N}\xi_i+\sum_{i=1}^{N}\alpha_i\left[1-\xi_i-y_i\left(\boldsymbol{w}^{\mathrm{T}}\boldsymbol{x}_i+b\right)\right]-\sum_{i=1}^{N}\mu_i\xi_i \tag{5.47}$$

由于拉格朗日对偶理论的思想是首先关于原变量极小化拉格朗日函数，然后关于拉格朗日乘子极大化对应的拉格朗日函数，因此，首先求 $L(\boldsymbol{w},b,\xi,\boldsymbol{\alpha},\boldsymbol{\mu})$ 关于 $\boldsymbol{w}$、b、ξ_i 的导数，并令它们的导数等于零向量或零有

$$\boldsymbol{w}=\sum_{i=1}^{N}\alpha_i y_i \boldsymbol{x}_i \tag{5.48}$$

$$\sum_{i=1}^{N}\alpha_i y_i=0 \tag{5.49}$$

$$C=\alpha_i+\mu_i \tag{5.50}$$

将式（5.48）～式（5.50）代入式（5.47）中，有

$$\min_{\boldsymbol{w},b,\xi}\ L(\boldsymbol{w},b,\xi,\boldsymbol{\alpha},\boldsymbol{\mu})=-\frac{1}{2}\sum_{i=1}^{N}\sum_{j=1}^{N}\alpha_i\alpha_j y_i y_j\left(\boldsymbol{x}_i\cdot\boldsymbol{x}_j\right)+\sum_{i=1}^{N}\alpha_i \tag{5.51}$$

对式（5.51）关于拉格朗日乘子 α_i 和 μ_i 求极大化，就得到原问题的对偶问题如下。

$$\begin{cases}\max\limits_{\boldsymbol{\alpha},\boldsymbol{\mu}}\ -\dfrac{1}{2}\sum\limits_{i=1}^{N}\sum\limits_{j=1}^{N}\alpha_i\alpha_j y_i y_j\left(\boldsymbol{x}_i\cdot\boldsymbol{x}_j\right)+\sum\limits_{i=1}^{N}\alpha_i\\ \text{s.t.}\ \sum\limits_{i=1}^{N}\alpha_i y_i=0\\ C=\alpha_i+\mu_i\\ \alpha_i\geqslant 0,\ i=1,2,\cdots,N\\ \mu_i\geqslant 0,\ i=1,2,\cdots,N\end{cases} \tag{5.52}$$

由于对偶问题的目标函数中不包含变量 μ_i，根据式（5.52）的第三式和第五式，消去变量 μ_i，可以将以上对偶问题等价地表示为

$$\begin{cases}\max\limits_{\boldsymbol{\alpha}}\ -\dfrac{1}{2}\sum\limits_{i=1}^{N}\sum\limits_{j=1}^{N}\alpha_i\alpha_j y_i y_j\left(\boldsymbol{x}_i\cdot\boldsymbol{x}_j\right)+\sum\limits_{i=1}^{N}\alpha_i\\ \text{s.t.}\ \sum\limits_{i=1}^{N}\alpha_i y_i=0\\ 0\leqslant\alpha_i\leqslant C,\ i=1,2,\cdots,N\end{cases} \tag{5.53}$$

① 拉格朗日对偶理论详细信息见文献[10]和文献[16]。

式（5.53）称为软间隔最大化支持向量机的对偶问题。比较硬间隔最大化支持向量机的对偶问题和软间隔最大化支持向量机的对偶问题可以发现，它们的区别在于拉格朗日乘子 α_i 的约束上。

和硬间隔最大化处理方式一样，如果得到了软间隔最大化支持向量机的对偶问题最优解 $\boldsymbol{\alpha}^*$，根据拉格朗日对偶理论，很容易得到式（5.46）的最优解 $\boldsymbol{w}^*$、b^*。以下定理给出了原问题最优解和对偶问题最优解之间的关系[3,9]。

定理 5.20 假设 $\boldsymbol{\alpha}^* = \left(\alpha_1^*, \alpha_2^*, \cdots, \alpha_N^*\right)^{\mathrm{T}}$ 是软间隔最大化支持向量机的对偶问题的一个解，如果存在 $\boldsymbol{\alpha}^*$ 的一个分量 α_j^* 满足 $0 < \alpha_j^* < C$，则软间隔最大化问题的最优解 $\boldsymbol{w}^*$、b^* 可按下式求出。

$$\boldsymbol{w}^* = \sum_{i=1}^{N} \alpha_i^* y_i \boldsymbol{x}_i \tag{5.54}$$

$$b^* = y_j - \sum_{i=1}^{N} \alpha_i^* y_i \left(\boldsymbol{x}_i \cdot \boldsymbol{x}_j\right) \tag{5.55}$$

证明： 由于软间隔最大化问题是一个凸优化问题，根据拉格朗日对偶理论中的 KKT 条件有

$$\boldsymbol{w}^* = \sum_{i=1}^{N} \alpha_i^* y_i \boldsymbol{x}_i \tag{5.56}$$

$$\sum_{i=1}^{N} \alpha_i^* y_i = 0 \tag{5.57}$$

$$C = \alpha_i^* + \mu_i^* \tag{5.58}$$

$$\alpha_i^* \geqslant 0,\ i = 1, 2, \cdots, N \tag{5.59}$$

$$\mu_i^* \geqslant 0,\ i = 1, 2, \cdots, N \tag{5.60}$$

$$\xi_i^* \geqslant 0,\ i = 1, 2, \cdots, N \tag{5.61}$$

$$\mu_i^* \xi_i^* = 0,\ i = 1, 2, \cdots, N \tag{5.62}$$

$$y_i\left(\boldsymbol{w}^* \cdot \boldsymbol{x}_i + b^*\right) - 1 + \xi_i^* \geqslant 0 \tag{5.63}$$

$$\alpha_i^*\left[y_i\left(\boldsymbol{w}^* \cdot \boldsymbol{x}_i + b^*\right) - 1 + \xi_i^*\right] = 0 \tag{5.64}$$

因此，由式（5.56）直接得到了式（5.54）。若有 $0 < \alpha_j^* < C$，则根据式（5.58）有 $\mu_j^* > 0$；利用式（5.62）可以得到 $\xi_j^* = 0$；将 $\xi_j^* = 0$ 代入式（5.63）和式（5.64），同时利用 $\alpha_j^* > 0$ 可得

$$y_j\left(\boldsymbol{w}^*\cdot\boldsymbol{x}_j+b^*\right)-1=0 \tag{5.65}$$

将式（5.56）代入式（5.65），同时利用 $y_j^2=1$ 得到

$$b^*=y_j-\sum_{i=1}^{N}\alpha_i^* y_i\left(\boldsymbol{x}_i\cdot\boldsymbol{x}_j\right)$$

在求出 $\boldsymbol{w}^*$ 和 b^* 之后，就可以求出相应的分离超平面 S 和分类决策函数 $f(\boldsymbol{x})$。完整的线性支持向量机的学习算法的步骤如算法 5.10 所示。

算法 5.10　线性支持向量机的学习算法

输入：训练数据集 $X=\{(\boldsymbol{x}_1,y_1),(\boldsymbol{x}_2,y_2),\cdots,(\boldsymbol{x}_N,y_N)\}$，其中，$\boldsymbol{x}_i\in\mathbf{R}^n$，$y_i\in\{1,-1\}$，$i=1,2,\cdots,N$，惩罚参数 $C>0$

输出：分离超平面 S 和分类决策函数 $f(\boldsymbol{x})$

（1）求解如下对偶问题的最优解 $\boldsymbol{\alpha}^*$。

$$\max_{\boldsymbol{\alpha}}\quad -\frac{1}{2}\sum_{i=1}^{N}\sum_{j=1}^{N}\alpha_i\alpha_j y_i y_j\left(\boldsymbol{x}_i\cdot\boldsymbol{x}_j\right)+\sum_{i=1}^{N}\alpha_i$$

$$\text{s.t.}\quad \sum_{i=1}^{N}\alpha_i y_i=0$$

$$0\leqslant\alpha_i\leqslant C,\ i=1,2,\cdots,N$$

（2）根据 $\boldsymbol{\alpha}^*$ 计算 $\boldsymbol{w}^*$，即

$$\boldsymbol{w}^*=\sum_{i=1}^{N}\alpha_i^* y_i\boldsymbol{x}_i$$

（3）选择 $\boldsymbol{\alpha}^*$ 的一个分量满足 $0<\alpha_j^*<C$，计算 b^*，即

$$b^*=y_j-\sum_{i=1}^{N}\alpha_i^* y_i\left(\boldsymbol{x}_i\cdot\boldsymbol{x}_j\right)$$

（4）根据 $\boldsymbol{w}^*$ 和 b^* 求分离超平面 S，即

$$\boldsymbol{w}^*\cdot\boldsymbol{x}+b^*=0$$

（5）根据 $\boldsymbol{w}^*$ 和 b^* 求分类决策函数 $f(\boldsymbol{x})$，即

$$f(\boldsymbol{x})=\operatorname{sign}\left(\boldsymbol{w}^*\cdot\boldsymbol{x}+b^*\right)$$

通过算法 5.10 可以看出，在第（3）步中选取的 α_j^* 不唯一，这样原问题对 b 的解不唯一[10]，在实际中可以任意选择符合条件 $0<\alpha_j^*<C$ 的下标 j，也可以取所有符合条件 $0<\alpha_j^*<C$ 的训练样本上的平均值。

易得对任意的训练样本$(\boldsymbol{x}_i,y_i)$有 $\alpha_i^*=0$，或者 $y_i\left(\boldsymbol{w}^*\cdot\boldsymbol{x}_i+b^*\right)=1-\xi_i^*$；显然若 $\alpha_i^*=0$，则该样本对分类决策函数没有影响。若 $\alpha_i^*>0$，则 $y_i\left(\boldsymbol{w}^*\cdot\boldsymbol{x}_i+b^*\right)=1-\xi_i^*$，说明该样本是支

持向量。

进一步，如果 $0<\alpha_j^*<C$，由式（5.58）可知，$\mu_i^*\geqslant 0$，从而根据式（5.62）有 $\xi_i^*=0$，这说明该样本恰好位于最大间隔边界上。若 $\alpha_j^*=C$，则有 $\mu_i^*=0$，在这种情况如果 $\xi_i^*\leqslant 1$，那么该样本位于最大间隔内部，如果 $\xi_i^*>1$，那么该样本被错误分类①。

本节根据训练数据集线性可分和不可分，介绍了两类很重要的支持向量机模型，并采用拉格朗日对偶理论进行学习算法设计。线性可分支持向量机和线性支持向量机都是线性模型，实际上它们都可以通过核方法扩展为非线性模型，这部分内容也是支持向量机中很重要的内容，具体内容见文献[17]和文献[18]。

本节介绍的优化算法在支持向量机问题中的应用属于理论层面的分析和理解。读者在明白支持向量机背后的原理和数学理论之后，应用支持向量机解决一些实际问题时，一般不需要一步一步实现算法步骤，有很多第三方的工具或库已经帮我们优化和实现了常见的机器学习算法，在应用时直接调用相应的算法就可以了。在 Python 中最常见的机器学习库就是 Scikit-Learn，这个库已经实现了最常见的机器学习算法，包括本节介绍的支持向量机。

本章参考文献

[1] HIRIART-URRUTY J B, LEMARÉCHAL C. Fundamentals of convex analysis[M]. Berlin: Springer, 2001.

[2] ROCKAFELLAR R T. Convex analysis[M]. Princeton: Princeton University Press, 1970.

[3] BAZARAS M S, SHERALI H D, SHETTY C M. Nonlinear programming: theory and algorithms[M]. Hoboken, New Jersey: John Wiley & Sons, Inc., 2006.

[4] 袁亚湘, 孙文瑜. 最优化理论与方法[M]. 北京: 科学出版社, 1997.

[5] 徐成贤, 陈志平, 李乃成. 近代最优化方法[M]. 北京: 科学出版社, 2002.

[6] FLETCHER R. Practical methods of optimization[M]. Hoboken, New Jersey: John Wiley & Sons, Inc., 1987.

[7] NOCEDAL J, WRIGHT S J. Numerical optimization[M]. Berlin: Springer, 1999.

[8] SUN W Y, YUAN Y X. Optimization theory and methods: nonlinear programming[M]. New York: Springer-Verlag Inc., 2006.

[9] BOYD S, VANDENBERGHE L. Convex optimization[M]. 北京: 清华大学出版社, 2013.

① 若 $y_i f(\boldsymbol{x}_i)\geqslant 0$，则样本分类正确；若 $y_i f(\boldsymbol{x}_i)<0$，则样本分类错误，此时 $y_i f(\boldsymbol{x}_i)=y_i\left(\boldsymbol{w}^*\cdot\boldsymbol{x}_i+b^*\right)<0$。

[10] BERTSEKAS D P. Nonlinear programming[M]. Massachusetts: Athena Scientific, 1999.
[11] 陈宝林. 最优化理论与算法[M]. 2 版. 北京：清华大学出版社, 2005.
[12] LIU L Y, JIANG H M, HE P C, et al. On the variance of the adaptive learning rate and beyond[C]. 8th International Conference on Learning Representations (ICLR), 2020.
[13] 周志华. 机器学习[M]. 北京：清华大学出版社, 2016.
[14] BERTSEKAS D P. Convex optimization theory[M]. Massachusetts: Athena Scientific, 2009.
[15] PLATT J C. Sequential minimal optimization: a fast algorithm for training support vector machines[R]. Seattle: Microsoft Research, Technical Report MSR-TR-98-14，1988.
[16] 廖盛斌. 对偶理论及应用[M]. 北京：科学出版社, 2020.
[17] 邓乃扬, 田英杰. 支持向量机：理论、算法与拓展[M]. 北京：科学出版社, 2009.
[18] CRISTIANINI N, SHAWE-TAYLOR J. An introduction to support vector machines and other kernel-based learning methods[M]. Cambridge: Cambridge University Press, 2000.

第 6 章　概率模型

6.1　随机变量及其分布

6.1.1　概率的基本概念

概率论是研究随机现象或不确定现象统计规律性的一门学科。概率模型是对不确定现象的数据描述，在机器学习和人工智能中有广泛应用。为了对随机现象加以研究而进行的观察、记录和分析过程称为试验，一般要求或假定试验具有以下特征。

（1）可以在相同条件下重复进行。

（2）事先知道可能出现的所有结果。

（3）进行试验前并不知道哪个试验结果会发生。

具有以上特征的试验称为随机试验。

一个随机试验所有可能结果的集合称为样本空间 Ω 。样本空间 Ω 中的每个元素称为一个样本点，它表示随机试验的一个可能结果。样本空间 Ω 中的每个子集称为一个随机事件，简称事件。事件一般用大写字母表示，如事件 A、事件 B 等。要想知道一次随机试验中事件 A 发生的可能性，即要为事件 A 确定一个非负数 $P(A)$，以用来表示事件 A 发生的可能性大小，也就是事件 A 发生的概率。这样就引出了概率的定义。概率的定义如下。

假设随机试验 E 的样本空间是 Ω ，对于事件 A，定义一个非负数 $P(A)$与之对应，若 $P(A)$满足以下条件。

（1）事件 A 满足 $P(A)\geqslant 0$ 。

（2）整个样本空间的概率是 1，即 $P(\Omega)=1$ 。

（3）如果事件 A_1、A_2、$\cdots$ 是两两互不相交或两两互斥的，并且它们满足

$$P(A_1\cup A_2\cup\cdots)=P(A_1)+P(A_2)+\cdots$$

则称 $P(A)$ 是事件 A 的概率。

概率模型的两个基本构成是样本空间和概率律。其中，样本空间是一个随机试验所有可能结果的集合；概率律是任意一个事件 A 确定一个非负概率 $P(A)$，并且概率律要满足概率定义的三个条件。概率模型的基本构成如图 6.1 所示[1]。

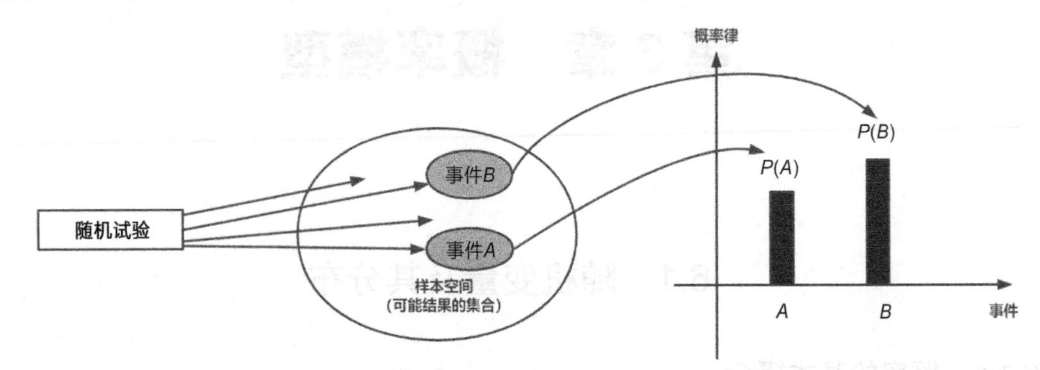

图 6.1　概率模型的基本构成

由概率 $P(A)$ 的定义可知，函数 $P(\cdot)$ 是一个实值函数。这个特殊函数的自变量是随机试验的结果，是一个事件或集合，而随机试验的结果可以是一个数，也可以是其他的非数值表示形式。当随机试验的结果是非数值的表示形式时，其对于数学运算和处理不是很方便，因此人们希望将所有随机试验的结果与数值相联系，这样就引出了随机变量的概率，它本质上是定义在样本空间 Ω 上的一个实值函数。

6.1.2　随机变量

1. 随机变量的定义

假设随机试验的样本空间 $\Omega=\{\omega\}$，$X=X(\omega)$ 是定义在样本空间 Ω 上的实值函数，若对于样本空间 Ω 中的每一个样本点 $\omega\in\Omega$，都有唯一一个实数 $X=X(\omega)$ 与其对应，则称 $X=X(\omega)$ 是随机变量。这里一定要注意，随机变量是一个函数，是一个定义在样本空间上的函数。图 6.2 所示为随机变量图形化表示示意图。

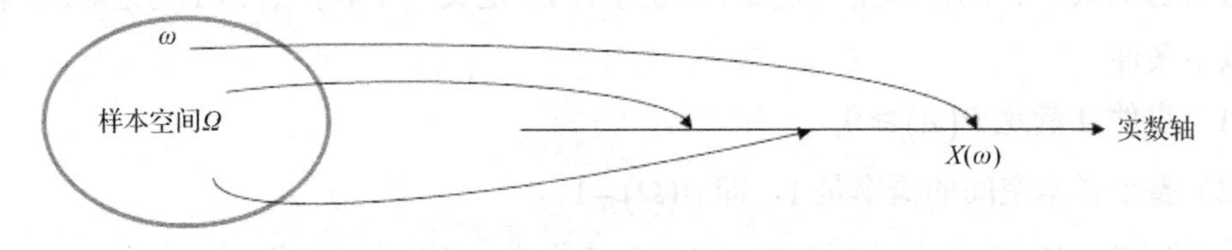

图 6.2　随机变量图形化表示示意图

由图 6.2 可知，样本空间的每一个样本点都对应着一个实数，而该实数是随着随机试验结果不同而变化的一个变量。

为了区分随机变量和随机变量的取值，一般用大写斜体字母表示随机变量，如X，而用小写斜体字母表示随机变量的取值，如x。因此，$X=x$表示随机变量$X(\omega)$的取值是x。

2．随机变量的分类

随机变量可以分为离散型随机变量和连续型随机变量两种。若一个随机变量的值域或取值集合是一个有限集或无限可数集，则称这个随机变量是离散型随机变量。若一个随机变量的值域或取值集合是一个连续的集合或无限不可数集，则称这个随机变量是连续型随机变量。

此处只是给出了随机变量的分类，而离散型随机变量和连续型随机变量的定义是描述性的。因此，对离散型随机变量和连续型随机变量定义的严格刻画，还需要借助随机变量的概率分布来描述。

3．随机变量的分布函数

假设X是一个随机变量，对应任意的$x\in\mathbf{R}$，定义函数$F(x)$为

$$F(x)=P(X\leqslant x)$$

则称$F(x)$是随机变量X的分布函数。根据这个定义可知，随机变量X的分布函数就是一个普通的函数，它表示随机变量X的取值小于或等于x的概率。$P(X\leqslant x)$可以表示为

$$P(X\leqslant x)=P(X(\omega)\leqslant x)=P(\{\omega|X(\omega)\leqslant x\})$$

式中的$\{\omega\,|\,X(\omega)\leqslant x\}$对应样本空间的一个事件，分布函数$F(x)$完全决定了这个事件的概率，或者说分布函数$F(x)$完整地描述了随机变量$X$的统计特性。分布函数的几何意义如图6.3所示，它表示随机变量X的取值落在图6.3中阴影部分区域的可能性。

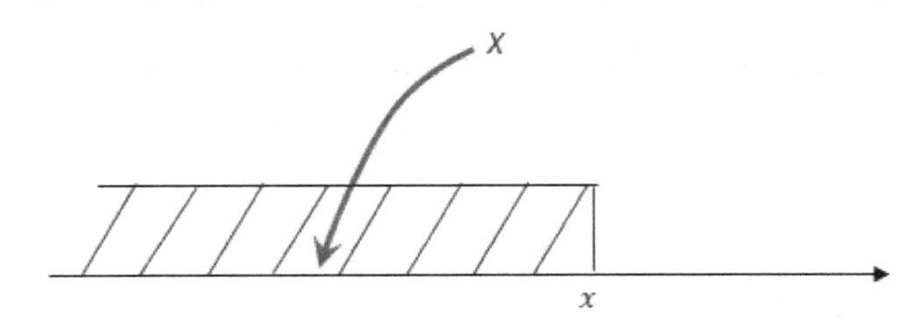

图6.3　分布函数的几何意义

有了分布函数之后，就可以用微积分理论来研究和处理随机变量了。根据分布函数的定义，容易得到随机变量X分布函数$F(x)$的以下基本性质。

（1）$0\leqslant F(x)\leqslant 1$，$-\infty<x<+\infty$。

（2）$F(-\infty)=\lim\limits_{x\to-\infty}F(x)=0$，$F(+\infty)=\lim\limits_{x\to+\infty}F(x)=1$。

（3）$F(x)$是单调不减函数，即当$x_1 < x_2$时，有$F(x_1) \leqslant F(x_2)$。

（4）$F(x)$是右连续的，即$\lim\limits_{x \to x_0^+} F(x) = F(x_0)$。

6.1.3 离散型随机变量

已知离散型随机变量的取值集合是离散集合，是可以将所有可能取值列举出来的。若离散型随机变量X的可能取值是x_1、x_2、…、x_i、…，它取这些值的概率是

$$P(X = x_i) = p(x_i) = p_i,\ i = 1,2,\cdots$$

则上式称为离散型随机变量X的概率分布或分布律。其中，$p(x_i)$称为离散型随机变量X的概率质量函数，从本质上说，它决定了离散型随机变量X的概率分布或分布律。离散型随机变量的概率分布或分布律如表 6.1 所示。

表 6.1 离散型随机变量的概率分布或分布律

X	x_1	x_2	…	x_i	…
P	p_1	p_2	…	p_i	…

根据概率的定义可知，离散型随机变量X的概率分布要满足$p_i \geqslant 0$，且$\sum\limits_i p_i = 1$。根据分布函数的定义，离散型随机变量X的分布函数$F(x_j)$满足以下规律。

$$F(x_j) = P(X \leqslant x_j) = \sum_{k=1}^{j} p_k$$

从上式最右边可以看出，对离散型随机变量X而言，它的取值小于或等于x_j的概率等于它所有可能取值小于或等于x_j概率的累积之和。人们常把上式称为累积分布函数，也就是说，离散型随机变量X的分布函数也往往被称为累积分布函数。如果将离散型随机变量X的分布函数用图形化表示，易得它是一条右连续的阶梯形曲线。

常见的离散型概率分布有两点分布、二项分布、泊松分布和几何分布，具体内容见文献[2]和文献[3]。

6.1.4 连续型随机变量

假设随机变量X的分布函数是$F(x)$，若存在非负函数$f(x)$，使得对于任意实数x有

$$F(x) = \int_{-\infty}^{x} f(t)\,\mathrm{d}t \tag{6.1}$$

则称随机变量X是连续型随机变量。其中，$f(x)$称为连续型随机变量X的概率密度函数，由连续型随机变量的数学定义可知，概率密度函数决定了连续型随机变量的概率分布。如

果连续型随机变量 X 的概率密度函数是 $f(x)$，记为 $X \sim f(x)$。

根据连续型随机变量的定义，容易得到概率密度函数的以下基本性质。

（1）$\forall x \in \mathbf{R}$，$f(x) \geqslant 0$，$\int_{-\infty}^{+\infty} f(x)\mathrm{d}x = 1$。

该性质是一个函数是否为某个连续型随机变量概率密度函数的充分必要条件。

（2）$P(x_1 < X \leqslant x_2) = F(x_2) - F(x_1) = \int_{x_1}^{x_2} f(x)\mathrm{d}x$。

该性质说明，连续型随机变量 X 落在区间 $(x_1, x_2]$ 的概率等于该区间与该区间上概率密度函数 $f(x)$ 曲线包围的面积。以上性质可以图形化为图 6.4 所示的形式，以更好地帮助读者理解连续型随机变量 X 概率密度函数的含义。

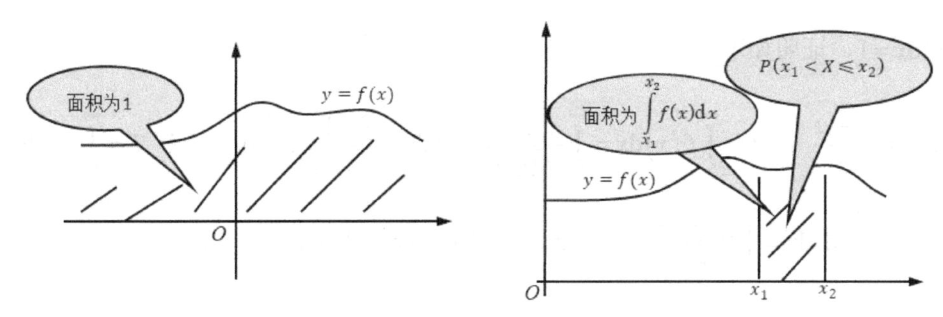

图 6.4　概率密度函数的几何意义

（3）根据性质（2）很容易得到，当 $x_1 \to x_2$ 时，$\int_{x_1}^{x_2} f(x)\mathrm{d}x$ 就变成了连续型随机变量在任意一个单点的概率，由于 $\lim\limits_{x_1 \to x_2} \int_{x_1}^{x_2} f(x)\mathrm{d}x = 0$，根据性质（1）有

$$\forall a \in \mathbf{R}，P(X = a) = 0$$

应用要点：性质（3）说明，对于连续型随机变量而言，它落在某个单点处的概率为零，即在处理实际问题时，如果模型可以抽象为一个连续型随机变量，那么它在某个单点、有限集或无限可数集上有某些不好的性质，如不连续、不可导，可以忽略不计。

根据连续型随机变量的数学定义可知，式（6.1）的右边是一个变上限积分，根据变上限积分求导公式，对式（6.1）两边求导，可得到概率密度函数另外一个很重要的性质（4）。

（4）若概率密度函数 $f(x)$ 在点 x 处连续，则有 $F'(x) = f(x)$。

常见的连续型概率分布主要包括均匀分布、指数分布和正态分布。本节只介绍正态分布。正态分布是一种非常重要的连续型概率分布，在机器学习和人工智能中有广泛的应用。

若连续型随机变量 X 的概率密度函数 $f(x)$ 是

$$f(x)=\frac{1}{\sqrt{2\pi}\sigma}\mathrm{e}^{-\frac{(x-\mu)^2}{2\sigma^2}}，\quad -\infty<x<+\infty$$

则称连续型随机变量 X 服从参数是 μ、σ 的正态分布或高斯分布，记作 $X\sim N(\mu,\sigma^2)$，其中，μ、σ（$\sigma>0$）是常数。如果连续型随机变量 X 服从正态分布，通过计算可知它的分布函数是

$$F(x)=\frac{1}{\sqrt{2\pi}\sigma}\int_{-\infty}^{x}\mathrm{e}^{-\frac{(x-\mu)^2}{2\sigma^2}}\mathrm{d}t,\quad -\infty<x<+\infty$$

正态分布的概率密度函数是一个指数函数，显然有 $f(x)\geqslant 0$，还可以验证它也满足 $\int_{-\infty}^{+\infty}f(x)\mathrm{d}x=1$，证明如下。

令 $t=\frac{x-\mu}{\sigma}$，有 $\int_{-\infty}^{+\infty}f(x)\mathrm{d}x=\int_{-\infty}^{+\infty}\frac{1}{\sqrt{2\pi}\sigma}\mathrm{e}^{-\frac{t^2}{2}}\sigma\mathrm{d}t=\int_{-\infty}^{+\infty}\frac{1}{\sqrt{2\pi}}\mathrm{e}^{-\frac{t^2}{2}}\mathrm{d}t$。令 $I=\int_{-\infty}^{+\infty}\mathrm{e}^{-\frac{t^2}{2}}\mathrm{d}t$，则 $I^2=\iint\mathrm{e}^{-\frac{(x^2+y^2)}{2}}\mathrm{d}x\mathrm{d}y=\int_0^{2\pi}\mathrm{d}\theta\int_0^{+\infty}r\mathrm{e}^{-\frac{r^2}{2}}\mathrm{d}r=2\pi$，所以 $I=\int_{-\infty}^{+\infty}\mathrm{e}^{-\frac{t^2}{2}}\mathrm{d}t=\sqrt{2\pi}$，即

$$\int_{-\infty}^{+\infty}f(x)\mathrm{d}x=\int_{-\infty}^{+\infty}\frac{1}{\sqrt{2\pi}}\mathrm{e}^{-\frac{t^2}{2}}\mathrm{d}t=\frac{1}{\sqrt{2\pi}}\times\sqrt{2\pi}=1$$

正态分布的概率密度函数是关于 $x=\mu$ 对称的，其示意图如图 6.5 所示。图 6.5（b）所示为参数 μ、σ 分别是 0 和 1 的正态分布，称为标准正态分布，记为 $N(0,1)$。在实际应用中，人们经常要将一个非标准的正态分布转化为一个标准的正态分布，这只需要做变换 $Z=\frac{X-\mu}{\sigma}$，若 $X\sim N(\mu,\sigma^2)$，则 $Z\sim N(0,1)$。标准正态分布的分布函数是 $\phi(x)=\frac{1}{\sqrt{2\pi}}\int_{-\infty}^{x}\mathrm{e}^{-\frac{t^2}{2}}\mathrm{d}t$。由于正态分布的广泛使用性，人们编制了 $\phi(x)$ 的函数表，可供其查表使用，具体内容见文献[2]。

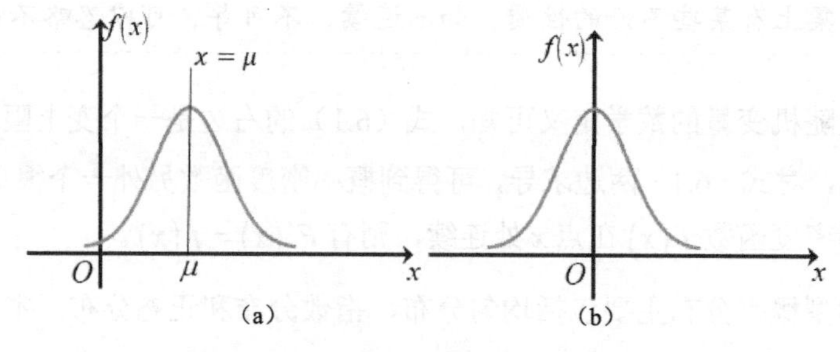

图 6.5　正态分布概率密度函数示意图

正态分布的置信区间定义为$[\mu-k\sigma, \mu+k\sigma]$，其中，$\mu$、$\sigma$是正态分布的参数，$k$是一个正整数。借助于$\phi(x)$的函数表，如果$X \sim N(\mu,\sigma^2)$，容易计算

$$P(\mu-\sigma<X<\mu+\sigma)=\phi(1)-\phi(-1)=2\phi(1)-1=0.6827$$

类似可得

$$P(\mu-2\sigma<X<\mu+2\sigma)=0.9545$$

$$P(\mu-3\sigma<X<\mu+3\sigma)=0.9973$$

以上结论说明，尽管服从正态分布的连续型随机变量取值范围理论上是$(-\infty,+\infty)$，但是它的取值落在$(\mu-3\sigma,\mu+3\sigma)$内的可能性达到了 99.73%。因此，在实际应用时，对于服从正态分布的连续型随机变量，考虑3σ内的置信区间就足够了。

6.1.5 随机变量的函数及其分布

随机变量的函数及其分布主要研究的问题是，如果知道随机变量X的概率分布，且$Y=g(X)$，怎样求随机变量Y的概率分布。随机变量的函数本质上是一种分布变换，它将一个随机变量变换为另外一个随机变量。本节将对离散型随机变量和连续型随机变量的函数及其分布进行介绍。

假设随机变量X是离散型随机变量，若$Y=g(X)$，则可以根据$y_k=g(x_k)$，$k=1,2,\cdots$，求出随机变量Y的所有可能取值[①]。不妨假设随机变量Y的所有可能取值是y_1、y_2、$\cdots$、y_j、$\cdots$。找到$\{Y=y_j\}$的等价事件$\{X\in D_j\}$，这样就有$P(\{Y=y_j\})=P(\{X\in D_j\})$或$P(Y=y_j)=P(X\in D_j)$。离散型随机变量的概率分布如表 6.2 所示。

表 6.2 离散型随机变量的概率分布

Y	y_1	y_2	$\cdots$	y_j	$\cdots$
P	$P(X\in D_1)$	$P(X\in D_2)$	$\cdots$	$P(X\in D_j)$	$\cdots$

由于随机变量X的取值也是离散的，在表 6.2 中的每一个D_j代表X的一个或多个取值的集合。可见，对于随机变量X，$Y=g(X)$是随机变量X的函数，即Y也是一个离散型随机变量。求随机变量Y的概率分布就是要找出与$Y=y_j$等价的随机变量X的取值，即$X\in D_j$。

若随机变量X是连续型随机变量，其概率密度函数是$f_X(x)$，分布函数是$F_X(x)$，$Y=g(X)$，并且假设$y=g(x)$是严格单调函数，其反函数$g^{-1}(x)=h(x)$存在连续倒数，则

① 这里$y_k=g(x_k)$，$k=1,2,\cdots$的值之间可能重复，因此，后面我们假设随机变量Y的所有可能取值是y_1、y_2、$\cdots$、y_j、$\cdots$。

$Y=g(X)$也是连续型随机变量，且其概率密度函数$f_Y(y)$是

$$f_Y(y)=\begin{cases} f_X(h(y))\left|h'(y)\right|, \alpha<y<\beta \\ 0, \qquad\qquad \text{其他} \end{cases}$$

其中，$\alpha=\min\{g(-\infty),g(+\infty)\}$，$\beta=\max\{g(-\infty),g(+\infty)\}$。

下面对上面结论给出简单证明，详细过程见文献[2]。不妨假设$y=g(x)$是严格单调递增函数，因此$g'(x)>0$，$h'(x)>0$。

当$y\leqslant\alpha$时，随机变量Y的分布函数$F_Y(y)=P(Y\leqslant y)=P(g(X)\leqslant y)=P(X\leqslant-\infty)=0$。

当$y\geqslant\beta$时，随机变量Y的分布函数$F_Y(y)=P(Y\leqslant y)=P(g(X)\leqslant y)=P(X\in\mathbf{R})=1$。

当$\alpha<y<\beta$时，随机变量Y的分布函数满足

$$F_Y(y)=P(Y\leqslant y)=P(g(X)\leqslant y)=P\left(X\leqslant g^{-1}(y)\right)=P(X\leqslant h(y))=\int_{-\infty}^{h(y)} f_X(t)\,\mathrm{d}t$$

对上式两边关于参变量y求导有

$$f_Y(y)=f_X(h(y))h'(y)$$

类似上面过程，假设$y=g(x)$是严格单调递减函数，可以得到，当$\alpha<y<\beta$时，$f_Y(y)=-f_X(h(y))h'(y)$，由于这种情况$h'(x)<0$，综合两种情况可得

$$f_Y(y)=f_X(h(y))\left|h'(y)\right|,\ \alpha<y<\beta$$

这样就证明了上面的结论。

应用要点：连续型随机变量函数的分布或分布变换在机器学习、深度学习中有广泛应用。一个典型的应用是，人们经常假设随机变量Z服从标准正态分布或其他简单分布，并通过上面介绍的分布变换对随机变量Z进行变换，得到人们希望的随机变量X。这里简要给出文献[4]中的一个经典例子，在基于流的生成模型中，生成过程常常定义为$\boldsymbol{Z}\sim P_\theta(\boldsymbol{Z})$，$\boldsymbol{X}\sim g_\theta(\boldsymbol{Z})$，其中，$P_\theta(\boldsymbol{Z})$是多变量正态分布。通过一系列变换$f_1$、$f_2$、…、$f_k$，随机变量$\boldsymbol{X}$和随机变量$\boldsymbol{Z}$之间的关系是

$$\boldsymbol{X}\overset{f_1}{\leftrightarrow}\boldsymbol{H}_1\overset{f_2}{\leftrightarrow}\boldsymbol{H}_2\cdots\boldsymbol{H}_{k-1}\overset{f_k}{\leftrightarrow}\boldsymbol{Z}$$

即得

$$\log P_\theta(\boldsymbol{X})=\log P_\theta(\boldsymbol{Z})+\log\left|\det\left(\frac{\mathrm{d}\boldsymbol{Z}}{\mathrm{d}\boldsymbol{X}}\right)\right|=\log P_\theta(\boldsymbol{Z})+\sum_{i=1}^{k}\log\left|\det\left(\frac{\mathrm{d}\boldsymbol{H}_i}{\mathrm{d}\boldsymbol{H}_{i-1}}\right)\right|$$

类似上面的分布变换在机器学习、深度学习等人工智能应用中被广泛使用。

6.1.6　多维随机变量及其分布

上面介绍的随机变量（包括离散型随机变量和连续型随机变量）都是假定一个随机变量能完全描述某个随机试验的结果，也就是说，该随机变量都是标量或一维的。上面给出的概率定义完全可以推广到多维的情况。为方便理解和图形化，本节以二维随机变量及其分布为例对多维随机变量及其分布进行讨论。

1．二维随机变量的定义

假设随机试验的样本空间 $\Omega=\{\omega\}$，$X=X(\omega)$ 和 $Y=Y(\omega)$ 是定义在样本空间 Ω 上的两个随机变量，由它们构成的向量 (X,Y) 叫作二维随机向量或二维随机变量。图 6.6 所示为二维随机变量图形化表示示意图。

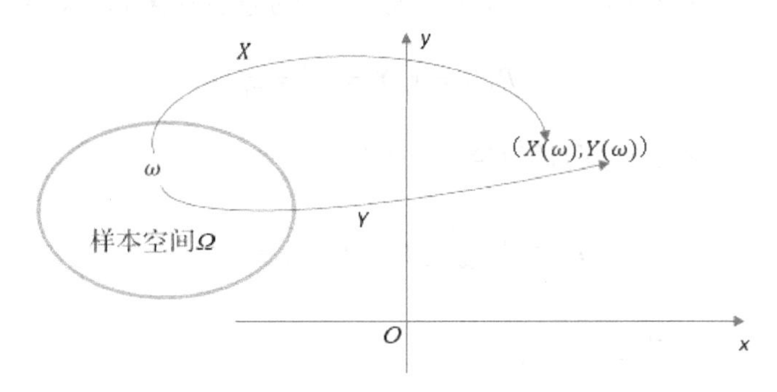

图 6.6　二维随机变量图形化表示示意图

假设 (X,Y) 是二维随机变量，对于任意的 $x\in\mathbf{R}$，$y\in\mathbf{R}$，二元函数

$$F(x,y)=P(X\leqslant x,Y\leqslant y)$$

称为二维随机变量 (X,Y) 的分布函数，或称为随机变量 X 和随机变量 Y 的联合分布函数。由于二维随机变量 (X,Y) 对应于平面上的随机点，这样分布函数 $F(x,y)$ 表示二维随机变量 (X,Y) 落在以点 (x,y) 为顶点，位于该点左下方无穷矩形区域内的概率，即落在图 6.7 所示阴影部分区域的概率。

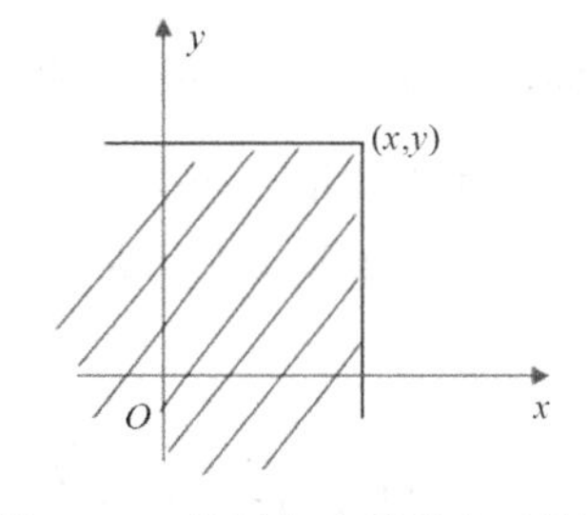

图 6.7　二维随机变量分布函数的几何意义

类似随机变量分布函数，二维随机变量的分布函数 $F(x,y)$ 具有如下基本性质。

（1）$0\leqslant F(x,y)\leqslant 1$，$F(+\infty,+\infty)=1$，$F(-\infty,y)=F(x,-\infty)=F(-\infty,-\infty)=0$。

（2）$F(x,y)$ 对应每个变量是单调不减函数，即当 $x_1<x_2$ 时，有 $F(x_1,y)\leqslant F(x_2,y)$；当 $y_1<y_2$ 时，有 $F(x,y_1)\leqslant F(x,y_2)$。

（3）$F(x,y)$ 对每个变量是右连续的，即 $\lim\limits_{x\to x_0^+} F(x,y)=F(x_0,y)$，$\lim\limits_{y\to y_0^+} F(x,y)=F(x,y_0)$。这两个极限等式也可以等价地写为 $\lim\limits_{\varepsilon\to 0^+} F(x_0+\varepsilon,y)=F(x_0,y)$，$\lim\limits_{\varepsilon\to 0^+} F(x,y_0+\varepsilon)=F(x,y_0)$。

（4）对任意的 $x_1<x_2$，$y_1<y_2$，有

$$F(x_2,y_2)-F(x_2,y_1)-F(x_1,y_2)+F(x_1,y_1)\geqslant 0$$

2. 二维离散型随机变量及其分布

若二维随机变量 (X,Y) 的所有可能取值是有限或可数无穷多对，则称 (X,Y) 是二维离散型随机变量。

假设二维离散型随机变量 (X,Y) 的所有可能取值是 (x_i,y_j)，$i,j=1,2,\cdots$，则二维离散型随机变量 (X,Y) 的概率分布是一个二维表，表中每个位置表示 X 取 x_i 、Y 取 y_j 的概率，即

$$P(X=x_i,Y=y_j)=p_{ij}$$

显然二维离散型随机变量 (X,Y) 的概率分布满足

$$p_{ij}\geqslant 0,\ \sum_{i=1}^{\infty}\sum_{j=1}^{\infty}p_{ij}=1,\ i,j=1,2,\cdots$$

3. 二维连续型随机变量及其分布

假设二维随机变量 (X,Y) 的分布函数是 $F(x,y)$，若存在非负可积函数 $f(x,y)$，使得对于任意的 $x\in\mathbf{R}$，$y\in\mathbf{R}$，有

$$F(x,y)=\int_{-\infty}^{y}\int_{-\infty}^{x}f(u,v)\mathrm{d}u\mathrm{d}v$$

则称 (X,Y) 是二维连续型随机变量，函数 $f(x,y)$ 是二维连续型随机变量 (X,Y) 的概率密度函数或随机变量 X 和随机变量 Y 的联合概率密度函数。

类似于随机变量的概率密度函数，二维连续型随机变量 (X,Y) 的概率密度函数有如下基本性质。

（1）$f(x,y)\geqslant 0$；$\int_{-\infty}^{+\infty}\int_{-\infty}^{+\infty}f(x,y)\mathrm{d}x\mathrm{d}y=1$。

（2）若 $f(x,y)$ 在点 (x,y) 处连续，则有

$$\frac{\partial^2 F(x,y)}{\partial x\partial y}=f(x,y)$$

（3）假设 G 是平面上的一个区域，二维连续型随机变量 (X,Y) 落在区域 G 内的概率是

$$P\left((X,Y)\in G\right)=\iint_G f(x,y)\mathrm{d}x\mathrm{d}y$$

由于 $P(x<X\leqslant x+\Delta x, y<Y\leqslant y+\Delta y)=\int_y^{y+\Delta y}\int_x^{x+\Delta x} f(u,v)\mathrm{d}u\mathrm{d}v\approx f(x,y)\Delta x\Delta y$，这说明二维连续型随机变量 (X,Y) 的概率密度函数 $f(x,y)$ 反映了二维连续型随机变量 (X,Y) 落在 (x,y) 附近单位面积中的概率[1]。

4．边缘分布

假设二维随机变量 (X,Y) 的分布函数是 $F(x,y)$，由于 X 和 Y 都是随机变量，它们有各自的分布函数，分别记为 $F_X(x)$ 和 $F_Y(y)$，因此对于二维随机变量 (X,Y) 而言，我们把 $F_X(x)$ 和 $F_Y(y)$ 分别称为关于随机变量 X 和随机变量 Y 的边缘分布函数。

由于

$$F_X(x)=P(X\leqslant x)=P(X\leqslant x, Y\leqslant +\infty)=F(x,+\infty)$$

$$F_Y(y)=P(Y\leqslant y)=P(X\leqslant +\infty, Y\leqslant y)=F(+\infty,y)$$

因此，在分布函数 $F(x,y)$ 中，分别令 $y\to+\infty$ 和 $x\to+\infty$ 就得到了边缘分布函数 $F_X(x)$ 和边缘分布函数 $F_Y(y)$。

由于二维离散型随机变量 (X,Y) 中 X 或 Y 的取值个数有限或可列，如果使一个随机变量的取值小于或等于无穷大等价于对这个变量的所有可能取值求和，这样就可以得到另外一个随机变量的概率分布。用数学公式表达为

$$P_X(X=x_i)=P(X=x_i, Y\leqslant +\infty)=\sum_{y_j}P(X=x_i, Y=y_j)=p_{i\cdot}，\quad i,j=1,2,\cdots$$

$$P_Y(Y=y_j)=P(X\leqslant +\infty, Y=y_j)=\sum_{x_i}P(X=x_i, Y=y_j)=p_{\cdot j}，\quad i,j=1,2,\cdots$$

其中，$P_X(X=x_i)$（$i=1,2,\cdots$）和 $P_Y(Y=y_j)$（$j=1,2,\cdots$）分别是关于随机变量 X 和随机变量 Y 的边缘概率分布。

对于二维连续型随机变量 (X,Y)，假设它的概率密度函数是 $f(x,y)$，有

$$F_X(x)=F(x,+\infty)=\int_{-\infty}^{x}\left(\int_{-\infty}^{+\infty}f(u,v)\mathrm{d}v\right)\mathrm{d}u=\int_{-\infty}^{x}f_X(u)\mathrm{d}u$$

$$F_Y(y)=F(+\infty,y)=\int_{-\infty}^{y}\left(\int_{-\infty}^{+\infty}f(u,v)\mathrm{d}u\right)\mathrm{d}v=\int_{-\infty}^{y}f_Y(v)\mathrm{d}v$$

其中，$f_X(u)=\int_{-\infty}^{+\infty} f(u,v)\mathrm{d}v$，$f_Y(v)=\int_{-\infty}^{+\infty} f(u,v)\mathrm{d}u$，这两个函数可以等价地记为 $f_X(x)=\int_{-\infty}^{+\infty} f(x,y)\mathrm{d}y$，$f_Y(y)=\int_{-\infty}^{+\infty} f(x,y)\mathrm{d}x$，这两个函数 $f_X(x)$ 和 $f_Y(y)$ 称为随机变量 X 和随机变量 Y 的边缘概率密度函数。

由以上内容可知，二维连续型随机变量 (X,Y) 的边缘分布函数就是它相应的边缘概率密度积分的结果。

5. 随机变量的相互独立性

假设 (X,Y) 是二维随机变量，若对于任意的 $x\in\mathbf{R}$，$y\in\mathbf{R}$，有

$$P(X\leqslant x,Y\leqslant y)=P(X\leqslant x)P(Y\leqslant y)$$

则称随机变量 X 和随机变量 Y 相互独立，简称独立。

根据两个随机变量独立的定义，同时结合分布函数的定义，可以得到以下性质。

（1）若随机变量 X 和随机变量 Y 独立，则对于任意的 $x\in\mathbf{R}$，$y\in\mathbf{R}$，有 $F(x,y)=F_X(x)F_Y(y)$。

（2）若 X 和 Y 是离散型随机变量，则 X 和 Y 独立的充分必要条件是

$$P(X=x_i,Y=y_j)=P(X=x_i)P(Y=y_j)，\ i,j=1,2,\cdots$$

（3）若 X 和 Y 是连续型随机变量，则 X 和 Y 独立的充分必要条件是

$$f(x,y)=f_X(x)f_Y(y)$$

已知通过二维随机变量 (X,Y) 的分布函数可以得到随机变量 X 和随机变量 Y 的边缘分布函数 $F_X(x)$ 和 $F_Y(y)$。那么反过来，如果已知随机变量 X 和随机变量 Y 的边缘分布函数 $F_X(x)$ 和 $F_Y(y)$，是否可以得到它们的联合分布函数呢？事实上，上面的性质（1）对这个问题给出了否定回答。一般情况下，根据边缘分布函数是无法得到联合分布函数的，除非这两个随机变量是独立的。

6.1.7 条件概率与条件分布

本章开始给出概率 $P(A)$ 的定义，它是对样本空间 Ω 中事件 A 发生可能性大小的一种推断。在实际应用中，很多时候人们需要在给定部分信息的基础上，对某个事件发生的可能性大小或可能试验结果进行推断，这样就导出了条件概率的概念。

1. 条件概率

假设 A 和 B 是样本空间 Ω 中的两个事件，如果已知事件 B 发生了，并且 $P(B)>0$，那么在事件 B 发生下事件 A 发生的条件概率是

$$P(A|B)=\frac{P(A\cap B)}{P(B)} \tag{6.2}$$

因为条件概率也是一种概率，所以它也应当满足概率定义中的三个条件。

显然根据式（6.2），有 $P(A|B)\geqslant 0$。同时

$$P(\Omega|B)=\frac{P(\Omega\cap B)}{P(B)}=\frac{P(B)}{P(B)}=1$$

说明式（6.2）满足概率定义中的第二个条件。假设事件 A_1、A_2、$\cdots$ 是两两互不相交或两两互斥的，根据式（6.2）有

$$\mathrm{P}(A_1\cup A_2\cup\cdots|B)=\frac{P((A_1\cup A_2\cup\cdots)\cap B)}{P(B)}=\frac{P((A_1\cap B)\cup(A_2\cap B)\cup\cdots)}{P(B)}$$

由于 A_1、A_2、$\cdots$ 是两两互不相交或两两互斥的，因此 $A_1\cap B$、$A_2\cap B$、$\cdots$ 也应该是两两互不相交或两两互斥的，这样上式就可以变形为

$$P(A_1\cup A_2\cup\cdots|B)=\frac{P(A_1\cap B)}{P(B)}+\frac{P(A_2\cap B)}{P(B)}+\cdots=P(A_1|B)+P(A_2|B)+\cdots$$

这就说明了式（6.2）满足概率定义中的第三个条件，因此，按式（6.2）定义的条件概率是一种概率律。条件概率模型示意图如图 6.8 所示。

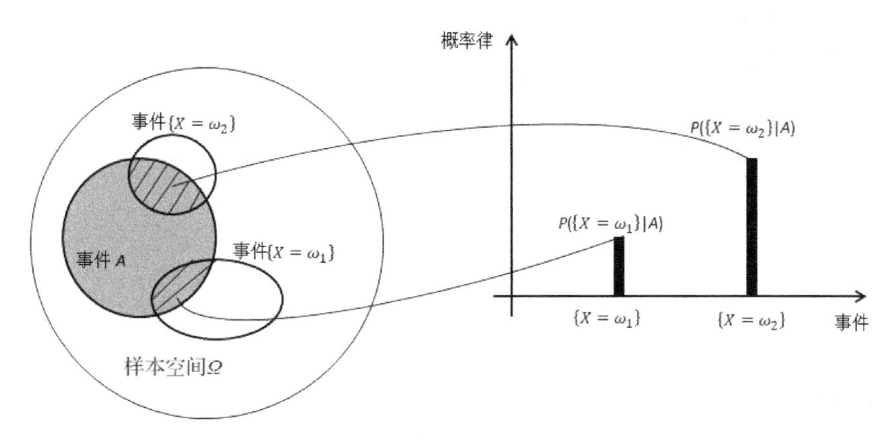

图 6.8　条件概率模型示意图

2．贝叶斯公式

式（6.2）变形后就是$P(A\cap B)=P(A|B)P(B)$，变形后的公式称为乘法公式，也是条件概率常用的一种等价形式。由于

$$P(A\cap B)=P(A|B)P(B)=P(B|A)P(A)$$

这样就有

$$P(A|B)=\frac{P(B|A)P(A)}{P(B)}$$

上式称为贝叶斯公式。在这个公式中，一般称$P(A)$是事件A的先验概率，$P(A|B)$是事件A的后验概率，$P(B|A)$是似然概率或似然函数。贝叶斯公式描述的是先验概率与后验概率之间的关系。

根据上面讲述概率模型的思路，在定义了概率模型之后，为了方便数学运算和处理，引进了随机变量。自然地，有了条件概率的模型之后，就会引入条件随机变量。

3．条件随机变量

条件随机变量是指在给定另外一个随机变量值的条件下的随机变量[1]。假设在一个随机试验中有两个随机变量X和Y，假定随机变量Y取了某个值y，该值可能提供了关于随机变量X的部分信息，这时称随机变量X是在随机变量Y取值条件下的条件随机变量。条件随机变量也是从样本空间Ω到实数集的一个实值函数，其图形化示意图如图6.9所示。

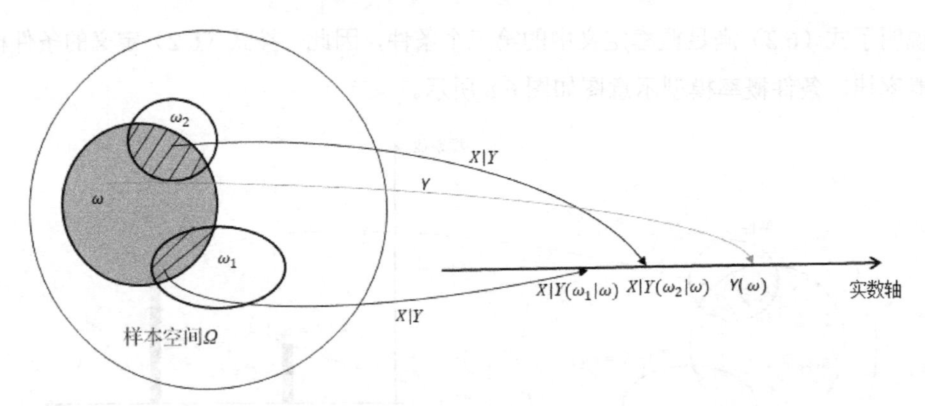

图6.9　条件随机变量图形化示意图

4．条件分布

假设有两个随机变量X和Y，当一个随机变量取某个固定值时，另外一个随机变量的概率分布，称为该随机变量的条件分布。

当随机变量 X 和随机变量 Y 是离散型随机变量时，在 $Y=y_j$ 的条件下，随机变量 X 的条件分布是

$$p_{X|Y}(x_i \mid y_j)=P(X=x_i \mid Y=y_j)$$

根据条件概率的定义有

$$p_{X|Y}\left(x_i|y_j\right)=\frac{P\left(X=x_i,Y=y_j\right)}{P\left(Y=y_j\right)}=\frac{p_{ij}}{p_{\cdot j}}，\ i=1,2,\cdots \tag{6.3}$$

式（6.3）称为在给定 $Y=y_j$ 的条件下，随机变量 X 的条件概率分布。为了使上式有意义，$P\left(Y=y_j\right)>0$，显然有 $p_{X|Y}(x_i \mid y_j)=P(X=x_i \mid Y=y_j)\geqslant 0$。根据边缘分布的性质，$\sum_i P\left(X=x_i,Y=y_j\right)=P\left(Y=y_j\right)$，代入式（6.3）得到

$$\sum_i p_{X|Y}\left(x_i|y_j\right)=1$$

根据以上讨论可得离散型随机变量的贝叶斯公式是

$$p\left(x_i|y_j\right)=\frac{P\left(Y=y_j|X=x_i\right)P\left(X=x_i\right)}{\sum_i P\left(X=x_i,Y=y_j\right)}，\ i=1,2,\cdots$$

当随机变量 X 和随机变量 Y 是连续型随机变量时，在 $Y=y$ 的条件下，随机变量 X 的条件概率密度是

$$f_{X|Y}\left(x|y\right)=\frac{f\left(x,y\right)}{f_Y\left(y\right)}$$

当随机变量 X 和随机变量 Y 是连续型随机变量时，在 $Y=y$ 的条件下，随机变量 X 的条件分布是

$$F_{X|Y}\left(x|y\right)=P(X\leqslant x \mid Y=y)$$

由于

$$P(X\leqslant x \mid Y=y)=\lim_{\varepsilon\to 0}P(X\leqslant x \mid y-\varepsilon\leqslant Y\leqslant y+\varepsilon)$$

上式右边根据条件概率定义有

$$P(X\leqslant x \mid Y=y)=\lim_{\varepsilon\to 0}\frac{P\left(X\leqslant x,y-\varepsilon\leqslant Y\leqslant y+\varepsilon\right)}{P\left(y-\varepsilon\leqslant Y\leqslant y+\varepsilon\right)}$$

上式右边利用分布函数的定义有

$$P(X \leqslant x \mid Y=y)=\lim_{\varepsilon \to 0} \frac{\int_{-\infty}^{x}\left(\int_{y-\varepsilon}^{y+\varepsilon} f(x,y)\mathrm{d}y\right)\mathrm{d}x}{\int_{y-\varepsilon}^{y+\varepsilon} f_Y(y)\mathrm{d}y}$$

上式右边利用中值定理有，存在 $y-\varepsilon \leqslant \theta_1$，$\theta_2 \leqslant y+\varepsilon$，使得

$$P(X \leqslant x \mid Y=y)=\lim_{\varepsilon \to 0} \frac{2\varepsilon \int_{-\infty}^{x} f(x,\theta_1)\mathrm{d}x}{2\varepsilon f_Y(\theta_2)}=\frac{\int_{-\infty}^{x} f(x,y)\mathrm{d}x}{f_Y(y)}$$

因此得到

$$F_{X|Y}(x|y)=P(X \leqslant x \mid Y=y)==\frac{\int_{-\infty}^{x} f(x,y)\mathrm{d}x}{f_Y(y)}$$

对上式两边关于自变量 x 求导，得到

$$F'_{X|Y}(x|y)=\frac{f(x,y)}{f_Y(y)}$$

结合条件概率的定义有

$$f_{X|Y}(x|y)=F'_{X|Y}(x|y)=\frac{f(x,y)}{f_Y(y)}$$

根据以上讨论可得连续型随机变量的贝叶斯公式是

$$p(x|y)=\frac{p(y|x)p_X(x)}{\int_{-\infty}^{+\infty} p(y|x)p_X(x)\mathrm{d}x}$$

6.2 随机变量的数字特征

上面讨论的概率模型主要是从随机变量的变化规律及描述它们的分布函数或概率密度函数进行介绍的。分布函数或概率密度函数很好地刻画了随机变量的变化规律或特征，可以说它们完全决定了随机变量的变化规律或特征，但是它们往往在实际应用中很难得到。因此，人们希望能获得由随机变量概率分布决定的、能刻画随机变量某一特征的常数，这些常数统称为随机变量的数字特征[2]。本节主要介绍随机变量的数学期望、方差与协方差、相关系数及其在机器学习和人工智能中的一些应用。

6.2.1　随机变量的数学期望

随机变量的数学期望本质上是平均值的推广，是加权平均值的一种抽象。本节将分别介绍离散型随机变量和连续型随机变量的数学期望。

1．离散型随机变量的数学期望

假设离散型随机变量 X 的概率分布是

$$P(X=x_i)=p(x_i)=p_i\text{，}\ i=1,2,\cdots$$

若无穷级数 $\sum_{i=1}^{\infty}x_i p_i$ 绝对收敛，则随机变量 X 的数学期望是

$$E(X)=\sum_{i=1}^{\infty}x_i p_i$$

假设随机变量 Y 是随机变量 X 的函数，$Y=g(X)$，并且假定 g 是连续的实值函数。如果离散型随机变量 X 的概率分布是

$$P(X=x_i)=p(x_i)=p_i\text{，}\ i=1,2,\cdots$$

且无穷级数 $\sum_{i=1}^{\infty}x_i p_i$ 绝对收敛，那么可以证明随机变量 Y 的数学期望是

$$E(Y)=E(g(X))=\sum_{i=1}^{\infty}g(x_i)p_i$$

以上结论说明，如果随机变量 Y 是随机变量 X 的函数，并且已知随机变量 X 概率分布的情况下，不需要直接求出随机变量 Y 的概率分布，而可以利用随机变量 X 的概率分布间接求出随机变量 Y 的概率分布。

由于离散型随机变量的分布完全决定了它的数学期望，因此为了体现离散型随机变量的分布，有时也常常将数学期望 $E(X)$ 记为 $E_{X\sim p(x)}(X)$，其中 $X\sim p(x)$ 表示离散型随机变量服从分布 $p(x)$ 或用概率分布 $p(x)$ 计算离散型随机变量 X 的期望，连续型随机变量和多维随机变量同理，此处便不再赘述。

因为随机变量的数学期望很容易推广到多维随机变量的情况，下面以二维随机变量为例，给出二维随机变量的数学期望定义。

假设二维随机变量 (X,Y) 的概率分布是

$$P(X=x_i,Y=y_j)=p_{ij}\text{，}\ i,j=1,2,\cdots$$

如果随机变量 $Z=(X,Y)$，那么离散型随机变量 Z 的数学期望也是一个向量，这个向量

的分量就是对单个随机变量的数学期望，即$E(Z)=(EX,EY)=\left(\sum_{i=1}^{\infty}x_i p_{i\bullet},\sum_{j=1}^{\infty}y_j p_{\bullet j}\right)$，当然这里要假定级数$\sum_{i=1}^{\infty}x_i p_{i\bullet}$和$\sum_{j=1}^{\infty}y_j p_{\bullet j}$绝对收敛，满足随机变量数学期望的条件。

若Z是随机变量(X,Y)的函数，$Z=g(X,Y)$，并且假定g是连续的实值函数，则Z的数学期望是

$$E(Z)=E\big(g(X,Y)\big)=\sum_{i=1}^{\infty}\sum_{j=1}^{\infty}g(x_i,y_j)p_{ij}$$

这里也要假定上式最右边级数绝对收敛。

2. 连续型随机变量的数学期望

假设连续型随机变量X的概率密度函数是$f(x)$，若$\int_{-\infty}^{+\infty}xf(x)\mathrm{d}x$绝对收敛，则连续型随机变量$X$的数学期望是

$$E(X)=\int_{-\infty}^{+\infty}xf(x)\mathrm{d}x$$

上面的概念也很容易推广到多维随机变量的情形，下面以二维随机变量为例，给出二维随机变量的数学期望。

假设连续型随机变量(X,Y)的概率密度函数是$f(x,y)$，Z是连续型随机变量(X,Y)的函数，$Z=g(X,Y)$，并且假定g是连续的实值函数，积分$\int_{-\infty}^{+\infty}\int_{-\infty}^{+\infty}g(x,y)f(x,y)\mathrm{d}x\mathrm{d}y$绝对收敛，则$Z$的数学期望是

$$E(Z)=E\big(g(X,Y)\big)=\int_{-\infty}^{+\infty}\int_{-\infty}^{+\infty}g(x,y)f(x,y)\mathrm{d}x\mathrm{d}y$$

3. 数学期望的基本性质

假设X、Y是随机变量，a、b、c是常数，根据数学期望的定义容易得到数学期望的以下性质。

（1）$E(aX+bY+c)=aE(X)+bE(Y)+c$。

（2）如果随机变量X、Y独立，有$E(XY)=E(X)E(Y)$。

（3）若$X\geqslant 0$，则$E(X)\geqslant 0$。

（4）$\big(E(XY)\big)^2\leqslant E(X^2)E(Y^2)$。

（5）如果 $g(x)$ 是一个凸函数，有 $E(g(X)) \geqslant g(E(X))$，那么这个不等式也称为 Jensen 不等式。Jensen 不等式有很多种形式，这是其中的一种。

由于性质（1）、（2）和（3）很容易证明，因此此处给出性质（4）、（5）的证明。假设 t 是任意实数，$f(x,y)$ 是随机变量 (X,Y) 的概率密度函数，则

$$E(tX+Y)^2 = \int_{-\infty}^{+\infty}\int_{-\infty}^{+\infty}(tx+y)^2 f(x,y)\mathrm{d}x\mathrm{d}y$$

将上式右边整理得到

$$E(tX+Y)^2 = t^2\int_{-\infty}^{+\infty}x^2 f_X(x)\mathrm{d}x + 2t\int_{-\infty}^{+\infty}\int_{-\infty}^{+\infty}xyf(x,y) + \int_{-\infty}^{+\infty}y^2 f_Y(y)\mathrm{d}y$$

根据数学期望的定义有

$$E(tX+Y)^2 = t^2E(X^2) + 2tE(XY) + E(Y^2)$$

由于 $(tX+Y)^2 \geqslant 0$，因此根据性质（3）有 $E(tX+Y)^2 \geqslant 0$。由于实数 t 的任意性，因此关于 t 的二次三项式始终满足

$$t^2E(X^2) + 2tE(XY) + E(Y^2) \geqslant 0$$

因此它的判别式小于或等于零，即

$$(2E(XY))^2 - 4E(X^2)E(Y^2) \leqslant 0$$

即得

$$(E(XY))^2 \leqslant E(X^2)E(Y^2)$$

下面简要给出性质（5）的证明。因为已知 $g(x)$ 是一个凸函数，所以存在 $0 \leqslant \alpha \leqslant 1$，使得

$$g(\alpha x_1 + (1-\alpha)x_2) \leqslant \alpha g(x_1) + (1-\alpha)g(x_2)$$

对上式采用数学归纳法[3]，以将其推广到一般的情况，即

如果 $\alpha_i \geqslant 0$，$i=1,2,\cdots,n$，$\alpha_1+\alpha_2+\cdots+\alpha_n=1$，则 $\forall x_1,x_2,\cdots,x_n$ 有

$$g(\alpha_1x_1+\alpha_2x_2+\cdots+\alpha_nx_n) \leqslant \alpha_1g(x_1)+\alpha_2g(x_2)+\cdots+\alpha_ng(x_n) \tag{6.4}$$

若把 x_i 看成随机变量 X 的取值，$P(X=x_i)=\alpha_i$ 是其概率分布，则根据随机变量数学期望的定义和随机变量函数的期望，有

$$E(X)=\alpha_1 x_1+\alpha_2 x_2+\cdots+\alpha_n x_n$$

$$E(g(X))=\alpha_1 g(x_1)+\alpha_2 g(x_2)+\cdots+\alpha_n g(x_n)$$

将以上两式代入式（6.4），得

$$E(g(X))\geqslant g(E(X))$$

6.2.2 方差

方差是反映随机变量取值分散程度的数字特征，即随机变量 X 的取值与它的数学期望 $E(X)$ 的偏离程度，是随机变量 X 与它的数学期望差值平方的数学期望。随机变量 X 的方差定义如下。

假设 X 是一个随机变量，若 $E(X-E(X))^2$ 存在，则称其为随机变量 X 的方差，记为 $D(X)$ 或 $\mathrm{Var}(X)$，即

$$D(X)=E(X-E(X))^2$$

由方差的定义可知，方差也是一个数学期望，它可以看成随机变量 X 的函数 $g(X)=(X-E(X))^2$ 的期望。在实际应用中经常会使用 $\sqrt{D(X)}$，我们称之为随机变量 X 的标准差，记为 $\sigma(X)$。

如果随机变量 X 是离散的，那么其概率分布是

$$P(X=x_i)=p(x_i)=p_i，\ i=1,2,\cdots$$

根据离散型随机变量函数的期望计算方法，可以得到

$$D(X)=E(X-E(X))^2=\sum_{i=1}^{\infty}g(x_i)p_i=\sum_{i=1}^{\infty}(x_i-E(X))^2 p_i$$

若随机变量 X 是连续的，其概率密度函数是 $f(x)$，则根据连续型随机变量函数的期望计算方法，可以得到

$$D(X)=E(X-E(X))^2=\int_{-\infty}^{+\infty}(x-E(X))^2 f(x)\mathrm{d}x$$

由于

$$D(X)=E(X-E(X))^2=E\left(X^2+2XE(X)+(E(X))^2\right)$$

根据数学期望的性质，上式右边可以变形为

$$E\left(X^2+2XE(X)+\left(E(X)\right)^2\right)=E\left(X^2\right)-2E(X)E(X)+\left(E(X)\right)^2=E\left(X^2\right)-\left(E(X)\right)^2$$

即得

$$D(X)=E\left(X^2\right)-\left(E(X)\right)^2$$

以上公式或方差性质是很重要的一种计算随机变量 X 方差的方法。

假设 X、Y 是随机变量，a、b、c 是常数，根据方差的定义很容易得到方差的以下基本性质。

（1）$D(c)=0$。

（2）$D(X+c)=D(X)$。

（3）$D(aX+b)=a^2D(X)$。

（4）$D(X+Y)=D(X)+D(Y)+2E\left(\left(X-E(X)\right)\left(Y-E(Y)\right)\right)$，若随机变量 X、Y 独立，则有 $D(X+Y)=D(X)+D(Y)$。

（5）$D(X)=0$ 的充分必要条件是 $P\left(X=E(X)\right)=1$。

例 6.1　假设随机变量 X 服从正态分布，即 $X\sim N\left(\mu,\sigma^2\right)$，求 $E(X)$ 和 $D(X)$。

解： 由于 $X\sim N\left(\mu,\sigma^2\right)$，它的概率密度函数是

$$f(x)=\frac{1}{\sqrt{2\pi}\sigma}\mathrm{e}^{-\frac{(x-\mu)^2}{2\sigma^2}}，\quad -\infty<x<+\infty$$

因此

$$E(X)=\int_{-\infty}^{+\infty}xf(x)\mathrm{d}x=E(X)=\int_{-\infty}^{+\infty}x\frac{1}{\sqrt{2\pi}\sigma}\mathrm{e}^{-\frac{(x-\mu)^2}{2\sigma^2}}\mathrm{d}x$$

在上式中，令 $y=\dfrac{x-\mu}{\sigma}$，有

$$E(X)=\int_{-\infty}^{+\infty}\frac{\sigma y+\mu}{\sqrt{2\pi}}\mathrm{e}^{-\frac{y^2}{2}}\mathrm{d}y=\int_{-\infty}^{+\infty}\frac{\sigma y}{\sqrt{2\pi}}\mathrm{e}^{-\frac{y^2}{2}}\mathrm{d}y+\int_{-\infty}^{+\infty}\frac{\mu}{\sqrt{2\pi}}\mathrm{e}^{-\frac{y^2}{2}}\mathrm{d}y=0+\mu=\mu$$

根据方差的定义有

$$D(X)=\int_{-\infty}^{+\infty}\left(x-E(X)\right)^2f(x)\mathrm{d}x=\int_{-\infty}^{+\infty}(x-\mu)^2\frac{1}{\sqrt{2\pi}\sigma}\mathrm{e}^{-\frac{(x-\mu)^2}{2\sigma^2}}\mathrm{d}x$$

在上式中，令 $y=\dfrac{x-\mu}{\sigma}$，有

$$D(X)=\int_{-\infty}^{+\infty}(y\sigma+\mu-\mu)^2\frac{1}{\sqrt{2\pi}\sigma}\mathrm{e}^{-\frac{y^2}{2}}\sigma\mathrm{d}y=\int_{-\infty}^{+\infty}\frac{\sigma^2}{\sqrt{2\pi}}y^2\mathrm{e}^{-\frac{y^2}{2}}\mathrm{d}y$$

对上式最右边采用分部积分，并利用 $\int_{-\infty}^{+\infty}\mathrm{e}^{-\frac{y^2}{2}}\mathrm{d}y=\sqrt{2\pi}$ ，得到

$$D(X)=\sigma^2$$

这个例子说明，正态分布的两个参数 μ、σ^2 分别表示它的数学期望和方差。

6.2.3 协方差与相关系数

方差概念是针对一个随机变量而言的。若两个随机变量 X、Y 相互对立，则 $E\big((X-E(X))(Y-E(Y))\big)=0$ ，这说明，若 $E\big((X-E(X))(Y-E(Y))\big)\neq 0$ ，则随机变量 X、Y 之间存在一定的关系。这样就引出了协方差与相关系数的概念。

假设 X、Y 是两个随机变量，若 $E\big((X-E(X))(Y-E(Y))\big)$ 存在，则称其是随机变量 X 和 Y 的协方差，记为 $\mathrm{Cov}(X,Y)$ ，即

$$\mathrm{Cov}(X,Y)=E\big((X-E(X))(Y-E(Y))\big)$$

同时，把

$$\rho_{XY}=\frac{\mathrm{Cov}(X,Y)}{\sqrt{D(X)}\sqrt{D(Y)}}$$

称为随机变量 X 和随机变量 Y 的相关系数。

对于离散型随机变量 X、Y ，假设它们的概率分布是 $P(X=x_i,Y=y_j)=p_{ij}$， $i,j=1,2,\cdots$ ，则它们的协方差计算公式是

$$\mathrm{Cov}(X,Y)=\sum_{i=1}^{\infty}\sum_{j=1}^{\infty}(x_i-E(X))(y_j-E(Y))p_{ij}$$

对于连续型随机变量 X、Y ，假设它们的联合概率密度函数是 $f(x,y)$ ，则它们的协方差计算公式是

$$\mathrm{Cov}(X,Y)=\int_{-\infty}^{+\infty}\int_{-\infty}^{+\infty}(x-E(X))(y-E(Y))f(x,y)\mathrm{d}x\mathrm{d}y$$

假设 X、Y 是随机变量， a、b 是常数，根据方差和协方差的定义，容易得到协方差的以下基本性质。

（1） $\mathrm{Cov}(X,Y)=\mathrm{Cov}(Y,X)$， $\mathrm{Cov}(X,X)=D(X)$ 。

（2）$\mathrm{Cov}(X,Y)=E(XY)-E(X)E(Y)$。

（3）$\mathrm{Cov}(aX,bY)=ab\mathrm{Cov}(X,Y)$。

（4）$D(X+Y)=D(X)+D(Y)+2\mathrm{Cov}(X,Y)$，若随机变量 X、Y 独立，则 $D(X+Y)=D(X)+D(Y)$ 或者 $\mathrm{Cov}(X,Y)=0$。

相关系数 ρ_{XY} 描述的是随机变量 X、Y 的线性相关程度。当 $\rho_{XY}=0$ 时，随机变量 X 和随机变量 Y 不相关。相关系数具有如下常用性质。这些性质的详细证明见文献[2]。

（1）$|\rho_{XY}|\leqslant 1$。

（2）$|\rho_{XY}|=1$ 的充分必要条件是存在常数 a（$a\neq 0$）和常数 b，使得 $P(Y=aX+b)=1$。

（3）若随机变量 X、Y 相互独立，则随机变量 X 和随机变量 Y 不相关。

本节介绍的协方差是针对两个一维随机变量而言的，这个概念可以推广到两个二维或多维随机变量，这样就导出了协方差矩阵的概念。

假设 $\boldsymbol{x}=(X_1,X_2,\cdots,X_n)$ 是 n 维随机变量，任意两个分量 X_i 和 X_j 之间的协方差 $\mathrm{Cov}(X_i,X_j)$ 都存在，则

$$\boldsymbol{\Sigma}=\begin{bmatrix} \mathrm{Cov}(X_1,X_1) & \mathrm{Cov}(X_1,X_2) & \cdots & \mathrm{Cov}(X_1,X_n) \\ \mathrm{Cov}(X_2,X_1) & \mathrm{Cov}(X_2,X_2) & \cdots & \mathrm{Cov}(X_2,X_n) \\ \vdots & \vdots & & \vdots \\ \mathrm{Cov}(X_n,X_1) & \mathrm{Cov}(X_n,X_2) & \cdots & \mathrm{Cov}(X_n,X_n) \end{bmatrix}$$

是 n 维随机变量 $(X_1,X_2,\cdots,X_n)$ 的协方差矩阵。若将协方差矩阵 $\boldsymbol{\Sigma}$ 写成向量的乘积形式，则有

$$\boldsymbol{\Sigma}=E\left((\boldsymbol{x}-E(\boldsymbol{x}))(\boldsymbol{x}-E(\boldsymbol{x}))^{\mathrm{T}}\right)$$

很显然，根据协方差矩阵的定义可知，它是一个对称矩阵。因此，对任意的非零 n 维向量 $\boldsymbol{u}$，有

$$\boldsymbol{u}^{\mathrm{T}}\boldsymbol{\Sigma}\boldsymbol{u}=\boldsymbol{u}^{\mathrm{T}}E\left((\boldsymbol{x}-E(\boldsymbol{x}))(\boldsymbol{x}-E(\boldsymbol{x}))^{\mathrm{T}}\right)\boldsymbol{u}=E\left(\boldsymbol{u}^{\mathrm{T}}(\boldsymbol{x}-E(\boldsymbol{x}))(\boldsymbol{x}-E(\boldsymbol{x}))^{\mathrm{T}}\boldsymbol{u}\right)$$

由于 $\boldsymbol{u}^{\mathrm{T}}(\boldsymbol{x}-E(\boldsymbol{x}))=(\boldsymbol{x}-E(\boldsymbol{x}))^{\mathrm{T}}\boldsymbol{u}$，令 $s=(\boldsymbol{x}-E(\boldsymbol{x}))^{\mathrm{T}}\boldsymbol{u}$，上式可以变形为

$$\boldsymbol{u}^{\mathrm{T}}\boldsymbol{\Sigma}\boldsymbol{u}=E(s^2)\geqslant 0$$

因此得到协方差矩阵 $\boldsymbol{\Sigma}$ 是半正定矩阵。这说明协方差矩阵是一个对称的半正定矩阵，协方差矩阵的半正定性与方差的非负性是一致的，但是我们并不能保证协方差矩阵是半正定的。

有了协方差矩阵之后，有些二维或多维随机变量的分布或概率密度函数可以利用协方

差矩阵进行简洁描述。这里给出在机器学习和人工智能中有广泛应用的多维正态分布的概率密度函数。假设随机变量 $\boldsymbol{x}$ 服从 n 维正态分布，它的概率密度函数是

$$f(\boldsymbol{x})=\frac{1}{(2\pi)^{\frac{n}{2}}|\boldsymbol{\Sigma}|^{\frac{1}{2}}}\mathrm{e}^{-\frac{1}{2}(\boldsymbol{x}-\boldsymbol{\mu})^{\mathrm{T}}\boldsymbol{\Sigma}^{-1}(\boldsymbol{x}-\boldsymbol{\mu})}$$

以上公式是一维正态分布概率密度函数的推广，其中 $\boldsymbol{\mu}$ 是 n 维随机变量 $\boldsymbol{x}$ 的均值，$\boldsymbol{\Sigma}$ 是 $\boldsymbol{x}$ 的 n 阶协方差矩阵。随机变量 $\boldsymbol{x}$ 服从 n 维正态分布，可以记为 $\boldsymbol{x}\sim N(\boldsymbol{\mu},\boldsymbol{\Sigma})$。$n$ 维正态分布具有很多良好的性质，这些性质在机器学习与人工智能中有许多应用，具体内容见文献[5]。

方差最大化和协方差为零是 PCA 背后的两个基本数学原理，本节后续内容将给出它们在 PCA 中的应用，具体内容见文献[6]。

6.2.4 方差和协方差在 PCA 中的应用举例

PCA 就是对包含冗余信息的原始数据进行线性变换，在损失比较少信息的前提下，使得变换后的数据维度降低，同时各个维度数据互不相关。通常把线性变换之后生成的各个维度数据称为主成分，其中每个主成分都是原始数据各个维度的线性组合。

原始数据可以由原始数据空间的基向量线性组合表示，而 PCA 的各个主成分是原始数据各个维度的线性组合，这样 PCA 的本质就是，获取一组变换后数据的基向量，它们是原始数据空间基向量的线性组合[7]。PCA 是一种常用的数据降维方法，由于各个主成分数据之间互不相关，使得主成分比原始数据具有某些更优越的性能。这样在研究复杂问题时可以只考虑少数主成分而不至于损失太多信息，且更容易抓住主要矛盾，揭示事物的内在规律性，同时使问题得到简化，提高分析和挖掘效率。

既然 PCA 是一种数据降维方法，那么怎么评估降维之后的效果自然是人们关心的问题。本节将通过一个简单的例子来说明这个问题[8]。

对图 6.10 所示的二维数据，通过降维的方法，将它们变换为一维数据。这里假定这些数据的样本均值为零，否则，可以通过平移变换使得它们的样本均值为零。由于采用降维的方法将二维数据降维到一维数据，自然有一些信息的损失，人们希望丢失是冗余信息。因此，下面分析的核心是使得变换后的冗余信息最小化。也就是说，人们希望通过这个例子来说明，PCA 方法的第一个数学原理，即方差最大化。同时，人们希望变换后的各个主成分是不相关的，不相关性刚好可以用各个主成分之间的协方差来度量，当它们之间的协方差为零时，各个主成分之间是正交的，即它们之间线性无关。协方差为零是 PCA 方法的第二个数学原理。

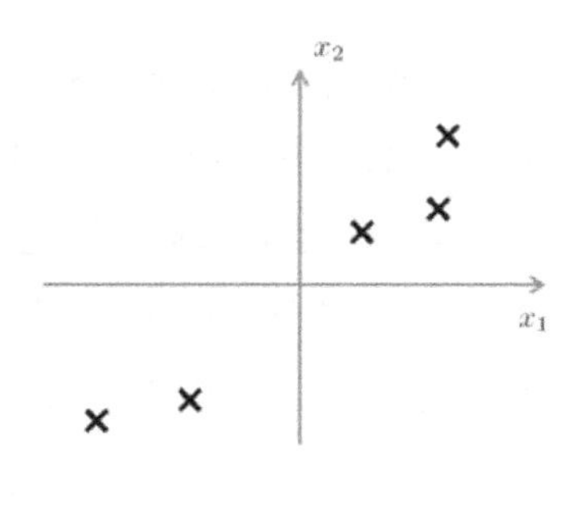

图 6.10　二维数据

图 6.10 中的二维数据要降维到一维数据，就是在二维平面内选择一条直线作为投影直线，并将图 6.10 中的数据点投影到该直线上，投影点对应的一维坐标值就是二维数据变换后的坐标值。由于在二维平面内选择一条投影直线有多种方式，那么怎样选择投影直线是人们关心的问题。针对图 6.10 中的二维数据，图 6.11 中有两条直线，选择它们中的哪一条直线作为投影直线更好呢？

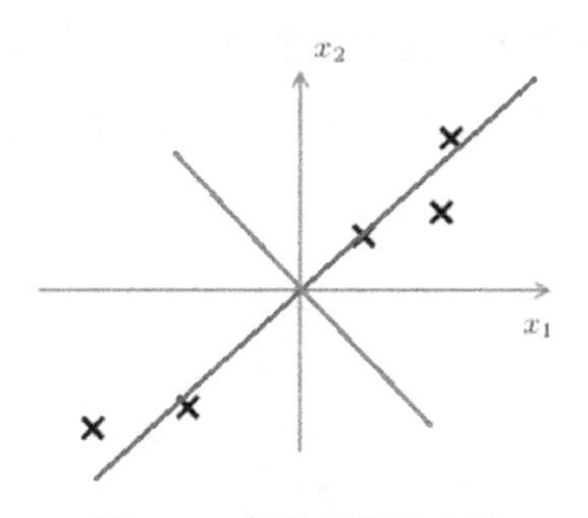

图 6.11　投影直线示意图

人们为了判断应该选择图 6.11 中经过一、三象限的直线作为投影直线，还是经过二、四象限的直线作为投影直线，首先将数据点分别投影到这两条直线上，得到图 6.12 所示的示意图。

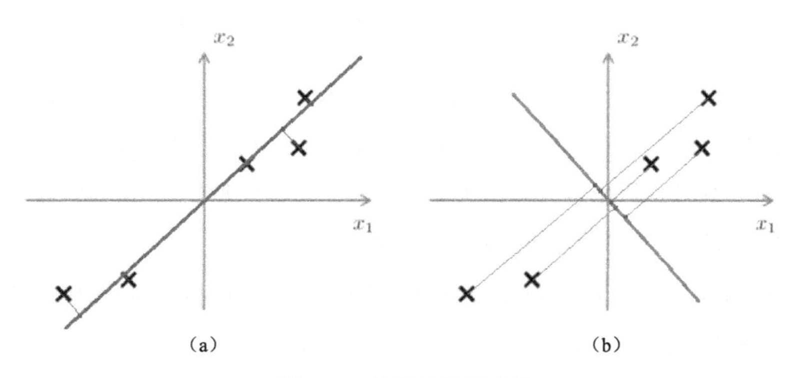

图 6.12　投影结果示意图

从图 6.12（a）中可以直观地看出，数据点投影到该图中的直线上后，投影点比较分散，冗余信息较少；相比较而言，数据点投影到图 6.12（b）中的直线上后，投影点比较集中，依然存在一定的冗余信息。因此，从直观上看，人们应该选择图 6.12（a）中的直线，那么应该怎样将这种变换后冗余信息最小化泛化为一般情形呢？

图 6.12 中各个投影点之间的分散程度可以用它们之间的距离来刻画，而假定数据点的样本均值为零，那么图 6.12 中各个投影点的分散程度可以用它们的方差来度量，人们希望投影后投影点方差最大化。

上面是通过将二维数据降维到一维数据图形化地解释了最大化减少冗余信息等价于方差最大化，即只需要找到使得投影方差最大的直线就可以了。但对于高维数据，人们希望变换获得的主成分之间是线性无关的。下面通过将一组三维数据降维到二维数据来说明，这等价于降维后的两个主成分之间的协方差为零。

高维数据降维中协方差为零示意图如图 6.13 所示。要将图 6.13 中的数据点降维到二维数据点。首先可以通过方差最大化，找到一个使得投影点方差最大化的方向；然后在此基础上，找到和这个方向垂直的另一个使得投影点方差最大的方向。这两个方向就是数据降维后的两个主成分方向。

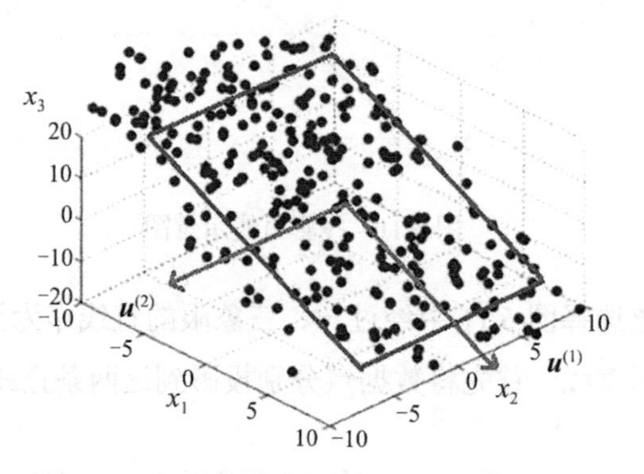

图 6.13　高维数据降维中协方差为零示意图

在图 6.13 中，人们希望数据点投影到矩形平面，那么怎样才能找到矩形平面的一组正交基或两个主成分方向？首先通过方差最大化可以找到第一个方向向量 $\boldsymbol{u}^{(1)}$，然后找到和方向向量 $\boldsymbol{u}^{(1)}$ 垂直并且是投影点方差最大化的第二个方向向量 $\boldsymbol{u}^{(2)}$，这样就获得了矩形平面的一组正交基，这等价于它们之间的协方差为零。

有了上面的准备之后，根据矩阵分析的基本理论，通过对数据点的协方差矩阵对角化和特征分解，很容易导出 PCA 算法，具体内容见文献[9]。

为了导出 PCA 算法，需要将数据点投影到新空间中超平面上后，使得投影点的方差最大化。因此，首先需要将投影点的方差表示出来作为优化目标。假设数据集

$X=\{\boldsymbol{x}_1,\boldsymbol{x}_2,\cdots,\boldsymbol{x}_N\}\in\mathbf{R}^{n\times N}$，$\boldsymbol{x}_i\in\mathbf{R}^n$，并且假定这些数据进行了中心化处理，即 $\sum_{i=1}^{N}\boldsymbol{x}_i=\boldsymbol{0}$；数据点投影后得到的新坐标系是 $\{\boldsymbol{w}_1,\boldsymbol{w}_2,\cdots,\boldsymbol{w}_d\}$，$d<n$，其中 $\boldsymbol{w}_i$ 是标准正交基向量。于是，数据点 x_i 在变换后空间第 j 维基向量上的投影是 $\boldsymbol{w}_j\cdot\boldsymbol{x}_i$，也就是 $\boldsymbol{w}_j$ 和 $\boldsymbol{x}_i$ 的内积。

假设线性变换矩阵是 $\boldsymbol{W}\in\mathbf{R}^{n\times d}$，则数据点 $\boldsymbol{x}_i$ 在变换后空间上的投影是 $\boldsymbol{W}^{\mathrm{T}}\boldsymbol{x}_i$。因此，所有数据点的投影绝对值之和最大（或方差最大）即最大化 $\frac{1}{N}\sum_{i=1}^{N}\left|\boldsymbol{W}^{\mathrm{T}}\boldsymbol{x}_i\right|$，为了便于数学运算，将绝对值修改为平方，就得到最大化 $\frac{1}{N}\sum_{i=1}^{N}\left(\boldsymbol{W}^{\mathrm{T}}x_i\right)^2$。又因为

$$\frac{1}{N}\sum_{i=1}^{N}\left(\boldsymbol{W}^{\mathrm{T}}\boldsymbol{x}_i\right)^2=\frac{1}{N}\sum_{i=1}^{N}\left(\boldsymbol{W}^{\mathrm{T}}\boldsymbol{x}_i\right)^{\mathrm{T}}\left(\boldsymbol{W}^{\mathrm{T}}\boldsymbol{x}_i\right)=\frac{1}{N}\sum_{i=1}^{N}\left(\boldsymbol{x}_i^{\mathrm{T}}\boldsymbol{W}\right)\left(\boldsymbol{W}^{\mathrm{T}}\boldsymbol{x}_i\right)=\frac{1}{N}\sum_{i=1}^{N}\left(\boldsymbol{W}^{\mathrm{T}}\boldsymbol{x}_i\right)\left(\boldsymbol{x}_i^{\mathrm{T}}\boldsymbol{W}\right)$$

所以得到的优化目标是 $\frac{1}{N}\sum_{i=1}^{N}\boldsymbol{W}^{\mathrm{T}}\boldsymbol{x}_i\boldsymbol{x}_i^{\mathrm{T}}\boldsymbol{W}$。忽略求和符号外面的常数因子，又因为 $\sum_{i=1}^{N}\boldsymbol{W}^{\mathrm{T}}\boldsymbol{x}_i\boldsymbol{x}_i^{\mathrm{T}}\boldsymbol{W}=\mathrm{tr}\left(\boldsymbol{W}^{\mathrm{T}}\sum_{i=1}^{N}\boldsymbol{x}_i\boldsymbol{x}_i^{\mathrm{T}}\boldsymbol{W}\right)=\mathrm{tr}\left(\boldsymbol{W}^{\mathrm{T}}\boldsymbol{X}\boldsymbol{X}^{\mathrm{T}}\boldsymbol{W}\right)$，所以最终的优化模型是

$$\begin{cases}\max\limits_{\boldsymbol{W}}\ \ \mathrm{tr}\left(\boldsymbol{W}^{\mathrm{T}}\boldsymbol{X}\boldsymbol{X}^{\mathrm{T}}\boldsymbol{W}\right)\\ \text{s.t.}\ \ \boldsymbol{W}^{\mathrm{T}}\boldsymbol{W}=\boldsymbol{I}\end{cases}\tag{6.5}$$

采用拉格朗日方法来求解式（6.5），通过对式（6.5）的第二式引入拉格朗日乘子 $\boldsymbol{\lambda}$ 得到拉格朗日函数是

$$L(\boldsymbol{w},\boldsymbol{\lambda})=\mathrm{tr}\left(\boldsymbol{W}^{\mathrm{T}}\boldsymbol{X}\boldsymbol{X}^{\mathrm{T}}\boldsymbol{W}\right)-\boldsymbol{\lambda}^{\mathrm{T}}\left(\boldsymbol{W}^{\mathrm{T}}\boldsymbol{W}-\boldsymbol{I}\right)\tag{6.6}$$

对式（6.6）关于 $\boldsymbol{w}$ 求导数，利用 $\frac{\partial\mathrm{tr}\left(\boldsymbol{A}^{\mathrm{T}}\boldsymbol{B}\right)}{\partial\boldsymbol{A}}=\boldsymbol{B}$ 得到

$$\frac{\partial L(\boldsymbol{w},\boldsymbol{\lambda})}{\partial\boldsymbol{w}}=\boldsymbol{X}\boldsymbol{X}^{\mathrm{T}}\boldsymbol{W}-\boldsymbol{\lambda}\boldsymbol{W}$$

令上式等于零得到，$\boldsymbol{\lambda}$ 的每个分量就是数据点协方差矩阵 $\boldsymbol{X}\boldsymbol{X}^{\mathrm{T}}$ 的特征根①。因为这时有 $\boldsymbol{X}\boldsymbol{X}^{\mathrm{T}}\boldsymbol{W}=\boldsymbol{\lambda}\boldsymbol{W}$，将其代入优化目标有

$$\mathrm{tr}\left(\boldsymbol{W}^{\mathrm{T}}\boldsymbol{X}\boldsymbol{X}^{\mathrm{T}}\boldsymbol{W}\right)=\mathrm{tr}\left(\boldsymbol{\lambda}\boldsymbol{W}^{\mathrm{T}}\boldsymbol{W}\right)=\mathrm{tr}(\boldsymbol{\lambda}\boldsymbol{I})=\sum_{i=1}^{d}\lambda_i\tag{6.7}$$

式（6.7）说明，这时目标函数值就是协方差矩阵 $\boldsymbol{X}\boldsymbol{X}^{\mathrm{T}}$ 的 d 个特征根之和，显然要达到此目

① 这里假定数据点的样本均值为零，并且忽略了常数因子 $\frac{1}{N}$。

的，只需要对协方差矩阵 $\boldsymbol{XX}^{\mathrm{T}}$ 进行特征值分解，选取前面最大的 d 个特征根对应的特征向量作为降维后的主成分基向量，即 $\boldsymbol{W}=\left(\boldsymbol{w}_1,\boldsymbol{w}_2,\cdots,\boldsymbol{w}_d\right)$，其中 $\boldsymbol{w}_1$、$\boldsymbol{w}_2$、…、$\boldsymbol{w}_d$ 是 $\boldsymbol{XX}^{\mathrm{T}}$ 的 d 个特征根对应的特征向量。根据上面的分析得到 PCA 算法的步骤如算法 6.1 所示。

算法 6.1　PCA 算法
输入：数据集 $\left\{\boldsymbol{x}_1,\boldsymbol{x}_2,\cdots,\boldsymbol{x}_N\right\}\in\mathbf{R}^{n\times N},\boldsymbol{x}_i\in\mathbf{R}^n$；降维后的空间维数 d 输出：线性变换矩阵 $\boldsymbol{W}=\left(\boldsymbol{w}_1,\boldsymbol{w}_2,\cdots,\boldsymbol{w}_d\right)$ （1）对数据集的所有数据点进行中心化处理：$\boldsymbol{x}_i\leftarrow\boldsymbol{x}_i-\frac{1}{N}\sum_{i=1}^{N}\boldsymbol{x}_i$ （2）根据中心化处理后的数据点计算它们的协方差矩阵 $\boldsymbol{XX}^{\mathrm{T}}$ （3）对构建的协方差矩阵 $\boldsymbol{XX}^{\mathrm{T}}$ 进行特征值分解 （4）选取（3）中最大的 d 个特征值所对应的特征向量 $\boldsymbol{w}_1$、$\boldsymbol{w}_2$、…、$\boldsymbol{w}_d$ （5）输出线性变换矩阵 $\boldsymbol{W}=\left(\boldsymbol{w}_1,\boldsymbol{w}_2,\cdots,\boldsymbol{w}_d\right)$

PCA 算法是一种常用的数据降维算法，目的是找到线性变换矩阵 $\boldsymbol{W}$，使得变换后的样本数据是 $\boldsymbol{WX}$，在数据维数降低的同时，数据的信息损失最小。本节采用投影点方差最大化和拉格朗日方法对 PCA 的原理和算法进行了阐述。求解线性变换矩阵 $\boldsymbol{W}$ 的常用方法是采用矩阵的奇异值分解。

6.3　极限理论

本节介绍的内容主要包括大数定律和中心极限定理，它们是概率论的理论基石。其中，大数定律描述了在大量独立重复试验中，某一组随机变量的均值与其数学期望的关系；中心极限定理描述了独立随机变量之和的极限分布。

6.3.1　随机变量的矩与切比雪夫不等式

上面给出的随机变量期望和方差的概念可以看成 $E\left(X^k\right)$、$E\left(\left(X-E\left(X\right)\right)^k\right)$ 在 $k=1$ 的特殊情况。一般地，假设 X 是随机变量，若 $E\left(X^k\right)$，$k=1,2,3,\cdots$ 存在，则称它是随机变量 X 的 k 阶原点矩或 k 阶矩。若 $E\left(\left(X-E\left(X\right)\right)^k\right)$，$k=1,2,3,\cdots$ 存在，则称它是随机变量 X 的 k 阶中心矩。

假设 X、Y 是随机变量，若 $E\left(X^kY^l\right)$，$k,l=1,2,3,\cdots$ 存在，则称它是随机变量 X、Y 的 $k+l$ 阶混合矩。若 $E\left(\left(X-E\left(X\right)\right)^k\left(Y-E\left(Y\right)\right)^l\right)$，$k,l=1,2,3,\cdots$ 存在，则称它是随机变量

X、Y 的 $k+l$ 阶混合中心矩。很显然，上面介绍的协方差是随机变量 X、Y 的二阶混合中心矩，n 维随机变量协方差矩阵的每个元素 $\mathrm{Cov}(X_i, X_j)$ 也是一个二阶混合中心矩，即 k、l 都取值为 1 的情形。

1. 马尔可夫不等式

假设随机变量 $X \geqslant 0$，它的数学期望是 $E(X)$，则对任意的 $\varepsilon > 0$，有

$$P(X \geqslant \varepsilon) \leqslant \frac{E(X)}{\varepsilon}$$

以上公式称为马尔可夫不等式。它把概率关联到数学期望，给出了随机变量的累积分布函数一个估计上界。下面给出马尔可夫不等式的详细证明。

若随机变量 X 是离散型随机变量，概率分布是 $p(x)$，则

$$E(X) = \sum_{X=x} xp(x) \geqslant \sum_{X=x \geqslant \epsilon} xp(x) \geqslant \varepsilon \sum_{X=x \geqslant \epsilon} p(x) = \varepsilon P(X \geqslant \varepsilon)$$

这样就得到了 $P(X \geqslant \varepsilon) \leqslant \dfrac{E(X)}{\varepsilon}$。

若随机变量 X 是连续型随机变量，概率分布是 $p(x)$，则

$$E(X) = \int_0^{+\infty} xp(x)\mathrm{d}x \geqslant \int_\varepsilon^{+\infty} xp(x)\mathrm{d}x \geqslant \varepsilon \int_\varepsilon^{+\infty} p(x)\mathrm{d}x = \varepsilon P(X \geqslant \varepsilon)$$

这样也得到 $P(X \geqslant \varepsilon) \leqslant \dfrac{E(X)}{\varepsilon}$，从而马尔可夫不等式得证。

2. 切比雪夫不等式

切比雪夫不等式给出了随机变量 X 的数学期望 $E(X)$ 与它的方差 σ^2 之间的关系。假设随机变量 X 的数学期望 $E(X) = \mu$，方差 $D(X) = \sigma^2$，则对任意的 $\varepsilon > 0$，有

$$P(|X - \mu| \geqslant \varepsilon) \leqslant \frac{\sigma^2}{\varepsilon^2}$$

以上公式称为切比雪夫不等式。

通过马尔可夫不等式可以很容易地证明切比雪夫不等式。证明方法如下。

因为 $P(|X - \mu| \geqslant \varepsilon) = P(|X - \mu|^2 \geqslant \varepsilon^2)$，根据马尔可夫不等式有

$$P(|X - \mu| \geqslant \varepsilon) = P(|X - \mu|^2 \geqslant \varepsilon^2) \leqslant \frac{E(|X - \mu|^2)}{\varepsilon^2} = \frac{\sigma^2}{\varepsilon^2}$$

所以切比雪夫不等式得证。

当然，切比雪夫不等式也可以直接根据随机变量及其分布的基本概念证明。下面针对连续型随机变量给出切比雪夫不等式的证明。假设连续型随机变量 X 的概率密度函数是 $f(x)$，则有

$$P(|X-\mu| \geqslant \varepsilon) = \int_{|X-\mu| \geqslant \varepsilon} f(x)\mathrm{d}x$$

由于 $|X-\mu| \geqslant \varepsilon$，有 $\dfrac{|X-\mu|^2}{\varepsilon^2} \geqslant 1$，根据上式可以得到

$$P(|X-\mu| \geqslant \varepsilon) = \int_{|X-\mu| \geqslant \varepsilon} f(x)\mathrm{d}x \leqslant \int_{|X-\mu| \geqslant \varepsilon} \frac{|X-\mu|^2}{\varepsilon^2} f(x)\mathrm{d}x \leqslant \int_{\mathbf{R}} \frac{|X-\mu|^2}{\varepsilon^2} f(x)\mathrm{d}x$$

上式的最后一项利用方差定义可以得到

$$P(|X-\mu| \geqslant \varepsilon) = \int_{|X-\mu| \geqslant \varepsilon} f(x)\mathrm{d}x \leqslant \int_{|X-\mu| \geqslant \varepsilon} \frac{|X-\mu|^2}{\varepsilon^2} f(x)\mathrm{d}x \leqslant \int_{\mathbf{R}} \frac{|X-\mu|^2}{\varepsilon^2} f(x)\mathrm{d}x = \frac{\sigma^2}{\varepsilon^2}$$

即切比雪夫不等式得证。

切比雪夫不等式说明大多数随机变量的取值会集中在它的平均值附近，随机变量偏离其数学期望越远（ε 越大），则随机变量落入 $|X-\mu| \geqslant \varepsilon$ 区间的概率越小（$\dfrac{\sigma^2}{\varepsilon^2}$ 越小）。切比雪夫不等式为随机变量偏离其数学期望的概率给出了一个估计上界。

切比雪夫不等式也可以等价地表示为

$$P(|X-\mu| < \varepsilon) = 1 - P(|X-\mu| \geqslant \varepsilon) \geqslant 1 - \frac{\sigma^2}{\varepsilon^2}$$

马尔可夫不等式和切比雪夫不等式是导出霍夫丁不等式的基础，后者是学习理论中很重要的基础不等式，具体内容见文献[10]。

6.3.2 大数定律

在实践中，大量随机现象结果的平均值具有稳定性，大数定律给出了这种现象的理论依据。大数定律指出，多个随机变量的均值随着随机变量个数的增加不断增加，它们的均值趋向它们的数学期望。

假设 X_1、X_2、…、X_n、…是一个随机变量序列，a 是一个常数，若对任意的 $\varepsilon > 0$，有

$$\lim_{n \to \infty} P(|X_n - a| < \varepsilon) = 1$$

则称随机变量序列 X_1、X_2、…、X_n、…依概率收敛于 a，记为 $X_n \xrightarrow{p} a(n \to \infty)$。很显然，依

概率收敛定义中的等式也可以等价地替换为

$$\lim_{n\to\infty} P\left(\left|X_n - a\right| \geqslant \varepsilon\right) = 0$$

有了依概率收敛的定义之后，本节将给出大数定律及相关证明。大数定律有多个表现形式，本节主要给出切比雪夫大数定律、伯努利大数定律和辛钦大数定律。

1. 切比雪夫大数定律

假设随机变量序列 X_1、X_2、…、X_i、…、X_n 是相互独立的，且它们的方差有界，即存在常数 a，使得 $D(X_i) \leqslant a$，$i = 1,2,\cdots,n$，则对任意的 $\varepsilon > 0$，有

$$\lim_{n\to\infty} P\left(\left|\frac{1}{n}\sum_{i=1}^{n} X_i - \frac{1}{n}\sum_{i=1}^{n} E(X_i)\right| < \varepsilon\right) = 1$$

以上结论称为切比雪夫大数定律。下面给出该结论的证明。

假设 $Y_n = \frac{1}{n}\sum_{i=1}^{n} X_i$，则有

$$E(Y_n) = E\left(\frac{1}{n}\sum_{i=1}^{n} X_i\right) = \frac{1}{n}\sum_{i=1}^{n} E(X_i)$$

$$D(Y_n) = D\left(\frac{1}{n}\sum_{i=1}^{n} X_i\right) = \frac{1}{n^2}\sum_{i=1}^{n} D(X_i) \leqslant \frac{a}{n}$$

根据切比雪夫不等式有

$$P\left(\left|\frac{1}{n}\sum_{i=1}^{n} X_i - \frac{1}{n}\sum_{i=1}^{n} E(X_i)\right| < \varepsilon\right) \geqslant 1 - \frac{a}{n\varepsilon^2}$$

对上式两边取极限有

$$\lim_{n\to\infty} P\left(\left|\frac{1}{n}\sum_{i=1}^{n} X_i - \frac{1}{n}\sum_{i=1}^{n} E(X_i)\right| < \varepsilon\right) \geqslant 1$$

又因为所有概率函数的取值小于或等于 1，所以切比雪夫大数定律得证。

切比雪夫大数定律给出了一组独立且方差有公共上界的随机变量的均值与其数学期望均值之间的关系。

2. 伯努利大数定律

伯努利分布也称为两点分布或 0-1 分布，它是指随机变量 X 的取值只能是 0 和 1。假定 X 取值为 1 的概率是 p，那么 X 取值为 0 的概率就是 $1-p$，这样随机变量 X 的概率分

布是

$$P(X=k)=p^k(1-p)^{1-k}\text{，}\ k\in\{0,1\}\text{，}\ 0<p<1$$

伯努利分布一般记为$X\sim B(p)$，其中p是伯努利分布的参数。

人们把n个独立同分布的伯努利分布随机变量之和服从的分布称为n重伯努利分布或二项分布，即若随机变量X的概率分布是

$$P(X=k)=\mathrm{C}_n^k p^k(1-p)^{n-k}\text{，}\ k=0,1,2,\cdots,n\text{，}\ 0<p<1$$

则称随机变量X服从参数是n、p的二项分布，记为$X\sim B(n,p)$。二项分布的含义可以理解为，随机变量X在n次试验中有k次成功的概率或k次发生的概率。

假设n_A是n重伯努利分布中事件A发生的次数，p是事件A在每次独立试验中发生的概率，则对任意的$\varepsilon>0$，有

$$\lim_{n\to\infty}P\left(\left|\frac{n_A}{n}-p\right|<\varepsilon\right)=1$$

以上结论称为伯努利大数定律。下面给出该结论的证明。

根据假设，n_A是一个随机变量，且有$n_A\sim B(n,p)$，这样可以计算得到$E(n_A)=np$，$D(n_A)=np(1-p)$，从而得到

$$E\left(\frac{n_A}{n}\right)=\frac{E(n_A)}{n}=\frac{np}{n}=p$$

$$D\left(\frac{n_A}{n}\right)=\frac{D(n_A)}{n^2}=\frac{np(1-p)}{n^2}=\frac{p(1-p)}{n}$$

根据切比雪夫不等式，对任意的$\varepsilon>0$，有

$$P\left(\left|\frac{n_A}{n}-p\right|<\varepsilon\right)\geqslant 1-\frac{p(1-p)}{n\varepsilon^2}$$

上式两边对n取极限有

$$\lim_{n\to\infty}P\left(\left|\frac{n_A}{n}-p\right|<\varepsilon\right)\geqslant 1$$

因为所有概率函数的取值小于或等于 1，所以有

$$\lim_{n\to\infty}P\left(\left|\frac{n_A}{n}-p\right|<\varepsilon\right)=1$$

即伯努利大数定律得证。很显然，伯努利大数定律中的概率等式也可以等价地表示为

$$\lim_{n\to\infty} P\left(\left|\frac{n_A}{n}-p\right| \geqslant \varepsilon\right)=0$$

伯努利大数定律建立了一组独立的伯努利随机均值与伯努利随机变量的参数 p（伯努利随机变量的数学期望）之间的关系，它可以看成切比雪夫大数定律的特殊情况。

3．辛钦大数定律

假设随机变量 X_1、X_2、…、X_i、…、X_n 相互独立且服从相同的概率分布，它们的数学期望 $E(X_i)=\mu$，则对任意的 $\varepsilon>0$，有

$$\lim_{n\to\infty} P\left(\left|\frac{1}{n}\sum_{i=1}^{n}X_i-\mu\right|<\varepsilon\right)=1$$

以上结论称为辛钦大数定律。下面给出该结论的证明。

假设 $D(X_i)=\sigma^2$，这样有

$$\frac{1}{n}\sum_{i=1}^{n}E(X_i)=\mu$$

$$D\left(\frac{1}{n}\sum_{i=1}^{n}X_i\right)=\frac{1}{n^2}\sum_{i=1}^{n}D(X_i)=\frac{\sigma^2}{n}$$

根据切比雪夫不等式，对任意的 $\varepsilon>0$，有

$$1-\frac{\sigma^2}{n\varepsilon^2}\leqslant P\left(\left|\frac{1}{n}\sum_{i=1}^{n}X_i-\mu\right|<\varepsilon\right)\leqslant 1$$

上式两边对 n 取极限有

$$\lim_{n\to\infty} P\left(\left|\frac{1}{n}\sum_{i=1}^{n}X_i-\mu\right|<\varepsilon\right)=1$$

即辛钦大数定律得证。

需要说明的是，在辛钦大数定律中，并没有要求随机变量 X_1、X_2、…、X_i、…、X_n 的方差存在，而证明过程中假定了它们的方差存在，这样做的原因是可以简化计算。实际上，去掉方差存在这个假定条件，辛钦大数定律也是成立的[11]。辛钦大数定律给出了一组独立同分布的随机变量均值与它们的数学期望之间的关系。

6.3.3 中心极限定理

在实际问题的解决和建模中，一些随机现象受到许多相互独立随机因素的影响，当每个因素所产生的影响都很微小时，总的影响可以看作或近似看作是服从正态分布的。这就是中心极限定理存在的客观背景。中心极限定理从数学上对这一现象给出了理论支撑，它本质上证明了有些概率分布以正态分布为极限分布。

1．林德贝格-勒维定理

假设随机变量X_1、X_2、…、X_i、…、X_n相互独立且服从相同的概率分布，它们的数学期望$E(X_i)=\mu$，方差$D(X_i)=\sigma^2$，则对任意的实数x，有

$$\lim_{n\to\infty}P\left(\frac{\sum_{i=1}^{n}X_i-n\mu}{\sqrt{n}\sigma}<x\right)=\Phi(x)$$

其中，$\Phi(x)=\frac{1}{\sqrt{2\pi}}\int_{-\infty}^{x}\mathrm{e}^{-\frac{t^2}{2}}\mathrm{d}t$。这个结论称为林德贝格-勒维定理，也称为独立同分布德中心极限定理。

2．棣莫佛-拉普拉斯定理

假设随机变量X_n服从二项分布，即$X_n\sim B(n,p)$，则有

$$\lim_{n\to\infty}P\left(\frac{X_n-np}{\sqrt{np(1-p)}}<x\right)=\Phi(x)$$

其中，$\Phi(x)=\frac{1}{\sqrt{2\pi}}\int_{-\infty}^{x}\mathrm{e}^{-\frac{t^2}{2}}\mathrm{d}t$。这个结论称为棣莫佛-拉普拉斯定理。很显然这个定理是林德贝格-勒维定理的特殊情况。

下面将给出独立同分布的中心极限定理的详细证明。由于证明涉及特征函数，因此先给出随机变量特征函数的定义。特征函数的定义在机器学习与人工智能领域本身就具有很重要的参考价值，因为特征函数的本质是概率函数的傅里叶变换，而在机器学习与人工智能领域经常要对数据进行变换后，并用相关模型或算法对其进行处理，傅里叶变换就是常用的处理方法之一。

随机变量X的特征函数定义是

$$\varphi_X(t)=E\left(\mathrm{e}^{\mathrm{i}tX}\right)$$

式中，t 是一个实数，E 是数学期望，i 是虚数单位。若随机变量 X 的概率密度函数存在，且是 $f_X(x)$，则有

$$\varphi_X(t) = E\left(\mathrm{e}^{\mathrm{i}tX}\right) = \int_{-\infty}^{+\infty} \mathrm{e}^{\mathrm{i}tx} f_X(x)\mathrm{d}x$$

从上式可以看出，随机变量 X 的特征函数就是概率密度函数的傅里叶变换。如果两个随机变量具有相同的特征函数，那么它们具有相同的概率分布；反之，如果两个随机变量具有相同的概率分布，那么它们的特征函数相同。独立随机变量之和的特征函数等于每个随机变量特征函数的乘积。

假定随机变量 X 的特征函数 $\varphi_X(t) = \int_{-\infty}^{+\infty} \mathrm{e}^{\mathrm{i}tX} f_X(x)\mathrm{d}x$，为了简化计算不妨假定 $E(X) = 0$，$D(X) = \sigma^2$，容易计算特征函数的 k 阶导数是

$$\varphi_X^{(k)}(t) = \int_{-\infty}^{+\infty} (\mathrm{e}^{\mathrm{i}tx})^{(k)} f_X(x)\mathrm{d}x = \int_{-\infty}^{+\infty} (\mathrm{i}x)^k \mathrm{e}^{\mathrm{i}tX} f_X(x)\mathrm{d}x$$

根据上式很容易得到

$$\varphi_X^{(0)}(0) = \varphi_X(0) = \int_{-\infty}^{+\infty} f_X(x)\mathrm{d}x = 1$$

$$\varphi_X'(0) = \mathrm{i}\int_{-\infty}^{+\infty} x f_X(x)\mathrm{d}x = \mathrm{i}E(X) = 0$$

$$\varphi_X''(0) = -\int_{-\infty}^{+\infty} x^2 f_X(x)\mathrm{d}x = -\sigma^2$$

假设随机变量 $Y_i = X_i - \mu$，由于 $E(X_i) = \mu$，$D(X_i) = \sigma^2$，这样有 $E(Y_i) = 0$，$D(Y_i) = \sigma^2$。假设随机变量 Y_i 的特征函数是 $\varphi(t)$，令 $\eta = \dfrac{Y_1 + Y_2 + \cdots + Y_n}{\sqrt{n}\sigma}$，则 η 的特征函数是

$$\left(\varphi\left(\frac{t}{\sqrt{n}\sigma}\right)\right)\left(\varphi\left(\frac{t}{\sqrt{n}\sigma}\right)\right)\cdots\left(\varphi\left(\frac{t}{\sqrt{n}\sigma}\right)\right) = \left(\varphi\left(\frac{t}{\sqrt{n}\sigma}\right)\right)^n$$

令 $n \to \infty$，有 $\dfrac{t}{\sqrt{n}\sigma} \to 0$，这样 $\varphi\left(\dfrac{t}{\sqrt{n}\sigma}\right)$ 可以在零点处进行泰勒展开，得到

$$\varphi\left(\frac{t}{\sqrt{n}\sigma}\right) = \varphi(0) + \varphi'(0)\left(\frac{t}{\sqrt{n}\sigma}\right) + \varphi''(0)\left(\frac{t}{\sqrt{n}\sigma}\right)^2 + o\left(\left(\frac{t}{\sqrt{n}\sigma}\right)^2\right)$$

将 $\varphi(0) = 1$，$\varphi'(0) = 0$，$\varphi''(0) = -\sigma^2$，代入上式有

$$\left(\varphi\left(\frac{t}{\sqrt{n}\sigma}\right)\right)^n=\left(1-\frac{t^2}{2n}+o\left(\left(\frac{t}{\sqrt{n}\sigma}\right)^2\right)\right)^n=\left(1-\frac{t^2}{2n}+o\left(\left(\frac{t}{\sqrt{n}\sigma}\right)^2\right)\right)^{\left(-\frac{2n}{t^2}\right)\left(-\frac{t^2}{2}\right)}$$

对上式右边取极限有

$$\lim_{n\to\infty}\left(1-\frac{t^2}{2n}+o\left(\left(\frac{t}{\sqrt{n}\sigma}\right)^2\right)\right)^{\left(-\frac{2n}{t^2}\right)\left(-\frac{t^2}{2}\right)}=\mathrm{e}^{-\frac{t^2}{2}}$$

根据特征函数的定义可得，$\mathrm{e}^{-\frac{t^2}{2}}$是标准正态分布$N(0,1)$的特征函数。因此，根据特征函数的性质可得，当随机变量在$n\to\infty$时，它服从标准正态分布，即$n\to\infty$时，有

$$\lim_{n\to\infty}P\left(\frac{\sum_{i=1}^{n}X_i-n\mu}{\sqrt{n}\sigma}<x\right)=\Phi(x)$$

其中，$\Phi(x)$是服从标准正态分布随机变量的分布函数。

应用要点： 正因为中心极限定理给出了多个随机变量的和构成的随机变量，所以当随机变量个数比较大时，可以近似认为它服从正态分布。而正态分布又具有很好的性质，易于计算，很多情况下甚至可以得到其解析解，因此，在机器学习中，没有其他先验条件情况下，一般假设样本数据服从正态分布。

6.4 机器学习中的参数估计

在机器学习中，人们经常处理这样的问题，假定人们观察到了样本数据集$X=\{\boldsymbol{x}_1,\boldsymbol{x}_2,\cdots,\boldsymbol{x}_N\}\in\mathbf{R}^{n\times N}$，$\boldsymbol{x}_i\in\mathbf{R}^n$，这些样本数据是满足某一个分布或从某一个分布随机采用获得的。例如，X服从正态分布$N(\mu,\sigma^2)$，但是该正态分布的参数μ、σ^2没有给出，人们可以根据获得的样本数据集X给出参数μ、σ^2的估计值，这类问题就是参数估计问题。

人们对模型或分布的参数理解有两种不同的观点。一种是频率学派的观点，该观点认为参数虽然未知，但却是客观存在的固定值，可以通过优化似然函数等准则来确定参数值。最大似然估计、卡方检验、显著性检验、方差分析和假设检验都属于频率学派的观点，本节主要介绍该观点中的最大似然估计。另外一种是贝叶斯学派的观点，该观点认为参数是未观察到的随机变量，其本身也可以有分布。该观点往往会假定参数服从某一先验分布，

先基于观测到的数据来计算参数的后验分布（后验概率分布），再求出后验分布的特征值，以此得到参数的估计值，本节主要介绍该观点中的最大后验估计和贝叶斯估计。

6.4.1 最大似然估计

最大似然估计是一种频率主义建模思路，假定数据服从某一分布，但是没有给出分布的参数，它的目标是找出一组参数，使得模型或分布生成观测样本数据的可能性（或概率）最大。

给定样本数据集 $X=\{\boldsymbol{x}_1,\boldsymbol{x}_2,\cdots,\boldsymbol{x}_N\}\in\mathbf{R}^{n\times N}$，$\boldsymbol{x}_i\in\mathbf{R}^n$，假定样本数据服从的概率分布是 $p(\boldsymbol{x}\mid\theta)$①，其中，$\boldsymbol{x}$ 是随机变量，θ 是分布的参数，也就是要估计的参数。

$$L(\theta)=\prod_{i=1}^{N}p(\boldsymbol{x}_i\mid\theta)$$

上式为给定样本数据 $\boldsymbol{x}_1$、$\boldsymbol{x}_2$、…、$\boldsymbol{x}_N$ 的情况下，关于参数 θ 的似然函数。根据上式可知，似然函数在形式上也是一种概率，表示在参数 θ 下样本数据发生的可能性，即表示参数 θ 的取值和样本数据的关联程度。

注意：上式左边的似然函数是关于参数 θ 的函数，上式右边的概率分布是关于随机变量 $\boldsymbol{x}$ 的函数。

最大似然估计的目标是选取合适的 θ 值，让似然函数的值最大化。这样就变成了求解以下优化问题。

$$\max_{\theta}L(\theta)=\max_{\theta}\prod_{i=1}^{N}p(\boldsymbol{x}_i\mid\theta)$$

由于上式中概率相乘，可能会导致浮点数溢出，常见的处理方法是将似然函数取对数，这样上式就变为

$$\max_{\theta}\ln L(\theta)=\max_{\theta}\ln\prod_{i=1}^{N}p(\boldsymbol{x}_i\mid\theta)=\max_{\theta}\sum_{i=1}^{N}\ln p(\boldsymbol{x}_i\mid\theta)$$

上式对参数 θ 求导并令导数为零，就可以得到参数 θ 的最大似然估计。

最大似然估计的应用举例如下。

例 6.2 假设有一枚正面和反面不均匀的硬币，将其抛掷 100 次，结果有 70 次正面向上，30 次反面向上。假设硬币正面向上的概率是 θ，求一次试验中硬币正面向上的概率 θ。

① 也有很多教材将 $p(x_i\mid\theta)$ 写为 $p(x_i;\theta)$。

解：显然参数θ的对数似然函数是

$$\ln L(\theta)=\ln\prod_{i=1}^{100}p(x_i\mid\theta)=\ln\prod_{i=1}^{100}\left[\theta^{x_i}(1-\theta)^{1-x_i}\right]=\ln\left[\theta^{70}(1-\theta)^{30}\right]=70\ln\theta+30\ln(1-\theta)$$

上式对参数θ求导，并令导数为零，得到

$$\frac{70}{\theta}-\frac{30}{1-\theta}=0$$

因此

$$\theta=\frac{70}{70+30}=0.7$$

例 6.3 假设有样本数据集$x_1,x_2,\cdots,x_N$，它们服从正态分布$N(\mu,\sigma^2)$，估计该正态分布的参数μ、σ^2。

解：参数μ、σ^2的对数似然函数是

$$\begin{aligned}&\ln L(\mu,\sigma^2)\\&=\ln\prod_{i=1}^{N}p(x_i\mid\mu,\sigma^2)=\ln\left\{\prod_{i=1}^{N}\left(\frac{1}{\sqrt{2\pi}\sigma}\mathrm{e}^{-\frac{(x_i-\mu)^2}{2\sigma^2}}\right)\right\}=-\frac{N}{2}\ln(2\pi)-\frac{N}{2}\ln\sigma^2-\sum_{i=1}^{N}\frac{(x_i-\mu)^2}{2\sigma^2}\end{aligned}$$

上式分别对参数μ、σ求导，并令导数为零，得到

$$\frac{\partial\ln L(\mu,\sigma^2)}{\partial\mu}=-\sum_{i=1}^{N}\frac{x_i-\mu}{2\sigma^2}=0$$

$$\frac{\partial\ln L(\mu,\sigma^2)}{\partial\sigma}=-\frac{N}{\sigma}+\frac{(x_i-\mu)^2}{\sigma^3}=0$$

根据上面两个等式，有

$$\mu=\frac{1}{N}\sum_{i=1}^{N}x_i$$

$$\sigma^2=\frac{1}{N}\sum_{i=1}^{N}(x_i-\mu)^2$$

通过这个例子可以发现，最大似然估计得到的正态分布均值是样本均值，方差是样本方差。以上结果是针对一维正态分布得到的，类似地可以将以上结果推广到n维正态分布的情况，这里直接给出结论，具体的推导过程见文献[3]和文献[5]。假定$\boldsymbol{x}_1,\boldsymbol{x}_2,\cdots,\boldsymbol{x}_N$随机采样于$n$维正态分布$N(\boldsymbol{\mu},\boldsymbol{\Sigma})$，可以通过最大似然估计，得到参数$\boldsymbol{\mu}$、$\boldsymbol{\Sigma}$的估计值分别是

$$\boldsymbol{\mu}=\frac{1}{N}\sum_{i=1}^{N}\boldsymbol{x}_i$$

$$\boldsymbol{\Sigma}=\frac{1}{N}\sum_{i=1}^{N}(\boldsymbol{x}_i-\boldsymbol{\mu})(\boldsymbol{x}_i-\boldsymbol{\mu})^{\mathrm{T}}$$

注意：在一维正态分布的情况下，x_i 是标量，而在 n 维正态分布情况下，$\boldsymbol{x}_i$ 是向量，读者可根据上下文进行区分。

6.4.2 最大后验估计

最大似然估计是假定模型或分布的参数 θ 是一个确定值，只是其具体的取值未知。当采用最大似然估计对参数 θ 进行估计时，参数 θ 的所有信息来自于观测到的样本数据信息，最大似然估计是取样本观测值概率最大的参数值。而本节介绍的最大后验估计属于贝叶斯学派的观点，它认为参数 θ 是未观测到的随机变量，其本身也有概率分布 $p(\theta)$，参数 θ 的概率分布 $p(\theta)$ 表达了人们对参数 θ 进行估计之前，有了一些关于参数 θ 的信息和知识，正因为这样，我们一般称 $p(\theta)$ 是参数 θ 的先验分布。当人们通过试验获得样本数据集 X 后，在已知样本数据下，推断参数 θ 的概率分布 $p(\theta|X)$，一般称为 θ 的后验分布。

根据贝叶斯公式，参数 θ 的先验分布和后验分布 $p(\theta|X)$ 之间的关系是

$$p(\theta|X)=\frac{p(X|\theta)p(\theta)}{p(X)}$$

以上公式提供了通过参数 θ 的先验分布和似然函数 $p(X|\theta)$ 来计算后验分布 $p(\theta|X)$ 的方法，最大后验估计就是

$$\underset{\theta}{\operatorname{argmax}}\, p(\theta|X)=\underset{\theta}{\operatorname{argmax}}\frac{p(X|\theta)p(\theta)}{p(X)}$$

由于上式右边的分母与 θ 无关，因此最大后验估计的等价形式是

$$\underset{\theta}{\operatorname{argmax}}\, p(\theta|X)=\underset{\theta}{\operatorname{argmax}}\left(p(X|\theta)p(\theta)\right)$$

类似于最大似然估计的处理方法，对上式右边取对数，并将样本数据代入，可以得到

$$\underset{\theta}{\operatorname{argmax}}\, p(\theta|X)=\underset{\theta}{\operatorname{argmax}}\left(\ln\left(\prod_{i=1}^{N}p(\theta)\,p(x_i|\theta)\right)\right)=\underset{\theta}{\operatorname{argmax}}\left(\ln p(\theta)+\sum_{i=1}^{N}\ln p(x_i|\theta)\right)$$

对上式右边关于参数 θ 求导，并令导数为零，就可以得到参数 θ 的估计值。

最大后验估计的应用举例如下。

为了方便比较最大后验估计与最大似然估计的差别，这里给出的例子是在最大似然估计应用举例的基础上的进一步讨论。

例 6.4 假定在例 6.2 中，参数θ服从正态分布$N\left(0.7,0.1^2\right)$，估计参数θ的值。

解：由于参数θ服从正态分布$N\left(0.7,0.2^2\right)$，因此采用最大后验估计，可得目标函数是

$$\ln L(\theta)=\ln\left(\prod_{i=1}^{100}p\left(x_i|\theta\right)p(\theta)\right)=\ln\left[\prod_{i=1}^{100}\theta^{x_i}(1-\theta)^{1-x_i}\frac{1}{0.1\sqrt{2\pi}}\mathrm{e}^{-\frac{(\theta-0.7)^2}{2\times0.1^2}}\right]$$

上式对θ求导并令导数为零，得到

$$\frac{70}{\theta}-\frac{30}{1-\theta}-100(\theta-0.7)=0$$

即参数θ的值约为0.69。

例 6.5 假定在例 6.3 中，已知正态分布$N\left(\mu,\sigma^2\right)$的参数$\sigma^2$，参数$\mu$未知，但是假定参数$\mu$服从另外一个正态分布$N\left(\mu_0,\sigma_m^2\right)$，采用最大后验估计估计参数$\mu$的值。

解：根据最大后验估计可得，最大化目标函数是

$$\ln L(\mu)=\ln\left\{\frac{1}{\sqrt{2\pi}\sigma_m}\mathrm{e}^{-\frac{(\mu-\mu_0)^2}{2\sigma_m{}^2}}\prod_{i=1}^{N}\left[\frac{1}{\sqrt{2\pi}\sigma}\mathrm{e}^{-\frac{(x_i-\mu)^2}{2\sigma^2}}\right]\right\}$$

上式化简后可得

$$\ln L(\mu)=\ln\frac{1}{\sqrt{2\pi}\sigma_m}-\frac{(\mu-\mu_0)^2}{2\sigma_m{}^2}+N\ln\frac{1}{\sqrt{2\pi}\sigma}-\sum_{i=1}^{N}\frac{(x_i-\mu)^2}{2\sigma^2}$$

上式关于μ求导，并令导数为零得到

$$\mu=\frac{\sigma_m{}^2\sum_{i=1}^{N}x_i+\mu_0\sigma^2}{N\sigma_m{}^2+\sigma^2}$$

以上结果就是通过最大后验估计得到的参数μ的值。很显然，若上式中σ等于零，则参数μ的值就是样本均值，这时就退化为最大似然估计的情形了。最大似然估计可以看成最大后验估计的一种特殊情况，因为最大后验估计的目标函数是先验概率乘以似然函数，可以理解为加权的似然函数，而这里的权是先验概率，如果先验概率是均匀分布的或者说无先验信息，这时它就是最大化似然函数，所以可以把最大似然估计看成最大后验估计的一种特殊情况。

6.4.3 贝叶斯最优分类器

机器学习中经常遇见的一类问题是，通过给定一些样本数据集 X 及数据分类的类别训练一个模型，对新的实例数据进行最有可能的分类类别。若所有类别的集合是 $\mathcal{V}$，概率 $p(v_j \mid x)$ 表示新实例数据正确分类为类别 $v_j \in \mathcal{V}$ 的概率，则 $p(v_j \mid x)$ 是

$$p(v_j \mid x) = \sum_{h_i \in H} p\left(v_j \mid h_i, x\right) p(h_i \mid X)$$

式中，H 是假设空间或模型空间。因此，人们希望找到的最优分类器 $h^* \in H$ 使预测概率 $p(v_j \mid x)$ 最大。这个分类器称为贝叶斯最优分类器，即

$$h^*(x) = \underset{h_i}{\operatorname{argmax}} \sum_{h_i \in H} p\left(v_j \mid h_i, x\right) p(h_i \mid X)$$

根据以上定义可知，贝叶斯最优分类器是对最大后验估计的发展。它并不是简单地直接选取后验概率最大的假设或模型作为分类依据，而是先对所有假设或模型的后验概率做加权求和，再选择加权和最大的作为最优分类的依据。

尽管理论上贝叶斯最优分类器能从给定数据中获得最好的性能，但算法开销很大。因为它要计算假设空间中每个假设的后验概率，并加权求和每个假设的预测以分类新实例数据，在实际问题中往往是不可行的。

需要说明的是，这里的最优性是相对于误差度量来说的，也就是相对于损失函数来说的，常用的损失函数有均方误差、0-1 损失函数等，在不同的损失函数下得到的最优分类器是不同的，这里不再展开。感兴趣的读者可以参阅文献[12]。

6.4.4 贝叶斯估计

上面介绍的最大后验估计是贝叶斯学派的观点，本节介绍的贝叶斯估计也是贝叶斯学派的观点，它们的观点是类似的，即都把估计的参数看作一个随机变量。但是最大后验估计求出了参数的具体值，而贝叶斯估计只是求出参数的概率分布。

与最大后验估计类似，根据贝叶斯公式，参数 θ 的先验分布和后验分布 $p(\theta \mid X)$ 之间的关系是

$$p(\theta \mid X) = \frac{p(X \mid \theta) p(\theta)}{p(X)}$$

将 $p(X) = \int_\theta p(X) p(\theta) \mathrm{d}\theta$ 代入上式有

$$p(\theta|X)=\frac{p(X|\theta)p(\theta)}{p(X)}=\frac{p(X|\theta)p(\theta)}{\int_{\theta}p(X)p(\theta)\mathrm{d}\theta}$$

根据上式估计出参数θ的后验分布$p(\theta|X)$后，在使用时，可以采用它的数学期望作为估计值，即令

$$\theta=E\left(p(\theta|X)\right)=\int_{\theta}\theta p(\theta|X)\mathrm{d}\theta$$

这里的讨论是以连续型随机变量为例进行的，如果是离散型随机变量，思路是类似的，上面的积分符号要替换为求和符号。

贝叶斯估计的应用举例如下。

以例 6.5 为例，不过此处不是要求参数μ的估计值，而是要求参数μ的概率分布。

例 6.6 假设样本数据集$X=\{x_1,x_2,\cdots,x_N\}$，它服从正态分布$N\left(\mu,\sigma^2\right)$。假定已知正态分布$N\left(\mu,\sigma^2\right)$的参数$\sigma^2$，参数$\mu$未知，并且假定均值参数$\mu$的先验分布服从另外一个正态分布$N\left(\mu_0,\sigma_m^2\right)$，采用贝叶斯估计估计参数$\mu$的后验分布$p(\mu|X)$。

解：由于样本数据集服从正态分布$N\left(\mu,\sigma^2\right)$，因此有

$$p(X|\mu)=\prod_{i=1}^{N}p(\theta_i|\mu)$$

利用贝叶斯公式有

$$p(\mu|X)=\frac{p(X|\mu)p(\mu)}{p(X)}=\frac{p(X|\mu)p(\mu)}{\int_{\mu}p(X)p(\mu)\mathrm{d}\mu}=\alpha\prod_{i=1}^{N}p(x_i|\mu)p(\mu)$$

这里为了简化计算，用α代替了因子$\frac{1}{\int_{\mu}p(X)p(\mu)\mathrm{d}\mu}$。将$p(\mu)$、$p(x_i|\mu)$的分布公式代入上式有

$$p(\mu|X)=\alpha\prod_{i=1}^{N}\frac{1}{\sqrt{2\pi}\sigma}\mathrm{e}^{-\frac{(x_i-\mu)^2}{2\sigma^2}}\frac{1}{\sqrt{2\pi}\sigma_m}\mathrm{e}^{-\frac{(\mu-\mu_0)^2}{2\sigma_m^2}}$$

上式可以化简为

$$p(\mu|X)=\alpha'\mathrm{e}^{-\frac{1}{2}\left[\sum_{i=1}^{N}\frac{(x_i-\mu)^2}{\sigma^2}+\frac{(\mu-\mu_0)^2}{\sigma_m^2}\right]}$$

对上式关于μ配方，得到

$$p(\mu \mid X)=\alpha'' \mathrm{e}^{-\frac{1}{2}\left(\frac{n}{\sigma^2}+\frac{1}{\sigma_m^2}\right)\mu^2-2\left(\frac{1}{\sigma^2}\sum_{i=1}^{N}x_i+\frac{\mu_0}{\sigma_m^2}\right)\mu}$$

根据上式可以看出其右边是 μ 的二次函数的指数形式，因此 $p(\mu \mid X)$ 是正态密度函数，这样不妨假设该正态密度函数的均值是 u_v，方差是 σ_v^2，这样上式可以写为

$$p(\mu \mid X)=\alpha'' \mathrm{e}^{-\frac{1}{2}\left(\frac{n}{\sigma^2}+\frac{1}{\sigma_m^2}\right)\mu^2-2\left(\frac{1}{\sigma^2}\sum_{i=1}^{N}x_i+\frac{\mu_0}{\sigma_m^2}\right)\mu}=\frac{1}{\sqrt{2\pi}\sigma_v}\mathrm{e}^{-\frac{(\mu-u_v)^2}{2\sigma_v^2}}$$

比较上式第二个等号左右两边 μ 的系数，可以得到

$$\frac{1}{\sigma_v^2}=\frac{n}{\sigma^2}+\frac{1}{\sigma_m^2}$$

$$\frac{u_v}{\sigma_v^2}=\frac{1}{\sigma^2}\sum_{i=1}^{N}x_i+\frac{\mu_0}{\sigma_m^2}$$

根据上面两个等式，可以得到

$$u_v=\frac{{\sigma_m}^2\sum_{i=1}^{N}x_i+\mu_0\sigma^2}{N{\sigma_m}^2+\sigma^2} \tag{6.8}$$

$$\sigma_v^2=\frac{{\sigma_m}^2\sigma^2}{N{\sigma_m}^2+\sigma^2} \tag{6.9}$$

于是可得，参数 μ 的后验分布 $p(\mu \mid X)\sim N\left(u_v,\sigma_v^2\right)$，这就是采用贝叶斯估计得到的参数 μ 的后验分布。对式（6.8）进行进一步分析可以发现以下内容。

（1）当 ${\sigma_m}^2=0$ 时，$u_v=\mu_0$，这表明先验知识确定可靠时，样本信息没有作用，先验知识决定了估计值。

（2）当 ${\sigma_m}^2\gg\sigma^2$ 时，$u_v\to\frac{\sum_{i=1}^{N}x_i}{N}$，即估计的均值趋向样本均值，这表明先验知识十分不确定时，估计结果完全依赖于样本信息。

上面这个例子是估计参数 μ 的后验分布。在实际应用中，人们经常估计出模型的参数后，用来判断新的未知样本的概率或分布。不妨假设新的样本是 x，计算 $p(x \mid X)$ 的方法如下。

$$p(x \mid X)=\int p\left(x,\mu|X\right)\mathrm{d}\mu=\int p\left(x|\mu\right)p\left(\mu|X\right)\mathrm{d}\mu$$

以例 6.6 为例，前面已经计算得到了 $p(\mu \mid X)\sim N\left(u_v,\sigma_v^2\right)$，且已知 $p\left(x|\mu\right)\sim N\left(\mu,\sigma^2\right)$，那么根据以上公式有

$$p(x \mid X)=\int p(x|\mu)\, p(\mu|X)\,\mathrm{d}\mu = f(\sigma,\sigma_v)\frac{1}{2\pi\sigma\sigma_v}\mathrm{e}^{-\frac{(x-u_v)^2}{2(\sigma^2+\sigma_v^2)}}$$

其中，$f(\sigma,\sigma_v)=\int_{-\infty}^{+\infty}\mathrm{e}^{-\frac{1}{2}\frac{\sigma^2+\sigma_v^2}{\sigma^2\sigma_v^2}\left(\mu-\frac{N\sigma^2+x\sigma_v^2}{\sigma^2+\sigma_v^2}\right)^2}\mathrm{d}\mu=\sqrt{2\pi\left(\frac{\sigma^2\sigma_v^2}{\sigma^2+\sigma_v^2}\right)}$。

因此，得到

$$p(x \mid X) \sim N\left(u_v, \sigma^2+\sigma_v^2\right)$$

应用要点：机器学习是让机器通过经验（在计算机中表现为数据）获得知识（知识的表现形式为模型），并基于这些知识或模型来对人们未来的行为产生影响，即不同的模型在接收到未来的新数据时可能会给出不同的预测值或标签。假设已经观测到的样本数据集是 X，根据数据学习得到模型产生的行为变化可以定义为 Y，那么机器学习中希望学习到的模型就可以用以下公式来表示。

$$\text{model} = p(Y \mid X)$$

这样，狭隘的机器学习从某种意义上说，就是要学习一个概率分布。于是，给定一个新的未见数据点 x^* 后，模型的输出就是 y^* 的预测概率，它表现为

$$p\left(y^*|x^*, X, Y\right)=\int p\left(y^* \mid x^*, \theta\right) p(\theta \mid X, Y)\,\mathrm{d}\theta$$

以上预测概率用到了后验概率，可见贝叶斯估计的关键是求出后验概率，根据贝叶斯公式，而求解后验概率又聚焦求解条件概率密度，但是求解条件概率密度一般也是很困难的，那怎么解决这个问题？常见的思路就是将条件概率密度进行参数化，即假设它符合某个概率分布，求出这个概率分布的参数即可。这样模型的学习过程或训练过程就变成了参数估计过程。

本章参考文献

[1] 柏塞克斯，齐齐克利斯. 概率导论[M]. 郑忠国，童行伟，译. 北京：人民邮电出版社，2009.

[2] 盛骤，谢式千，潘承毅. 概率论与数理统计[M]. 5 版. 北京：高等教育出版社，2019.

[3] 雷明. 机器学习的数学[M]. 北京：人民邮电出版社，2021.

[4] KINGMA D P, DHARIWAL P. Glow: generative flow with invertible 1×1 convolutions [DB/OL]. [2018-7-9]. https://arxiv.org/abs/1807.03039.

[5] BISHOP C M. Pattern recognition and machine learning[M]. Berlin: Springer, 2009.

[6] 廖盛斌. 对偶理论及应用[M]. 北京: 科学出版社, 2020.

[7] JONATHON S. A tutorial on principal component analysis[DB/OL].[2014-4-7]. https://arxiv.org/pdf/1404.1100.pdf.

[8] 止一之路. 主成分分析法[DB/OL]. [2017-10-14].http://caifuhao.eastmoney.com/news/20171014074443444313730.

[9] LINDSAY I S. A tutorial on principal components analysis[J]. Computer Science Technical Report(OUCS), 2002, 51(3): 43-52.

[10] 沙伊 • 沙莱夫-施瓦茨, 沙伊 • 本-戴维. 深入理解机器学习: 从原理到算法[M]. 张文生, 译. 北京: 机械工业出版社, 2016.

[11] 李贤平. 概率论基础[M]. 2 版. 北京: 高等教育出版社, 1997.

[12] TURBO-SHENGSONG. 贝叶斯意义下的最优[DB/OL]. [2021-6-9]. https://blog.csdn.net/weixin_43413559/articele/details/124255158.

第 7 章　信息论的基础概念

信息论是数学、物理、统计、通信等多个学科的交叉领域，在机器学习与人工智能领域有广泛应用。信息论由被称为“信息论之父”的克劳德·香农提出，它是主要研究信息的量化、传输、存储和处理的一门学科。本章主要介绍信息论在机器学习与人工智能领域常用的基础概念。

7.1　熵

7.1.1　熵的概念

信息论的基本思想是对信息进行量化。香农首先提出了采用信息熵（简称熵）来表示信息量的大小。信息的信息量大小与它的不确定性有密切关系，而不确定性可以用概率模型来刻画，人们正是沿着这样的思路，建立了熵的概率模型。

1．自信息

自信息表示一个随机事件所包含的信息量。对于一个随机变量 X，假定它的概率分布是 $p(x)$，则随机事件 $X=x$ 的自信息定义是

$$I(x)=-\log p(x)$$

在自信息定义中，若对数的底数是 2，则自信息的单位是比特（bit）；若对数的底数是 e，则自信息的单位是奈特（nat）。1bit 表示一个随机事件发生的概率是 $\frac{1}{2}$ 时传递的信息量。很显然，概率越大，事件发生的可能性就越大，这样事件的不确定性就越小，即 $I(x)$ 越小。

2．熵的定义

此处熵的定义是香农从热力学中借鉴过来的，是信息熵的简称。对于分布是 $p(x)$ 的随

机变量 X，它的自信息的数学期望就是随机变量 X 的熵，记为 $H(X)$，即

$$H(X)=E(I(X))=E(-\log p(x)) \tag{7.1}$$

在式（7.1）中，当随机变量 X 是离散型随机变量时，如果随机变量 X 的取值集合是 $\mathcal{X}$，根据数学期望的定义，有

$$H(X)=-\sum_{x\in\mathcal{X}}p(x)\log p(x)$$

在式（7.1）中，当随机变量 X 是连续型随机变量时，如果随机变量 X 的概率密度函数是 $f(x)$，根据数学期望的定义，有

$$H(X)=-\int_{-\infty}^{+\infty}f(x)\log f(x)\mathrm{d}x$$

在熵的定义中，有两种特殊情况，分别是 $p(x)=0$ 和 $p(x)=1$。当 $p(x)=0$ 时，$0\log 0=0$；当 $p(x)=1$ 时，$H(X)=0$。这表明，熵越高，随机变量的不确定性越大，随机变量的信息越多；熵越低，随机变量的不确定性越小，随机变量的信息越少。当一个随机变量服从均匀分布时，它的随机性最强，即它的不确定性最大，这样它的熵就最大。

例 7.1　离散型随机变量 X 的概率分布如表 7.1 所示，求它们相应的熵。

表 7.1　离散型随机变量 X 的概率分布

X	x_1	x_2	x_3	x_4	熵
p	1	0	0	0	$H_1(X)$
p	0.5	0.1	0.2	0.2	$H_2(X)$
p	0.25	0.25	0.25	0.25	$H_3(X)$

解：根据熵的定义，有

$$H_1(X)=-1\times\log 1-0\log 0-0\log 0-0\log 0=0$$

$$H_2(X)=-0.5\times\log 0.5-0.1\times\log 0.1-0.2\times\log 0.2-0.2\times\log 0.2\approx 0.530$$

$$H_3(X)=-0.25\times\log 0.25-0.25\times\log 0.25-0.25\times\log 0.25-0.25\times\log 0.25\approx 0.602$$

由例 7.1 的结果可知，对同一个随机变量，均匀分布的熵最大。

例 7.2　假设随机变量 $X\sim N(\mu,\sigma^2)$，求它的熵 $H(X)$。

解：根据熵的定义，有

$$H(X)=-\int_{-\infty}^{+\infty}\frac{1}{\sqrt{2\pi}\sigma}e^{-\frac{(x-\mu)^2}{2\sigma^2}}\ln\left[\frac{1}{\sqrt{2\pi}\sigma}e^{-\frac{(x-\mu)^2}{2\sigma^2}}\right]dx$$

$$=-\int_{-\infty}^{+\infty}\frac{1}{\sqrt{2\pi}\sigma}e^{-\frac{(x-\mu)^2}{2\sigma^2}}\left[\ln\frac{1}{\sqrt{2\pi}\sigma}-\frac{(x-\mu)^2}{2\sigma^2}\right]dx$$

$$=-\ln\left(\frac{1}{\sqrt{2\pi}\sigma}\right)\int_{-\infty}^{+\infty}\frac{1}{\sqrt{2\pi}\sigma}e^{-\frac{(x-\mu)^2}{2\sigma^2}}dx+\int_{-\infty}^{+\infty}\frac{1}{\sqrt{2\pi}\sigma}\frac{(x-\mu)^2}{2\sigma^2}e^{-\frac{(x-\mu)^2}{2\sigma^2}}dx$$

利用连续型随机变量概率密度函数的性质 $\int_{-\infty}^{+\infty}f(x)dx=1$，上式可化简为

$$H(X)=-\ln\frac{1}{\sqrt{2\pi}\sigma}+\frac{1}{2\sigma^2}\int_{-\infty}^{+\infty}(x-\mu)^2\frac{1}{\sqrt{2\pi}\sigma}e^{-\frac{(x-\mu)^2}{2\sigma^2}}dx$$

上式右边第二项利用方差的定义，可以得到

$$H(X)=-\ln\frac{1}{\sqrt{2\pi}\sigma}+\frac{1}{2\sigma^2}\sigma^2=\ln\left(\sqrt{2\pi}\sigma\right)+\frac{1}{2}$$

由例 7.2 的结果可知，正态分布的熵与均值无关，只与方差有关，因为正态分布的方差决定了它的随机性程度。

7.1.2 联合熵

7.1.1 节针对随机变量 X，给出了熵的定义。本节要介绍的联合熵是对熵的推广，它描述了多个随机变量的不确定性。为简单起见，本节以两个随机变量为例，给出联合熵的定义。

假设 X 和 Y 是两个离散型随机变量，随机变量 X 的取值集合是 $\mathcal{X}$，随机变量 Y 的取值集合是 $\mathcal{Y}$，它们的联合概率分布是 $p(x,y)$，则随机变量 X 和随机变量 Y 的联合熵定义是

$$H(X,Y)=-\sum_{x\in\mathcal{X}}\sum_{y\in\mathcal{Y}}p(x,y)\log p(x,y)$$

类似地，假设 X 和 Y 是两个连续型随机变量，随机变量 X 的取值集合是 $\mathcal{X}$，它们的联合概率分布是 $p(x,y)$，则随机变量 X 和随机变量 Y 的联合熵定义是

$$H(X,Y)=-\int_{-\infty}^{+\infty}\int_{-\infty}^{+\infty}p(x,y)\log p(x,y)dxdy$$

例 7.3 假定两个离散型随机变量 X 和 Y 的概率分布如表 7.2 所示，求它们的联合熵 $H(X,Y)$。

表 7.2 随机变量 X 和随机变量 Y 的概率分布

变量	y_1	y_2	y_3	y_4
x_1	0.1	0.1	0.1	0.1
x_2	0.2	0.1	0.2	0.1

解： 根据离散型随机变量联合熵的定义，有

$$H(X,Y) = -0.1\times\log 0.1 - 0.1\times\log 0.1 - 0.1\times\log 0.1 - 0.1\times\log 0.1 - 0.2\times\log 0.2$$
$$-0.1\times\log 0.1 - 0.2\times\log 0.2 - 0.1\times\log 0.1 \approx 0.88$$

例 7.4 假设随机变量 $\boldsymbol{x}$ 服从 n 维正态分布 $N(\boldsymbol{\mu},\boldsymbol{\Sigma})$，求随机变量 $\boldsymbol{x}$ 的熵 $H(\boldsymbol{x})$。

解： 根据连续型随机变量联合熵的定义，有

$$\begin{aligned}
H(\boldsymbol{x}) &= -\int_{\mathbf{R}^n} p(\boldsymbol{x})\ln p(\boldsymbol{x})\mathrm{d}\boldsymbol{x} \\
&= -\int_{\mathbf{R}^n} \frac{1}{(2\pi)^{\frac{n}{2}}|\boldsymbol{\Sigma}|^{\frac{1}{2}}} \mathrm{e}^{-\frac{1}{2}(\boldsymbol{x}-\boldsymbol{\mu})^{\mathrm{T}}\boldsymbol{\Sigma}^{-1}(\boldsymbol{x}-\boldsymbol{\mu})} \ln\left[\frac{1}{(2\pi)^{\frac{n}{2}}|\boldsymbol{\Sigma}|^{\frac{1}{2}}} \mathrm{e}^{-\frac{1}{2}(\boldsymbol{x}-\boldsymbol{\mu})^{\mathrm{T}}\boldsymbol{\Sigma}^{-1}(\boldsymbol{x}-\boldsymbol{\mu})}\right]\mathrm{d}\boldsymbol{x} \\
&= -\ln\left[\frac{1}{(2\pi)^{\frac{n}{2}}|\boldsymbol{\Sigma}|^{\frac{1}{2}}}\right]\int_{\mathbf{R}^n} \frac{1}{(2\pi)^{\frac{n}{2}}|\boldsymbol{\Sigma}|^{\frac{1}{2}}} \mathrm{e}^{-\frac{1}{2}(\boldsymbol{x}-\boldsymbol{\mu})^{\mathrm{T}}\boldsymbol{\Sigma}^{-1}(\boldsymbol{x}-\boldsymbol{\mu})}\mathrm{d}\boldsymbol{x} + \\
&\quad \int_{\mathbf{R}^n} \frac{\left[-\frac{1}{2}(\boldsymbol{x}-\boldsymbol{\mu})^{\mathrm{T}}\boldsymbol{\Sigma}^{-1}(\boldsymbol{x}-\boldsymbol{\mu})\right]}{(2\pi)^{\frac{n}{2}}|\boldsymbol{\Sigma}|^{\frac{1}{2}}} \mathrm{e}^{-\frac{1}{2}(\boldsymbol{x}-\boldsymbol{\mu})^{\mathrm{T}}\boldsymbol{\Sigma}^{-1}(\boldsymbol{x}-\boldsymbol{\mu})}\mathrm{d}\boldsymbol{x}
\end{aligned}$$

上式第二个等号右边第一项利用连续型随机变量概率密度函数性质 $\int_{-\infty}^{+\infty} f(x)\mathrm{d}x = 1$，可化简为

$$H(\boldsymbol{x}) = \ln\left[(2\pi)^{\frac{n}{2}}|\boldsymbol{\Sigma}|^{\frac{1}{2}}\right] + \frac{1}{2}\int_{\mathbf{R}^n}\frac{1}{(2\pi)^{\frac{n}{2}}|\boldsymbol{\Sigma}|^{\frac{1}{2}}}(\boldsymbol{x}-\boldsymbol{\mu})^{\mathrm{T}}\boldsymbol{\Sigma}^{-1}(\boldsymbol{x}-\boldsymbol{\mu})\mathrm{e}^{-\frac{1}{2}(\boldsymbol{x}-\boldsymbol{\mu})^{\mathrm{T}}\boldsymbol{\Sigma}^{-1}(\boldsymbol{x}-\boldsymbol{\mu})}\mathrm{d}\boldsymbol{x} \tag{7.2}$$

下面计算上式右边第二项。由于协方差矩阵 $\boldsymbol{\Sigma}$ 是对称正定的，根据矩阵的 Cholesky 分解方法，存在矩阵 $\boldsymbol{L}$，使得 $\boldsymbol{\Sigma} = \boldsymbol{L}\boldsymbol{L}^{\mathrm{T}}$，这样有

$$(\boldsymbol{x}-\boldsymbol{\mu})^{\mathrm{T}}\boldsymbol{\Sigma}^{-1}(\boldsymbol{x}-\boldsymbol{\mu}) = (\boldsymbol{x}-\boldsymbol{\mu})^{\mathrm{T}}(\boldsymbol{L}\boldsymbol{L}^{\mathrm{T}})^{-1}(\boldsymbol{x}-\boldsymbol{\mu}) = \left[(\boldsymbol{L}^{-1})^{\mathrm{T}}(\boldsymbol{x}-\boldsymbol{\mu})\right]^{\mathrm{T}}\left[(\boldsymbol{L}^{-1})^{\mathrm{T}}(\boldsymbol{x}-\boldsymbol{\mu})\right]$$

在上式中令 $\boldsymbol{y} = (\boldsymbol{L}^{-1})^{\mathrm{T}}(\boldsymbol{x}-\boldsymbol{\mu}) = (\boldsymbol{L}^{\mathrm{T}})^{-1}(\boldsymbol{x}-\boldsymbol{\mu})$，则有

$$\boldsymbol{x} = \boldsymbol{L}^{\mathrm{T}}\boldsymbol{y} + \boldsymbol{\mu}$$

从而有

$$\left|\frac{\partial \boldsymbol{x}}{\partial \boldsymbol{y}}\right|=\left|\boldsymbol{L}^{\mathrm{T}}\right|=|\boldsymbol{\Sigma}|^{\frac{1}{2}} \tag{7.3}$$

则式（7.2）右边第二项（除常数因子外）积分可以变形为

$$\int_{\mathbf{R}^n}(\boldsymbol{x}-\boldsymbol{\mu})^{\mathrm{T}}\boldsymbol{\Sigma}^{-1}(\boldsymbol{x}-\boldsymbol{\mu})\mathrm{e}^{-\frac{1}{2}(\boldsymbol{x}-\boldsymbol{\mu})^{\mathrm{T}}\boldsymbol{\Sigma}^{-1}(\boldsymbol{x}-\boldsymbol{\mu})}\mathrm{d}\boldsymbol{x}=\int_{\mathbf{R}^n}\boldsymbol{y}^{\mathrm{T}}\boldsymbol{y}\mathrm{e}^{-\frac{1}{2}\boldsymbol{y}^{\mathrm{T}}\boldsymbol{y}}\left|\frac{\partial \boldsymbol{x}}{\partial \boldsymbol{y}}\right|\mathrm{d}\boldsymbol{y}$$

将式（7.3）代入上式，得到

$$\begin{aligned}\int_{\mathbf{R}^n}(\boldsymbol{x}-\boldsymbol{\mu})^{\mathrm{T}}\boldsymbol{\Sigma}^{-1}(\boldsymbol{x}-\boldsymbol{\mu})\mathrm{e}^{-\frac{1}{2}(\boldsymbol{x}-\boldsymbol{\mu})^{\mathrm{T}}\boldsymbol{\Sigma}^{-1}(\boldsymbol{x}-\boldsymbol{\mu})}\mathrm{d}\boldsymbol{x}&=|\boldsymbol{\Sigma}|^{\frac{1}{2}}\int_{\mathbf{R}^n}\left(y_1^2+y_2^2+\cdots+y_n^2\right)\mathrm{e}^{-\frac{1}{2}y_1^2}\mathrm{e}^{-\frac{1}{2}y_2^2}\cdots\mathrm{e}^{-\frac{1}{2}y_n^2}\mathrm{d}\boldsymbol{y}\\&=|\boldsymbol{\Sigma}|^{\frac{1}{2}}\sum_{i=1}^{n}\left(\int_{-\infty}^{+\infty}y_i^2\mathrm{e}^{-\frac{1}{2}y_i^2}\mathrm{d}y_i\prod_{j=1,j\neq i}^{n}\int_{-\infty}^{+\infty}\mathrm{e}^{-\frac{1}{2}y_j^2}\mathrm{d}y_j\right)\end{aligned}$$

在上式第二个等号右边利用 $\int_{-\infty}^{+\infty}\mathrm{e}^{-\frac{t^2}{2}}\mathrm{d}t=\sqrt{2\pi}$，上式可以化简为

$$\int_{\mathbf{R}^n}(\boldsymbol{x}-\boldsymbol{\mu})^{\mathrm{T}}\boldsymbol{\Sigma}^{-1}(\boldsymbol{x}-\boldsymbol{\mu})\mathrm{e}^{-\frac{1}{2}(\boldsymbol{x}-\boldsymbol{\mu})^{\mathrm{T}}\boldsymbol{\Sigma}^{-1}(\boldsymbol{x}-\boldsymbol{\mu})}\mathrm{d}\boldsymbol{x}=|\boldsymbol{\Sigma}|^{\frac{1}{2}}\sum_{i=1}^{n}\left(\int_{-\infty}^{+\infty}y_i^2\mathrm{e}^{-\frac{1}{2}y_i^2}\mathrm{d}y_i\left(\sqrt{2\pi}\right)^{n-1}\right)$$

对上式右边积分采用分部积分法，可以得到

$$\int_{\mathbf{R}^n}(\boldsymbol{x}-\boldsymbol{\mu})^{\mathrm{T}}\boldsymbol{\Sigma}^{-1}(\boldsymbol{x}-\boldsymbol{\mu})\mathrm{e}^{-\frac{1}{2}(\boldsymbol{x}-\boldsymbol{\mu})^{\mathrm{T}}\boldsymbol{\Sigma}^{-1}(\boldsymbol{x}-\boldsymbol{\mu})}\mathrm{d}\boldsymbol{x}=|\boldsymbol{\Sigma}|^{\frac{1}{2}}n\sqrt{2\pi}\left(\sqrt{2\pi}\right)^{n-1}=|\boldsymbol{\Sigma}|^{\frac{1}{2}}n\left(\sqrt{2\pi}\right)^{n}$$

将上式代入式（7.2），得到随机向量 $\boldsymbol{x}$ 的熵是

$$H(\boldsymbol{x})=\ln\left[(2\pi)^{\frac{n}{2}}|\boldsymbol{\Sigma}|^{\frac{1}{2}}\right]+\frac{1}{2}\frac{1}{(2\pi)^{\frac{n}{2}}|\Sigma|^{\frac{1}{2}}}|\boldsymbol{\Sigma}|^{\frac{1}{2}}n\left(\sqrt{2\pi}\right)^{n}=\frac{n}{2}\ln(2\pi)+\frac{1}{2}\ln|\boldsymbol{\Sigma}|+\frac{n}{2}$$

根据以上结果可知，多维正态分布的熵只与协方差矩阵有关，与均值无关，这与一维正态分布的情形一致。

7.1.3 条件熵

条件熵用于刻画在已知一个随机变量取值的条件下另外一个随机变量的信息量。假设 X 和 Y 是两个离散型随机变量，随机变量 X 的取值集合是 $\mathcal{X}$，随机变量 Y 的取值集合是 $\mathcal{Y}$，它们的联合概率分布是 $p(x,y)$，则给定随机变量 Y 的取值条件下随机变量 X 的熵称为它们的条件熵，其定义是

$$H(X|Y)=-\sum_{x\in\mathcal{X}}\sum_{y\in\mathcal{Y}}p(x,y)\log p(x|y)=-\sum_{x\in\mathcal{X}}\sum_{y\in\mathcal{Y}}p(x,y)\log\frac{p(x,y)}{p(y)}$$

当 X 和 Y 是两个连续型随机变量时，它们的联合概率分布是 $p(x,y)$，则给定随机变量 Y 的取值条件下随机变量 X 的熵称为它们的条件熵，其定义是

$$H(X|Y)=-\int_{-\infty}^{+\infty}\int_{-\infty}^{+\infty}p(x,y)\log\frac{p(x,y)}{p(y)}\mathrm{d}x\mathrm{d}y$$

例 7.5　根据例 7.3 中的信息，求 $H(X|Y)$。

解：首先，根据例 7.3 中两个离散型随机变量 X 和 Y 的概率分布，可以得到随机变量 Y 的边缘概率分布如表 7.3 所示。

表 7.3　随机变量 Y 的边缘概率分布

Y	y_1	y_2	y_3	y_4
$p(y)$	0.3	0.2	0.3	0.2

根据条件熵的定义有

$$H(X|Y)=-0.1\times\log\frac{0.1}{0.3}-0.2\times\log\frac{0.2}{0.3}-0.1\times\log\frac{0.1}{0.2}-0.1\times\log\frac{0.1}{0.2}-$$
$$0.1\times\log\frac{0.1}{0.3}-0.2\times\log\frac{0.2}{0.3}-0.1\times\log\frac{0.1}{0.2}-0.1\times\log\frac{0.1}{0.2}\approx 0.29$$

7.1.4　互信息

互信息是衡量两个随机变量之间相互依赖关系的量，用 $I(X,Y)$ 表示。若 X、Y 是离散型随机变量，随机变量 X 的取值集合是 $\mathcal{X}$，随机变量 Y 的取值集合是 $\mathcal{Y}$，$p(x,y)$ 是它们的联合概率分布，则随机变量 X、Y 之间的互信息 $I(X,Y)$ 定义是

$$I(X,Y)=\sum_{x\in\mathcal{X}}\sum_{y\in\mathcal{Y}}p(x,y)\log\frac{p(x,y)}{p(x)p(y)}$$

若 X、Y 是连续型随机变量，$p(x,y)$ 是它们的联合概率分布，则随机变量 X、Y 之间的互信息 $I(X,Y)$ 定义是

$$I(X,Y)=\int_{-\infty}^{+\infty}\int_{-\infty}^{+\infty}p(x,y)\log\frac{p(x,y)}{p(x)p(y)}\mathrm{d}x\mathrm{d}y$$

互信息的基本性质如下。

（1）对称性。

根据互信息的定义可知，交换随机变量 X、Y 的位置，$I(X,Y)$ 与 $I(Y,X)$ 表达式一样，所以有 $I(X,Y)=I(Y,X)$，即互信息满足对称性。

（2）若随机变量 X、Y 相互独立，则 $I(X,Y)=0$。

由于随机变量 X、Y 相互独立，因此有 $p(x,y)=(x)p(y)$，根据互信息的定义有

$$I(X,Y)=\sum_{x\in\mathcal{X}}\sum_{y\in\mathcal{Y}}p(x,y)\log\frac{p(x,y)}{p(x)p(y)}=\sum_{x\in\mathcal{X}}\sum_{y\in\mathcal{Y}}p(x,y)\log\frac{p(x)p(y)}{p(x)p(y)}=0$$

连续的情况类似可证。

（3）非负性。

构造函数 $g(z)=\log z-1+\frac{1}{z}$，$z>0$，对函数 $g(z)$ 求导，则有

$$g'(z)=-\frac{1}{z}+\frac{1}{z^2}=\frac{1}{z}\left(1-\frac{1}{z}\right)$$

根据上式可以得到，当 $0<z<1$ 时，$g'(z)<0$，函数 $g(z)$ 单调减少；当 $z>1$ 时，$g'(z)>0$，函数 $g(z)$ 单调增加。因此，$z=1$ 是函数 $g(z)$ 的极小点，又由于 $g(1)=0$，这样得到 $g(z)\geqslant 0$，即

$$g(z)=\log z-1+\frac{1}{z}\geqslant 0$$

也就是

$$\log z\geqslant 1-\frac{1}{z}$$

根据互信息的定义，结合以上不等式有

$$\begin{aligned}I(X,Y)&=\sum_{x\in\mathcal{X}}\sum_{y\in\mathcal{Y}}p(x,y)\log\frac{p(x,y)}{p(x)p(y)}\geqslant\sum_{x\in\mathcal{X}}\sum_{y\in\mathcal{Y}}p(x,y)\log\left(1-\frac{p(x)p(y)}{p(x,y)}\right)\\&=\sum_{x\in\mathcal{X}}\sum_{y\in\mathcal{Y}}p(x,y)-\sum_{x\in\mathcal{X}}\sum_{y\in\mathcal{Y}}p(x)p(y)=1-1=0\end{aligned}$$

这样就证明互信息的非负性。由该性质和性质（2）可知，随机变量 X、Y 之间的相互依赖关系越紧密，它们的互信息 $I(X,Y)$ 就越大，否则就越小。特别地，当随机变量 X、Y 相互独立时，它们的互信息最小，即 $I(X,Y)=0$。

（4）$I(X,Y)=H(X)+H(Y)-H(X,Y)$，$I(X,Y)=H(X)-H(X|Y)$。

根据互信息、熵和联合熵的定义有

$$\begin{aligned}I(X,Y)&=\sum_{x\in\mathcal{X}}\sum_{y\in\mathcal{Y}}p(x,y)\log\frac{p(x,y)}{p(x)p(y)}\\&=\sum_{x\in\mathcal{X}}\sum_{y\in\mathcal{Y}}p(x,y)\log p(x,y)-\sum_{x\in\mathcal{X}}\sum_{y\in\mathcal{Y}}p(x,y)\log p(x)-\sum_{x\in\mathcal{X}}\sum_{y\in\mathcal{Y}}p(x,y)\log p(y)\\&=-H(X,Y)-\sum_{x\in\mathcal{X}}p(x)\log p(x)-\sum_{y\in\mathcal{Y}}p(y)\log p(y)=-H(X,Y)+H(X)+H(Y)\end{aligned}$$

这样就证明了第一个等式。下面证明第二个等式。

根据互信息的定义有

$$I(X,Y)=\sum_{x\in\mathcal{X}}\sum_{y\in\mathcal{Y}}p(x,y)\log\frac{p(x,y)}{p(x)p(y)}=-\sum_{x\in\mathcal{X}}\sum_{y\in\mathcal{Y}}p(x,y)\log p(x)+\sum_{x\in\mathcal{X}}\sum_{y\in\mathcal{Y}}p(x,y)\log\frac{p(x,y)}{p(y)}$$

$$=-\sum_{x\in\mathcal{X}}\left(\sum_{y\in\mathcal{Y}}p(x,y)\log p(x)\right)-H(X|Y)=H(X)-H(X|Y)$$

于是第二个等式得证。

已知互信息$I(X,Y)$刻画了随机变量X、Y之间的相互依赖关系，这种依赖关系可能是一种线性依赖关系，也可能是一种非线性依赖关系。这一点与上面介绍的相关系数有本质区别，以下性质（5）说明了这一点。

（5）随机变量X、Y服从二维正态分布，它们的互信息是$I(X,Y)$，相关系数是ρ，则有

$$I(X,Y)=-\frac{1}{2}\log\left(1-\rho^2\right)$$

根据假设有

$$\begin{pmatrix}X\\Y\end{pmatrix}\sim N\left(\begin{pmatrix}\mu_1\\\mu_2\end{pmatrix},\boldsymbol{\Sigma}\right)，\text{其中矩阵}\ \boldsymbol{\Sigma}=\begin{bmatrix}\sigma_1^2 & \rho\sigma_1\sigma_2\\ \rho\sigma_1\sigma_2 & \sigma_2^2\end{bmatrix}$$

根据熵的定义有

$$H(X)=\frac{1}{2}+\frac{1}{2}\log(2\pi)+\log\sigma_1$$

$$H(Y)=\frac{1}{2}+\frac{1}{2}\log(2\pi)+\log\sigma_2$$

根据联合熵的定义有

$$H(X,Y)=1+\log(2\pi)+\log(\sigma_1\sigma_2)+\frac{1}{2}\log\left(1-\rho^2\right)$$

利用性质（4）有

$$I(X,Y)=H(X)+H(Y)-H(X,Y)=-\frac{1}{2}\log\left(1-\rho^2\right)$$

7.1.5　熵的性质

上面给出了熵、联合熵和条件熵的概念，本节将对它们的基本性质和关系进行总结和分析。相关结论的证明以离散型随机变量为例给出，假定随机变量X的取值集合是$\mathcal{X}$，随

机变量Y的取值集合是$\mathcal{Y}$，它们的联合概率分布是$p(x,y)$，连续型随机变量情形可将求和符号修改为积分符号进行类似证明。

（1）非负性。

熵$H(X)$、联合熵$H(X,Y)$和条件熵$H(X|Y)$都满足非负性，即

$$H(X)\geqslant 0,\ H(X,Y)\geqslant 0,\ H(X|Y)\geqslant 0$$

（2）最大熵原理。

在介绍熵的定义时，先假设随机变量X的概率分布已知，然后根据随机变量的概率分布给出了它不确定的度量。但是，在很多时候，随机变量X的概率分布不是已知的，而一些关于随机变量X的观测值或其他约束已知，那么随机变量X的概率分布要如何确定？这就是最大熵原理要揭示的问题，即在掌握部分信息的情况下，确定随机变量X的概率分布。基本的思路就是取符合约束条件且熵最大的概率分布作为随机变量X的概率分布，也就是说，在学习概率模型时，最大熵原理可以理解为在满足约束条件的所有概率模型或分布中选择熵最大的模型。

假设一个随机变量X取n个不同的值，每一个取值的概率是p_1、p_2、…、p_n，可以证明只有等概率分布时熵最大。由于概率p_1、p_2、…、p_n满足$\sum_{i=1}^{n}p_i=1$，因此该问题可归结为以下最优化问题。

$$\begin{cases}\max\limits_{p_i} H(X)=-\sum\limits_{i=1}^{n}p_i\log p_i\\ \text{s.t.}\ \sum\limits_{i=1}^{n}p_i=1\end{cases}$$

为了求出满足最大熵的概率p_i，构造拉格朗日函数，即

$$L(\boldsymbol{p},\lambda)=-\sum_{i=1}^{n}p_i\log p_i+\lambda\left(\sum_{i=1}^{n}p_i=1\right)$$

将上式对p_i求偏导数，并令偏导数为零，得到

$$\frac{\partial L(\boldsymbol{p},\lambda)}{\partial p_i}=-\log p_i-1+\lambda=0$$

于是有

$$p_i=\mathrm{e}^{\lambda-1},\ i=1,2,\cdots,n$$

根据$\sum_{i=1}^{n}p_i=1$得到

$$ne^{\lambda-1}=1$$

即

$$e^{\lambda-1}=\frac{1}{n}$$

因此有

$$p_i=e^{\lambda-1}=\frac{1}{n},\quad i=1,2,\cdots,n$$

这就证明，当离散型随机变量取 n 个不同值，且等概率分布 $p_1=p_2=\cdots=p_n=\frac{1}{n}$ 时，它的熵取最大值。又因为该优化问题的目标函数是凹函数，所以此时的熵是最大熵分布。这个结论表明 $H(X)\leqslant-\sum_{i=1}^{n}\frac{1}{n}\log\frac{1}{n}=\log n$ 。

连续型随机变量也有类似的结论。若随机变量 X 是区间 $[a,b]$ 上的连续型随机变量，则其最大熵分布是区间 $[a,b]$ 的均匀分布。连续型随机变量最大熵问题还有一个重要结论，以下给出该结论及证明。

对于连续型随机变量 X，如果已知它的数学期望 $E(X)=\mu$，方差 $D(X)=\sigma^2$，则其最大熵分布是正态分布 $N(\mu,\sigma^2)$。

假定连续型随机变量 X 的概率分布是 $p(x)$，其最大熵问题可以归结为以下最优化问题。

$$\begin{cases}\max\limits_{p(x)} H(X)=-\int_{-\infty}^{+\infty}p(x)\log p(x)\mathrm{d}x\\ \text{s.t.}\ \begin{cases}\int_{-\infty}^{+\infty}p(x)\mathrm{d}x=1\\ \int_{-\infty}^{+\infty}xp(x)\mathrm{d}x=\mu\\ \int_{-\infty}^{+\infty}(x-\mu)^2p(x)\mathrm{d}x=\sigma^2\end{cases}\end{cases}$$

构造拉格朗日函数，即

$$L(p,\lambda_1,\lambda_2,\lambda_3)=-\int_{-\infty}^{+\infty}p(x)\log p(x)\mathrm{d}x+\lambda_1\left(\int_{-\infty}^{+\infty}p(x)\mathrm{d}x-1\right)+\lambda_2\left(\int_{-\infty}^{+\infty}xp(x)\mathrm{d}x-\mu\right)+\lambda_3\left[\int_{-\infty}^{+\infty}(x-\mu)^2p(x)\mathrm{d}x-\sigma^2\right]$$

上式化简后可表示为

$$L(p,\lambda_1,\lambda_2,\lambda_3)=-\int_{-\infty}^{+\infty}\left[-\log p(x)+\lambda_1+\lambda_2 x+\lambda_3(x-\mu)^2\right]p(x)\mathrm{d}x+C$$

其中 C 是与 x 无关的量。令 $F\left(p(x)\right)=\left[-\log p(x)+\lambda_1+\lambda_2 x+\lambda_3(x-\mu)^2\right]p(x)$，由于上式是关于 $p(x)$ 的泛函[①]，有

$$\frac{\partial L}{\partial p(x)}=\frac{\partial F\left(p(x)\right)}{\partial p(x)}=-\log p(x)-1+\lambda_1+\lambda_2 x+\lambda_3(x-\mu)^2=0$$

所以有

$$p(x)=\mathrm{e}^{-1+\lambda_1+\lambda_2 x+\lambda_3(x-\mu)^2}$$

上式可表示为

$$p(x)=\mathrm{e}^{-1+\lambda_1}\mathrm{e}^{-1+\lambda_1+\lambda_2 x+\lambda_3(x-\mu)^2}=A\mathrm{e}^{\lambda_2 x+\lambda_3(x-\mu)^2}=A\mathrm{e}^{\lambda_3\left(x-\mu+\frac{\lambda_2}{2\lambda_3}\right)^2}$$

由于 A 是大于零的常数，根据上式可以得到 $p(x)$ 关于 $x=\mu-\dfrac{\lambda_2}{2\lambda_3}$ 对称，因此有

$$E(X)=\mu-\frac{\lambda_2}{2\lambda_3}=\mu$$

这样就得到了 $\lambda_2=0$，所以有

$$p(x)=A\mathrm{e}^{\lambda_3(x-\mu)^2}$$

结合约束条件 $\int_{-\infty}^{+\infty}p(x)\mathrm{d}x=1$ 和 $\int_{-\infty}^{+\infty}(x-\mu)^2 p(x)\mathrm{d}x=\sigma^2$，可得

$$p(x)=\frac{1}{\sqrt{2\pi}\sigma}\mathrm{e}^{-\frac{(x-\mu)^2}{2\sigma^2}}$$

即证得连续型随机变量 X 的最大熵分布是正态分布 $N\left(\mu,\sigma^2\right)$。

（3）若随机变量 X、Y 相互独立，则

$$H(X,Y)=H(X)+H(Y)$$

$$H(X|Y)=H(Y)$$

---

① 这里严格地说利用了欧拉-拉格朗日方程，属于变分问题求解的基本知识。

由于随机变量 X、Y 相互独立，因此有 $p(x,y)=p(x)p(y)$，故

$$H(X,Y)=-\sum_{x\in\mathcal{X}}\sum_{y\in\mathcal{Y}}p(x,y)\log p(x,y)=-\sum_{x\in\mathcal{X}}\sum_{y\in\mathcal{Y}}p(x)p(y)\log\big(p(x)p(y)\big)$$

将上式第二个等号右边展开，可得

$$\begin{aligned}H(X,Y)&=-\sum_{x\in\mathcal{X}}\sum_{y\in\mathcal{Y}}p(x)p(y)\log p(x)-\sum_{x\in\mathcal{X}}\sum_{y\in\mathcal{Y}}p(x)p(y)\log p(y)\\&=-\sum_{x\in\mathcal{X}}p(x)\log p(x)\sum_{y\in\mathcal{Y}}p(y)-\sum_{x\in\mathcal{X}}p(x)\sum_{y\in\mathcal{Y}}p(y)\log p(y)\end{aligned}$$

利用 $\sum_{y\in\mathcal{Y}}p(y)=1$ 和 $H(Y)=-\sum_{y\in\mathcal{Y}}p(y)\log p(y)$，可得

$$H(X,Y)=-\sum_{x\in\mathcal{X}}p(x)\log p(x)+\sum_{x\in\mathcal{X}}p(x)H(Y)=H(X)+H(Y)$$

这样就得到了第一个等式。下面证明第二个等式。

$$H(X|Y)=-\sum_{x\in\mathcal{X}}\sum_{y\in\mathcal{Y}}p(x,y)\log p(x|y)=-\sum_{y\in\mathcal{Y}}\left(p(y)\sum_{x\in\mathcal{X}}p(x|y)\log p(x|y)\right)$$

由于随机变量 X、Y 相互独立，因此有 $p(x|y)=p(x)$，代入上式右边，可得

$$H(X|Y)=-\sum_{y\in\mathcal{Y}}\left(p(y)\sum_{x\in\mathcal{X}}p(x)\log p(x)\right)=-\sum_{y\in\mathcal{Y}}p(y)H(X)=H(X)$$

于是得到第二个等式。

（4）$H(X|Y)=H(X,Y)-H(Y),H(Y|X)=H(X,Y)-H(X)$。

此处只给出第一个等式的证明。第二个等式的证明与第一个等式的证明类似，感兴趣的读者可自行验证。根据条件熵的定义，可得

$$H(X|Y)=-\sum_{x\in\mathcal{X}}\sum_{y\in\mathcal{Y}}p(x,y)\log\frac{p(x,y)}{p(y)}=-\sum_{x\in\mathcal{X}}\sum_{y\in\mathcal{Y}}p(x,y)\log p(x,y)+\sum_{x\in\mathcal{X}}\sum_{y\in\mathcal{Y}}p(x,y)\log p(y)$$

利用联合熵的定义，可得

$$H(X|Y)=H(X,Y)+\sum_{y\in\mathcal{Y}}\left(\sum_{x\in\mathcal{X}}p(x,y)\log p(y)\right)=H(X,Y)+\sum_{y\in\mathcal{Y}}\left(\sum_{x\in\mathcal{X}}p(x,y)\log p(y)\right)$$

利用 $\sum_{x\in\mathcal{X}}p(x,y)=p(y)$，可得

$$H(X|Y)=H(X,Y)+\sum_{y\in\mathcal{Y}}p(y)\log p(y)=H(X,Y)-H(Y)$$

于是等式得证。

（5）$H(X,Y) \geqslant \max\{H(X),H(Y)\}$。

根据性质（1）和性质（4），可得

$$H(X,Y) = H(X) + H(Y \mid X) \geqslant H(X)$$

$$H(X,Y) = H(Y) + H(X \mid Y) \geqslant H(Y)$$

综合以上两个等式，可得

$$H(X,Y) \geqslant \max\{H(X),H(Y)\}$$

（6）$H(X) \geqslant H(X \mid Y)$，$H(Y) \geqslant H(Y \mid X)$。

根据互信息的非负性，可得

$$I(X,Y) = H(X) - H(X \mid Y) \geqslant 0$$

从而有 $H(X) \geqslant H(X \mid Y)$，另外一个等式类似可证。

（7）熵、联合熵、条件熵和互信息之间的关系。

熵、联合熵、条件熵和互信息之间的关系图如图 7.1 所示。其中，图 7.1 中左边的椭圆表示熵 $H(X)$，右边的椭圆表示熵 $H(Y)$；两个椭圆的交集表示互信息 $I(X,Y)$；两个椭圆的并集表示联合熵 $H(X,Y)$；左边的椭圆减去它与右边椭圆的交集表示条件熵 $H(X \mid Y)$，右边的椭圆减去它与左边椭圆的交集表示条件熵 $H(Y \mid X)$。

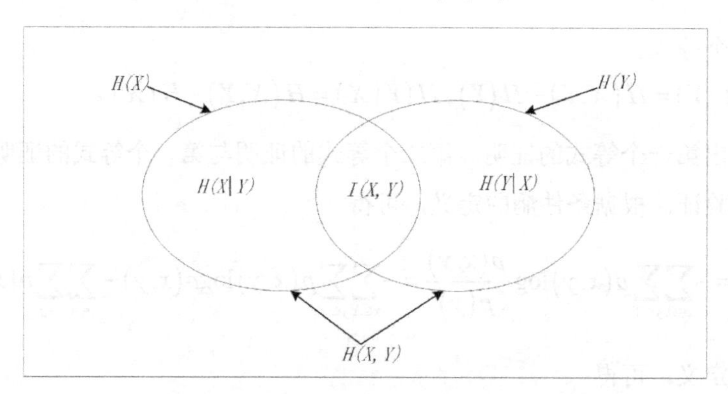

图 7.1　熵、联合熵、条件熵和互信息之间的关系图

7.1.6　熵在机器学习中的应用

熵在机器学习中有广泛的应用。机器学习中一个常见的任务是分类，分类本质上是不确定性降低的过程（把某一对象分配到某个类别），而熵刻画了不确定性的度量，因此可以用熵大小作为分类的依据，这就引出了采用熵最小的属性作为分类属性，这就是著名的决策树算法（也称为 ID3 算法）的基本思路。下面通过一个具体例子介绍熵在决策树算法中

的应用，该例参考了文献[1]的部分内容和文献[2]的部分代码。

首先给出用于构造决策树的数据。假设有表 7.4 所示的用于构造决策树的数据集，每一个样本数据由阴晴、气温、湿度、风力及根据这些信息给定的是否适合打网球的决策组成。

表 7.4　用于构造决策树的数据集

日期	阴晴	气温	湿度	风力	是否适合打网球
1	晴	热	高	弱	否
2	晴	热	高	强	否
3	阴	热	高	弱	是
4	雨	温和	高	弱	是
5	雨	凉爽	中	弱	是
6	雨	凉爽	中	强	否
7	阴	凉爽	中	强	是
8	晴	温和	高	弱	否
9	晴	凉爽	中	弱	是
10	雨	温和	中	弱	是
11	晴	温和	中	强	是
12	阴	温和	高	强	是
13	阴	热	中	弱	是
14	雨	温和	高	强	否

在表 7.4 中，第一列代表日期，这里可以简单地看出样本的编号，第二至五列代表数据属性，最后一列代表目标，也就是决策的结果。把前十行数据作为训练数据，最后四行数据作为测试数据，以设计一个分类算法，根据前十行数据，建立属性列与目标列之间的映射关系，从而使未知数据（这里是表 7.4 中后四行数据）能根据分类算法学习的映射关系和属性列的值预测出测试数据目标列的值。

下面要介绍的算法称为决策树算法，它是一种基于信息熵的分类算法。假定用 D 表示表 7.4 中的测试数据集，根据信息熵的概念，有

$$H(D)=-\sum_{i=1}^{K}\frac{|C_i|}{|D|}\log\frac{|C_i|}{|D|}$$

其中，$H(D)$ 是测试数据集的熵，K 是分类类别的数量或目标列取不同值的数量（表 7.4 中的 $K=2$），C_i 是第 i 个类别的数据样本，$|D|$ 是测试数据集 D 中数据样本的数量，$|C_i|$ 是集合 C_i 的样本数量。

对于根据表 7.4 中的测试数据集构造决策树来对样本进行分类，首先容易想到的问题是，应该选择哪个属性开始或作为树的根节点。很显然，选择不同顺序的属性对数据集进行分类，对构成决策树的性能会有很大影响。在根据某个属性对数据集进行分类之前和之

后信息发生的变化称为信息增益。决策树算法就是选择获得信息增益最大的属性作为每次节点选择的依据。若按照某个属性 A 对测试数据集 D 进行分类，则分类之后测试数据集 D 的熵是 $H(D|A)$，这样信息增益就是

$$g(D|A)=H(D)-H(D|A)$$

其中，条件熵 $H(D|A)$ 的计算公式是

$$H(D|A)=\sum_{k=1}^{n}\frac{|D_k|}{|D|}H(D_k)=-\sum_{k=1}^{n}\frac{|D_k|}{|D|}\sum_{i=1}^{K}\frac{|C_{ki}|}{|D|}\log\frac{|C_{ki}|}{|D|}$$

以上公式中，n 是属性 A 将测试数据集 D 分成不同类别的数量；C_{ki} 是属性 A 将测试数据集 D 分成目标列 i 中某个类别 k 的样本数据。例如，针对表 7.4 的数据集，如果属性 A 是“风力”，那么 $n=2$，即表示“强”和“弱”；C_{ki} 表示 $C_{强,是}$、$C_{强,否}$、$C_{弱,是}$、$C_{弱,否}$。

有了以上准备，就可以根据表 7.4 的测试数据集和信息熵来构建决策树了。详细的步骤如下。

（1）计算测试数据集 D 的熵 $H(D)$。

$$H(D)=-\sum_{i=1}^{2}\frac{|C_i|}{|D|}\log\frac{|C_i|}{|D|}=-\frac{|C_{是}|}{|D|}\log\frac{|C_{是}|}{|D|}-\frac{|C_{否}|}{|D|}\log\frac{|C_{否}|}{|D|}$$

根据表 7.4 中数据可以得到，$|D|=10$（这里假定后四个数据是测试数据），$|C_{是}|=6$，$|C_{否}|=4$，代入上式可得

$$H(D)=-\frac{6}{10}\log\frac{6}{10}-\frac{4}{10}\log\frac{4}{10}\approx 0.292$$

（2）计算 $H(D|A)$，即分别计算 $H(D|阴晴)$、$H(D|气温)$、$H(D|湿度)$、$H(D|风力)$。下面以 $H(D|风力)$ 为例，给出具体的计算过程。

$$H(D|风力)=\sum_{k=1}^{2}\frac{|D_k|}{|D|}H(D_k)=\frac{|D_{强}|}{|D|}H(D_{强})+\frac{|D_{弱}|}{|D|}H(D_{弱})$$

$$H(D_{强})=-\sum_{i=1}^{2}\frac{|C_{ki}|}{|D|}\log\frac{|C_{ki}|}{|D|}=-\frac{|C_{强,是}|}{|D_{强}|}\log\frac{|C_{强,是}|}{|D_{强}|}-\frac{|C_{强,否}|}{|D_{强}|}\log\frac{|C_{强,否}|}{|D_{强}|}$$

将 $|D_{强}|=3$，$|C_{强,是}|=1$，$|C_{强,否}|=2$ 代入上式可得

$$H(D_{强})=-\frac{1}{3}\log\frac{1}{3}-\frac{2}{3}\log\frac{2}{3}\approx 0.276$$

类似地有

$$H\left(D_{弱}\right)=-\frac{\left|C_{弱,是}\right|}{\left|D_{弱}\right|}\log\frac{\left|C_{弱,是}\right|}{\left|D_{弱}\right|}-\frac{\left|C_{弱,否}\right|}{\left|D_{弱}\right|}\log\frac{\left|C_{弱,否}\right|}{\left|D_{弱}\right|}$$

将 $\left|D_{弱}\right|=7$，$\left|C_{弱,是}\right|=5$，$\left|C_{弱,否}\right|=2$ 代入上式可得

$$H\left(D_{弱}\right)=-\frac{5}{7}\log\frac{5}{7}-\frac{2}{7}\log\frac{2}{7}\approx 0.260$$

因此可得

$$H\left(D\mid 风力\right)=\frac{\left|D_{强}\right|}{\left|D\right|}H\left(D_{强}\right)+\frac{\left|D_{弱}\right|}{\left|D\right|}H\left(D_{弱}\right)=\frac{3}{10}\times 0.276+\frac{7}{10}\times 0.260\approx 0.265$$

（3）计算信息增益 $g\left(D\mid A\right)$。

$$g\left(D\mid 风力\right)=H\left(D\right)-H\left(D\mid 风力\right)=0.292-0.264=0.027$$

类似地，可以计算得到

$$g\left(D\mid 阴晴\right)=0.193$$

$$g\left(D\mid 湿度\right)=0.173$$

$$g\left(D\mid 气温\right)=0.016$$

（4）选择分类属性。

根据（3）中计算的信息增益，可以发现如果选择属性“阴晴”对测试数据集进行分类，具有最大的信息增益，因此在构造决策树时，首先选择属性“阴晴”作为根节点。选择属性“阴晴”对测试数据集进行分类（分为两部分）后，对分类后的每个子数据集，采用以上步骤，在剩余属性中选择信息增益最大的作为对子数据集进行分类的特征属性，直到所有子数据集都包含相同的目标值为止。

下面对以上分析过程，给出 Python 的具体实现，代码如下所示。

```
import math
import operator
import matplotlib as mpl
import matplotlib.pyplot as plt
from pylab import *

mpl.rcParams['font.sans-serif'] = ["SimHei"]
mpl.rcParams['axes.unicode_minus'] = True

def createDataSet():
    dataSet=[
```

```
            ['晴','热','高','弱','否'],
            ['晴','热','高','强','否'],
            ['阴','热','高','弱','是'],
            ['雨','温和','高','弱','是'],
            ['雨','凉爽','中', '弱','是'],
            ['雨','凉爽','中','强','否'],
            ['阴','凉爽','中','强','是'],
            ['晴','温和','高','弱','否'],
            ['晴','凉爽','中','弱','是'],
            ['雨','温和','中','弱','是'],
            ]
   labels = ['阴晴','气温','湿度','风力']  #样本数据的四个特征
   return dataSet,labels

dataset,dataLabels = createDataSet()

def calcShannonEnt(dataSet):
   totalNum = len(dataSet)
   labelSet = {}
   for dataVec in dataSet:
      label = dataVec[-1]
      if label not in labelSet.keys():
         labelSet[label] = 0
      labelSet[label] += 1

   shannonEntropy = 0
   for key in labelSet:
      pi = float(labelSet[key])/totalNum
      shannonEntropy -= pi*math.log(pi,2)
   return shannonEntropy

#根据特征对测试数据集进行分类
def splitDataSet(dataSet, featNum, featvalue):
   retDataSet = []
   for dataVec in dataSet:
      if dataVec[featNum] == featvalue:
         splitData = dataVec[:featNum]
         splitData.extend(dataVec[featNum+1:])
         retDataSet.append(splitData)
   return retDataSet

#选择最好的数据特征对数据集进行分类
def chooseBestFeatToSplit(dataSet):
```

```
    featNum = len(dataSet[0]) - 1
    maxInfoGain = 0
    bestFeature = -1

    baseShanno = calcShannonEnt(dataSet)

    for i in range(featNum):
        featList = [dataVec[i] for dataVec in dataSet]
        featList = set(featList)
        newShanno = 0

        for featValue in featList:
            subDataSet = splitDataSet(dataSet, i, featValue)
            prob = len(subDataSet)/float(len(dataSet))
            newShanno += prob*calcShannonEnt(subDataSet)

        infoGain = baseShanno - newShanno

        if infoGain > maxInfoGain:
            maxInfoGain = infoGain
            bestFeature = i
    return bestFeature

#投票处理叶子节点类别不一致
def majorityCnt(labelList):
    labelSet = {}

    for label in labelList:
        if label not in labelSet.keys():
            labelSet[label] = 0
        labelSet[label] += 1

    sortedLabelSet = sorted(labelSet.items(), key=operator.itemgetter(1),
reverse=True)
    return sortedLabelSet[0][0]

#构造决策树
def createDecideTree(dataSet, featName):
    classList = [dataVec[-1] for dataVec in dataSet]
    if len(classList) == classList.count(classList[0]):
        return classList[0]

    if len(dataSet[0]) == 1:
```

```
        return majorityCnt(classList)

    bestFeat = chooseBestFeatToSplit(dataSet)
    beatFestName = featName[bestFeat]
    del featName[bestFeat]

    DTree = {beatFestName:{}}
    featValue = [dataVec[bestFeat] for dataVec in dataSet]
    featValue = set(featValue)
    for value in featValue:
        subFeatName = featName[:]
        DTree[beatFestName][value] =
createDecideTree(splitDataSet(dataSet,bestFeat,value), subFeatName)
    return DTree

def getNumLeafs(tree):
    numLeafs = 0

    firstFeat = list(tree.keys())[0]
    secondDict = tree[firstFeat]
    for key in secondDict.keys():
        if type(secondDict[key]).__name__== 'dict':
            numLeafs += getNumLeafs(secondDict[key])
        else:
            numLeafs += 1
    return numLeafs

#获取决策树深度函数
def getTreeDepth(tree):
    maxDepth = 0
    firstFeat = list(tree.keys())[0]
    secondDict = tree[firstFeat]

    for key in secondDict.keys():

        if type(secondDict[key]).__name__ == 'dict':
            thisDepth = 1 + getTreeDepth(secondDict[key])
        else:
            thisDepth = 1
        if thisDepth > maxDepth:
            maxDepth = thisDepth
```

```
    return maxDepth

def createPlot(tree):
    fig = plt.figure(1, facecolor='white')
    fig.clf()
    xyticks = dict(xticks=[], yticks=[])
    createPlot.pTree = plt.subplot(111, frameon=False, **xyticks)
    plotTree.totalW = float(getNumLeafs(tree))
    plotTree.totalD = float(getTreeDepth(tree))
    plotTree.xOff = -0.5 / plotTree.totalW
    plotTree.yOff = 1.0
    plotTree(tree, (0.5, 1.0), '')
    plt.show()

decisionNode = dict(boxstyle="sawtooth", fc="0.5")
leafNode = dict(boxstyle="round4", fc="0.5")
arrow_args = dict(arrowstyle="<-")

def plotNode(nodeText, centerPt, parentPt, nodeType):
    createPlot.pTree.annotate(nodeText, xy=parentPt, xycoords="axes fraction",
                              xytext=centerPt, textcoords='axes fraction',
                              va='center', ha='center', bbox=nodeType,
                              arrowprops=arrow_args)

def plotMidText(centerPt, parentPt, midText):
    xMid = (parentPt[0] - centerPt[0]) / 2.0 + centerPt[0]
    yMid = (parentPt[1] - centerPt[1]) / 2.0 + centerPt[1]
    createPlot.pTree.text(xMid, yMid, midText)
def plotTree(tree, parentPt, nodeTxt):
    numLeafs = getNumLeafs(tree)
    firstFeat = list(tree.keys())[0]
    centerPt = (plotTree.xOff + (1.0 + float(numLeafs))/2.0/plotTree.totalW,
plotTree.yOff)

    plotMidText(centerPt,parentPt,nodeTxt)
    plotNode(firstFeat,centerPt,parentPt,decisionNode)
    secondDict = tree[firstFeat]

    plotTree.yOff -= 1.0/plotTree.totalD
    for key in secondDict.keys():
        if type(secondDict[key]).__name__ == 'dict':
```

```
            plotTree(secondDict[key],centerPt,str(key))
        else:
            plotTree.xOff += 1.0/plotTree.totalW
            plotNode(secondDict[key],
(plotTree.xOff,plotTree.yOff),centerPt,leafNode)
            plotMidText((plotTree.xOff,plotTree.yOff),centerPt,str(key))
    plotTree.yOff += 1.0/plotTree.totalD

#调用函数构造决策树
myTree = createDecideTree(dataset,dataLabels)
print("决策树模型：")
print(myTree)
createPlot(myTree)

#预测部分
def classify(tree,feat,featValue):
    firstFeat = list(tree.keys())[0]
    secondDict = tree[firstFeat]
    featIndex = feat.index(firstFeat)
    classLabel = "否"
    for key in secondDict.keys():
        if featValue[featIndex] == key:
            if type(secondDict[key]).__name__ == 'dict':
                classLabel = classify(secondDict[key],feat,featValue)
            else:
                classLabel = secondDict[key]
    return classLabel

feat = ['阴晴','气温','湿度','风力']
dataSet2=[
            ['晴','温','中','弱'],
            ['阴','温','高','弱'],
            ['阴','热','中','强'],
            ['雨','温','高','弱'],
        ]

print("预测结果：")
for dataVec2 in dataSet2:
    print(classify(myTree,feat,dataVec2))
```

生成的决策树如图 7.2 所示。

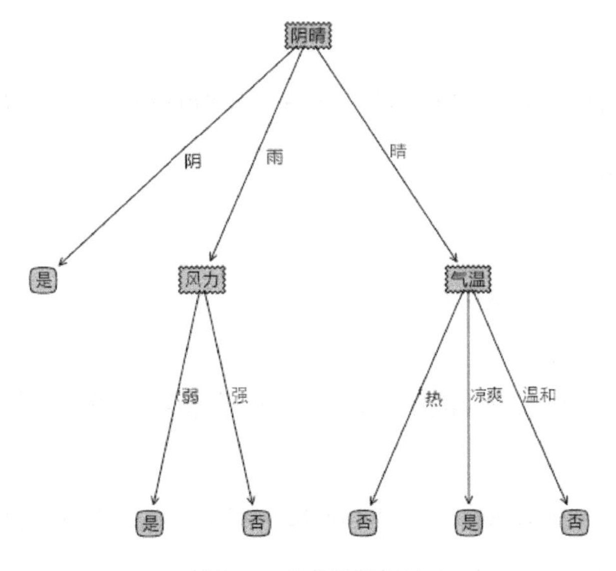

图 7.2　生成的决策树

7.2　交叉熵与损失函数

7.2.1　交叉熵的定义

上面介绍的熵是定义在一个概率分布上的，而交叉熵是定义在两个概率分布上的。交叉熵是用来刻画两个概率分布之间的差异程度。两个概率分布的交叉熵的值越小，两个概率分布就越接近。对于两个离散型随机变量，它们的概率分布分别是 $p(x)$ 和 $q(x)$，则它们的交叉熵定义是

$$H(p,q)=E_p(-\log q(x))=-\sum_x p(x)\log q(x)$$

同样地，对于两个连续型随机变量，它们的概率分布分别是 $p(x)$ 和 $q(x)$，则它们的交叉熵定义是

$$H(p,q)=E_p(-\log q(x))=-\int_{-\infty}^{+\infty} p(x)\log q(x)\mathrm{d}x$$

例 7.6　假设离散型随机变量 X 的概率分布如表 7.5 所示，求它们的交叉熵。

表 7.5　离散型随机变量 X 的概率分布

X	x_1	x_2	x_3	x_4
$p(x)$	0.3	0.2	0.3	0.2
$q(x)$	0.1	0.4	0.1	0.4

解：根据交叉熵的定义，有

$$H(p,q) = -0.3\times\log0.1 - 0.2\times\log0.4 - 0.3\times\log0.1 - 0.2\times\log0.4 \approx 0.76$$

7.2.2 交叉熵的性质

（1）非负性。

根据交叉熵的定义，可以得到$H(p,q)\geqslant 0$。

（2）非对称性。

一般情况下，$H(p,q)\neq H(q,p)$。这个结论可以通过例 7.6 得到验证。对于例 7.6，可以计算

$$H(q,p) = -0.1\times\log0.3 - 0.4\times\log0.2 - 0.1\times\log0.3 - 0.4\times\log0.2 \approx 0.66$$

这样就有$H(p,q)\neq H(q,p)$。但是对于特殊的情况，若$p(x)=q(x)$，则有

$$H(p,q) = H(q,p) = H(p) = H(q)$$

（3）当两个概率分布相等时，它们的交叉熵最小。

假设一个随机变量X取n个不同的值，对于概率分布$p(x)$，每一个取值的概率是p_1、p_2、…、p_n；对于概率分布$q(x)$，每一个取值的概率是q_1、q_2、…、q_n。假定概率分布$p(x)$固定，那么概率分布$q(x)$怎样取值时，这两个概率分布的交叉熵最小？由于概率q_1、q_2、…、q_n满足$\sum_{i=1}^{n} q_i = 1$，因此该问题可归结为以下最优化问题。

$$\begin{cases} \min\limits_{q_i} H(p,q) = -\sum\limits_{i=1}^{n} p_i \log q_i \\ \text{s.t.} \quad \sum\limits_{i=1}^{n} q_i = 1 \end{cases}$$

为了求出满足最小熵的概率q_i，构造拉格朗日函数，即

$$L(p,\lambda) = -\sum_{i=1}^{n} p_i \log q_i + \lambda\left(\sum_{i=1}^{n} q_i = 1\right)$$

将上式对q_i求偏导，并令偏导数等于零，可得

$$\frac{\partial L(p,\lambda)}{\partial p_i} = -\frac{p_i}{q_i} + \lambda = 0$$

于是，有

$$p_i = \lambda q_i \text{，} \quad i = 1,2,\cdots,n$$

根据 $\sum_{i=1}^{n} p_i = 1$，$\sum_{i=1}^{n} q_i = 1$，可得

$$\lambda = 1$$

从而，有

$$p_i = q_i \text{，} \quad i = 1,2,\cdots,n$$

这就说明，当概率分布 $q(x)$ 的取值是 $q_i = p_i$ 时，它们的交叉熵取最值。由于该优化问题的目标函数是凸函数，因此这里的最值是最小值，也就是说，当概率分布 $q(x)$ 和已知的分布 $p(x)$ 一样时，它们的交叉熵最小，并且这时有

$$H(p,q) = -\sum_{i=1}^{n} p_i \log p_i = H(p) = H(q)$$

上式说明，交叉熵的最小值是信息熵，即

$$H(p,q) \geqslant H(p) \text{，} \quad H(p,q) \geqslant H(q)$$

7.2.3　概率分布推断

由于交叉熵衡量了两个概率分布的差异程度，而在机器学习与人工智能领域，很多问题可以转化为学习一个概率分布，人们希望模型学习到的概率分布与另外一个概率分布接近或一致，这样，在模型可能输出的多个概率分布中，人们应该选择哪一个作为其学习到的概率分布？解决这个问题的常见工具就是交叉熵。

对于一个分类问题，如 MINIST 手写体数字识别问题（十分类问题），可以通过构建一个卷积神经网络模型，假设模型的输出是 y_1、y_2、…、y_{10}，使其输出经过 softmax 函数处理之后，得到一个概率分布是

$$\text{softmax}(y_i) = \frac{e^{y_i}}{\sum_{j=1}^{10} e^{y_j}}$$

这样，卷积神经网络模型输出的是一个十维向量，向量中每一维的值对应某个手写体属于某一类的概率值。显然人们希望卷积神经网络模型学习到的概率分布与真实的概率分布接近，而对于 MINIST 手写体数字识别问题的真实概率分布，可以用 one-hot 编码代替，也就是，以手写体数字 1 为例，它的 one-hot 编码是[0, 1.0, 0, 0, 0, 0, 0, 0, 0, 0]，这个编码可以解释为手写体数字 1 属于类别 1 的概率是 1，属于其他类别的概率都是 0。如果对于手写

体数字 1，卷积神经网络模型输出的可能结果是[0, 0.85, 0, 0.1, 0, 0, 0.05, 0, 0, 0]或[0.1, 0.55, 0, 0.1, 0, 0, 0.05, 0.2, 0, 0]，那么应该选择哪个输出结果作为手写体数字 1 的概率分布？

这时可以采用交叉熵，分别计算两个输出结果与真实概率分布之间的交叉熵。通过计算可以得到，[0, 1.0, 0, 0, 0, 0, 0, 0, 0, 0]与结果[0, 0.85, 0, 0.1, 0, 0, 0.05, 0, 0, 0]的交叉熵是

$$H(p,q) = -1\times\log0.85 - 0\times\log0.1 - 0\times\log0.05 - 7\times\log0 \approx 0.07$$

[0, 1.0, 0, 0, 0, 0, 0, 0, 0, 0]与结果[0.1, 0.55, 0, 0.1, 0, 0, 0.05, 0.2, 0, 0]的交叉熵是

$$H(p,q) = -0\times\log0.1 - 1\times\log0.55 - 0\times\log0.1 - 0\times\log0.05 - 0\times\log0.2 - 5\times\log0 \approx 0.26$$

通过比较发现，真实概率分布与第一个输出结果的交叉熵更小，说明这两个概率分布更接近。因此，选择第一个输出结果作为手写体数字 1 的概率分布。

7.2.4 交叉熵损失函数

在机器学习领域，采用经验数据对构建的模型进行训练时，要构造一个目标函数或损失函数，并采用优化算法使目标函数最小化，不断更新模型的参数，最终获得期望的参数或模型。在监督学习这一基本框架中，最容易想到的目标函数或损失函数是均方误差函数，即

$$\text{loss} = \frac{1}{N}\sum_{i=1}^{N}\left(y_i - \overline{y}_i\right)^2$$

这里假定 N 是样本数量，y_i 是模型输出，$\overline{y}_i$ 是期望输出或目标输出。均方误差函数对于解决一般的回归问题，是比较合适的。但是对于深度学习网络模型，均方误差函数给出的更多的是理论上的意义，在实际中它可能会存在一些问题，导致模型训练过慢。下面给出理论分析，并由此导出交叉熵损失函数。

为简化分析，假定神经网络模型的损失函数是

$$\text{loss} = \frac{\left(y - \overline{y}\right)^2}{2}$$

其中，y 是神经元输出，$\overline{y}$ 是期望输出或目标输出。神经网络模型的学习参数是权重 w 和偏置 b，神经元的激活函数是 sigmoid 函数，下面用 σ 表示 sigmoid 函数。这样有

$$y = \sigma(z)$$

其中，$z = wx + b$，x 是训练输入。假设，训练输入 $x = 1$ 时，期望输出 $\overline{y} = 0$，这时为了通过

误差更新权重 w 和偏置 b，对它们求偏导，有

$$\frac{\partial \text{loss}}{\partial w}=(y-\bar{y})\sigma'(z)x=y\sigma'(z)$$

$$\frac{\partial \text{loss}}{\partial b}=(y-\bar{y})\sigma'(z)=y\sigma'(z)$$

根据以上两个公式可以看出，权重 w 和偏置 b 的偏导数的一个因子是 $\sigma'(z)$，而 sigmoid 函数具有的缺陷是导数在两端趋向零，也就是具有饱和性。这样就可能会导致权重 w 和偏置 b 的偏导数很小，于是神经网络模型在学习权重和偏置时的速度就可能会很慢。

以上分析说明采用均方误差函数作为损失函数可能会遇到学习速度很慢的问题。由于交叉熵是刻画两个概率分布的差异程度，而机器学习的目标是希望模型输出的概率分布与人们期望的概率分布比较接近，因此损失函数可采用交叉熵以达到或接近机器学习的目标。下面给出理论分析。

以二分类问题为例，假定神经网络模型的交叉熵损失函数是

$$\text{loss}=-\frac{1}{N}\sum_{x}\left[\bar{y}\log y+(1-\bar{y})\log(1-y)\right]$$

其中，N 是训练样本总数，x 是训练输入，y 是神经元输出，$\bar{y}$ 是期望输出或目标输出。神经网络模型的学习参数是权重 w 和偏置 b，神经元的激活函数是 sigmoid 函数，下面用 σ 表示 sigmoid 函数。这样有

$$y=\sigma(z)$$

其中，$z=\sum_{j}w_{j}x_{j}+b$。假设训练输入 $x=1$ 时，期望输出 $\bar{y}=0$，这时为了通过误差更新权重 w 和偏置 b，对它们求偏导，有

$$\frac{\partial \text{loss}}{\partial w_j}=-\frac{1}{N}\sum_{x}\left(\frac{\bar{y}}{\sigma(z)}-\frac{1-\bar{y}}{1-\sigma(z)}\right)\frac{\partial \sigma}{\partial w_j}=-\frac{1}{N}\sum_{x}\left(\frac{\bar{y}}{\sigma(z)}-\frac{1-\bar{y}}{1-\sigma(z)}\right)\sigma'(z)x_j$$

$$\frac{\partial \text{loss}}{\partial b}=-\frac{1}{N}\sum_{x}\left(\frac{\bar{y}}{\sigma(z)}-\frac{1-\bar{y}}{1-\sigma(z)}\right)\frac{\partial \sigma}{\partial b}=-\frac{1}{N}\sum_{x}\left(\frac{\bar{y}}{\sigma(z)}-\frac{1-\bar{y}}{1-\sigma(z)}\right)\sigma'(z)$$

在以上两个公式中，利用 $\sigma'(z)=\sigma(z)(1-\sigma(z))$ 化简，可得

$$\frac{\partial \text{loss}}{\partial w_j}=-\frac{1}{N}\sum_{x}x_j(\sigma(z)-\bar{y})$$

$$\frac{\partial \text{loss}}{\partial b} = -\frac{1}{N}\sum_{x}\left(\sigma(z) - \overline{y}\right)$$

根据以上得到的权重和偏置的偏导数可知，它们避免了采用均方误差作为损失函数时出现的$\sigma'(z)$因子。并且，模型在学习权重和偏置的速度与因子$\sigma(z)-\overline{y}$有关，而这个因子刚好表示输出误差，这说明误差大，模型会获得更快的学习速度。

7.3 KL 散度

7.3.1 KL 散度的定义

KL 散度也称为 KL 距离或相对熵，一般用于度量两个概率分布$p(x)$和$q(x)$之间的差异程度，其定义如下。

假定$p(x)$和$q(x)$是离散型随机变量X的两个概率分布，随机变量X的取值集合是$\mathcal{X}$，它们之间的 KL 散度定义是

$$\text{KL}(p \| q) = \sum_{x \in \mathcal{X}} p(x) \log \frac{p(x)}{q(x)}$$

假定$p(x)$和$q(x)$是连续型随机变量X的两个概率分布，它们之间的 KL 散度定义是

$$\text{KL}(p \| q) = \int_{-\infty}^{+\infty} p(x) \log \frac{p(x)}{q(x)} \mathrm{d}x$$

例 7.7 假设离散型随机变量X的概率分布如表 7.6 所示，求它们的 KL 散度。

表 7.6 离散型随机变量 X 的概率分布

X	x_1	x_2	x_3	x_4
$p(x)$	0.3	0.2	0.3	0.2
$q(x)$	0.1	0.4	0.1	0.4

解：根据离散型随机变量的 KL 散度定义，有

$$\text{KL}(p \| q) = 0.3 \times \log\frac{0.3}{0.1} + 0.2 \times \log\frac{0.2}{0.4} + 0.3 \times \log\frac{0.3}{0.1} + 0.2 \times \log\frac{0.2}{0.4} \approx 0.17$$

而$\text{KL}(q \| p)$是

$$\text{KL}(q \| p) = 0.1 \times \log\frac{0.1}{0.3} + 0.4 \times \log\frac{0.4}{0.2} + 0.1 \times \log\frac{0.1}{0.3} + 0.4 \times \log\frac{0.4}{0.2} \approx 0.15$$

可见对于 KL 散度，一般不具有对称性，即$\text{KL}(p \| q) \neq \text{KL}(q \| p)$。

例 7.8　假设有两个正态分布 $N\left(\mu_1,\sigma_1^2\right)$ 和 $N\left(\mu_2,\sigma_2^2\right)$，求它们之间的 KL 散度。

解：根据连续型随机变量的 KL 散度定义，有

$$\mathrm{KL}(p\,\|\,q)=\int_{-\infty}^{+\infty}p(x)\log\frac{p(x)}{q(x)}\mathrm{d}x=\int_{-\infty}^{+\infty}p(x)\log\frac{\frac{1}{\sqrt{2\pi}\sigma_1}\mathrm{e}^{-\frac{(x-\mu_1)^2}{2\sigma_1^2}}}{\frac{1}{\sqrt{2\pi}\sigma_2}\mathrm{e}^{-\frac{(x-\mu_2)^2}{2\sigma_2^2}}}\mathrm{d}x$$

利用对数的性质，可将上式变形为

$$\mathrm{KL}(p\,\|\,q)=\int_{-\infty}^{+\infty}p(x)\left[\log\frac{\sigma_2}{\sigma_1}+\frac{(x-\mu_2)^2}{2\sigma_2^2}-\frac{(x-\mu_1)^2}{2\sigma_1^2}\right]\mathrm{d}x$$

利用 $\int_{-\infty}^{+\infty}p(x)\mathrm{d}x=1$ 和方差的定义，有

$$\int_{-\infty}^{+\infty}p(x)\log\frac{\sigma_2}{\sigma_1}\mathrm{d}x=\log\left(\frac{\sigma_2}{\sigma_1}\right)\int_{-\infty}^{+\infty}p(x)\mathrm{d}x=\log\frac{\sigma_2}{\sigma_1}$$

$$\int_{-\infty}^{+\infty}p(x)\frac{(x-\mu_1)^2}{2\sigma_1^2}\mathrm{d}x=\frac{1}{2\sigma_1^2}\int_{-\infty}^{+\infty}(x-\mu_1)^2\,p(x)\mathrm{d}x=\frac{1}{2\sigma_1^2}\sigma_1^2=\frac{1}{2}$$

即得

$$\mathrm{KL}(p\,\|\,q)=\log\frac{\sigma_2}{\sigma_1}+\int_{-\infty}^{+\infty}\frac{(x-\mu_2)^2}{2\sigma_2^2}p(x)\mathrm{d}x-\frac{1}{2}$$

而

$$\int_{-\infty}^{+\infty}\frac{(x-\mu_2)^2}{2\sigma_2^2}p(x)\mathrm{d}x=\frac{1}{2\sigma_2^2}\int_{-\infty}^{+\infty}(x-\mu_1+\mu_1-\mu_2)^2\,p(x)\mathrm{d}x$$

将上式右边的被积函数展开，可得

$$\begin{aligned}&\int_{-\infty}^{+\infty}\frac{(x-\mu_2)^2}{2\sigma_2^2}p(x)\mathrm{d}x\\&=\frac{1}{2\sigma_2^2}\left[\int_{-\infty}^{+\infty}(x-\mu_1)^2\,p(x)\mathrm{d}x+\int_{-\infty}^{+\infty}(x-\mu_1)(\mu_1-\mu_2)\,p(x)\mathrm{d}x+\int_{-\infty}^{+\infty}(\mu_1-\mu_2)^2\,p(x)\mathrm{d}x\right]\end{aligned}$$

利用方差的定义、期望的定义及 $\int_{-\infty}^{+\infty}p(x)\mathrm{d}x=1$，上式可变形为

$$\int_{-\infty}^{+\infty}\frac{(x-\mu_2)^2}{2\sigma_2^2}p(x)\mathrm{d}x=\frac{1}{2\sigma_2^2}\left[\sigma_1^2+0+(\mu_1-\mu_2)^2\right]$$

将上面的结果，代入$\mathrm{KL}(p\|q)=\log\frac{\sigma_2}{\sigma_1}+\int_{-\infty}^{+\infty}\frac{(x-\mu_2)^2}{2\sigma_2^2}p(x)\mathrm{d}x-\frac{1}{2}$，可得

$$\mathrm{KL}(p\|q)=\log\frac{\sigma_2}{\sigma_1}+\frac{1}{2\sigma_2^2}\left[\sigma_1^2+0+(\mu_1-\mu_2)^2\right]-\frac{1}{2}=\frac{1}{2}\left[\log\frac{\sigma_2^2}{\sigma_1^2}+\frac{\sigma_1^2}{\sigma_2^2}+\frac{(\mu_1-\mu_2)^2}{\sigma_2^2}-1\right]$$

这个例子的结论可以推广到多维正态分布的情形，这里直接给出具体的结果[3]。对于两个n维正态分布，假定它们的概率分布分别是$p_1(\boldsymbol{x})$和$p_2(\boldsymbol{x})$，其中

$$p_1(\boldsymbol{x})=\frac{1}{(2\pi)^{\frac{n}{2}}|\boldsymbol{\Sigma}_1|^{\frac{1}{2}}}\mathrm{e}^{-\frac{1}{2}(\boldsymbol{x}-\boldsymbol{\mu}_1)^{\mathrm{T}}\boldsymbol{\Sigma}_1^{-1}(\boldsymbol{x}-\boldsymbol{\mu}_1)}$$

$$p_2(\boldsymbol{x})=\frac{1}{(2\pi)^{\frac{n}{2}}|\boldsymbol{\Sigma}_2|^{\frac{1}{2}}}\mathrm{e}^{-\frac{1}{2}(\boldsymbol{x}-\boldsymbol{\mu}_2)^{\mathrm{T}}\boldsymbol{\Sigma}_2^{-1}(\boldsymbol{x}-\boldsymbol{\mu}_2)}$$

则它们的 KL 散度是

$$\mathrm{KL}(p_1\|p_2)=\frac{1}{2}\left[\log\frac{\boldsymbol{\Sigma}_2}{\boldsymbol{\Sigma}_1}+\mathrm{Tr}\left(\boldsymbol{\Sigma}_2^{-1}\boldsymbol{\Sigma}_1\right)+(\boldsymbol{\mu}_1-\boldsymbol{\mu}_2)^{\mathrm{T}}\boldsymbol{\Sigma}_2^{-1}(\boldsymbol{\mu}_1-\boldsymbol{\mu}_2)-n\right]$$

7.3.2 从熵编码的角度理解 KL 散度

7.3.1 节给出了 KL 散度的定义及计算的例子，实际上人们还可以从信息论的熵编码来更深入地理解 KL 散度的物理含义。信息论中的重要事情是解决信息的编码与传输问题，也就是在信道容量一定时，如果能对数据进行编码和压缩，就可以传输尽可能多的信息。那么应该怎么对数据进行编码？对概率分布是$p(x)$的符号或数据进行编码时，它的熵$H(p)$称为理论上的最优平均编码长度，这种编码方式称为熵编码。

熵编码的物理含义是什么？例如，人们进行抛硬币随机试验，结果出现硬币正面向上或反面向上的概率都是$\frac{1}{2}$，这样最优编码长度是$-\log\frac{1}{2}=1$，因为抛硬币随机试验的结果只可能是两种（0 或 1）。给定一串要传输的文本信息，其中字母x出现的概率是$p(x)$，它的最优编码长度是$-\log p(x)$，这样要传输的文本信息的平均编码长度是x取不同值时最优编码的加权平均值，即$-\sum_x p(x)\log p(x)$，这恰好就是熵，这说明基于概率分布$p(x)$的编码去编码来自概率分布$p(x)$的样本，其最优编码长度所需要的比特数就是熵，这就是熵的物理意义[4]。

根据交叉熵的定义，$H(p,q)=E_p(-\log q(x))$，其物理意义可以理解为，采用概率分布 $q(x)$ 的编码对来自概率分布 $p(x)$ 的样本进行编码的平均长度或比特数。

当读者理解了熵和交叉熵的物理意义，其可以采用类似的方式来理解 KL 散度的物理意义。KL 散度用于度量两个概率分布 $p(x)$ 和 $q(x)$ 之间的差异程度，其物理意义可以理解为，已知概率分布 $p(x)$，用概率分布 $q(x)$ 来近似概率分布 $p(x)$ 所造成的信息损失量。因为来自概率分布 $p(x)$ 的样本最优编码长度是它的熵 $H(p)$，但是用概率分布 $q(x)$ 的编码去编码来自概率分布 $p(x)$ 的样本，所需的平均编码长度是 $H(p,q)$，这样造成的信息损失量是

$$H(p,q)-H(p)=\sum_{x\in\mathcal{X}}p(x)\log\frac{p(x)}{q(x)}=\mathrm{KL}(p\,\|\,q)$$

上式右边刚好是 KL 散度的定义，这说明 KL 散度的物理意义是，对于概率分布 $p(x)$ 和 $q(x)$，用概率分布 $q(x)$ 的编码去编码来自概率分布 $p(x)$ 的样本，相对于概率分布 $p(x)$ 的最优编码而言，KL 散度表示用来度量使用基于概率分布 $q(x)$ 的编码来编码来自概率分布 $p(x)$ 的样本所需的平均额外比特数。

7.3.3　KL 散度的性质

（1）非负性 $\mathrm{KL}(p\,\|\,q)\geqslant 0$。

根据 $\mathrm{KL}(p\,\|\,q)$ 散度的定义，有

$$\mathrm{KL}(p\,\|\,q)=\int_{-\infty}^{+\infty}p(x)\log\frac{p(x)}{q(x)}\mathrm{d}x=-\int_{-\infty}^{+\infty}p(x)\log\frac{q(x)}{p(x)}\mathrm{d}x=-E\left(\log\frac{q(x)}{p(x)}\right)$$

利用概率模型中介绍的 Jensen 不等式，有

$$\mathrm{KL}(p\,\|\,q)=-E\left(\log\frac{q(x)}{p(x)}\right)\geqslant-\log\left(E\left(\frac{q(x)}{p(x)}\right)\right)=-\log\left(\int_{-\infty}^{+\infty}p(x)\frac{q(x)}{p(x)}\mathrm{d}x\right)=-\log 1=0$$

这样就证明了散度的非负性，并且，在 $p(x)=q(x)$ 时，$\mathrm{KL}(p\,\|\,q)=0$。

（2）非对称性。

例 7.7 说明了在一般情况下，$\mathrm{KL}(p\,\|\,q)\neq\mathrm{KL}(q\,\|\,p)$。

（3）根据散度的非负性，容易得到对于连续型随机变量的概率分布 p 来说，它的熵 $H(p)$ 小于或等于与另外一个概率分布 q 的交叉熵，即 $H(p)\leqslant H(p,q)$。

利用 KL 散度的非负性，有

$$\mathrm{KL}(p\|q)=\int_{-\infty}^{+\infty}p(x)\log\frac{p(x)}{q(x)}\mathrm{d}x=-\int_{-\infty}^{+\infty}p(x)\log\frac{q(x)}{p(x)}\mathrm{d}x\geqslant 0$$

根据对数性质，上式可变形为

$$-\int_{-\infty}^{+\infty}p(x)\log q(x)\mathrm{d}x+\int_{-\infty}^{+\infty}p(x)\log p(x)\mathrm{d}x\geqslant 0$$

即

$$-\int_{-\infty}^{+\infty}p(x)\log p(x)\mathrm{d}x\leqslant-\int_{-\infty}^{+\infty}p(x)\log q(x)\mathrm{d}x$$

故

$$H(p)\leqslant H(p,q)$$

（4）散度、交叉熵和熵之间的关系：$\mathrm{KL}(p\|q)=H(p,q)-H(p)$。

这个性质在 7.3.2 节中给出了。

7.3.4 KL 散度在机器学习中的应用

本节将介绍机器学习中的经典模型：变分自编码器（Variational Auto-Encoding，VAE）。VAE 是一种生成式模型，其目的是先将原始图像编码到潜在隐变量空间（低维），然后解码回来，其常见应用是图像的生成。

经典的自编码器是通过一个编码器将图像压缩或映射到一个潜在隐变量空间的，并通过一个解码器将图像重构出来，其示意图如图 7.3 所示[5]。

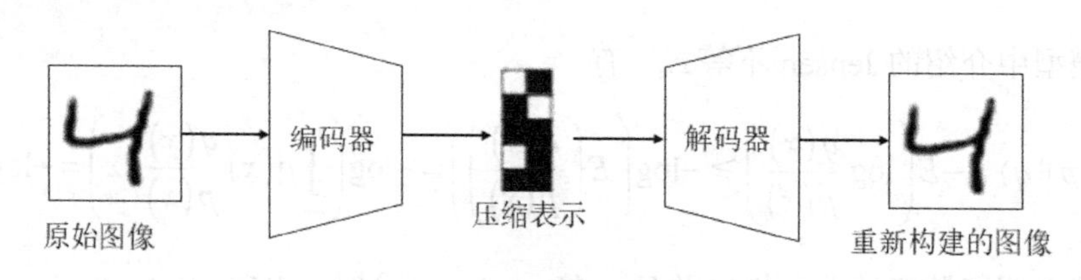

图 7.3 自编码器示意图

自编码器是将原始图像进行压缩编码，VAE 不是将原始图像压缩成潜在隐变量空间中的固定编码，而是学习原始图像数据特征的概率分布，将原始图像转化为统计分布的参数，如平均值和方差。VAE 使用学习到的平均值和方差从分布中随机采样一个点，并将这个点解码到原始图像的数据空间，从而达到生成图像的目的，其示意图如图 7.4 所示[5]。

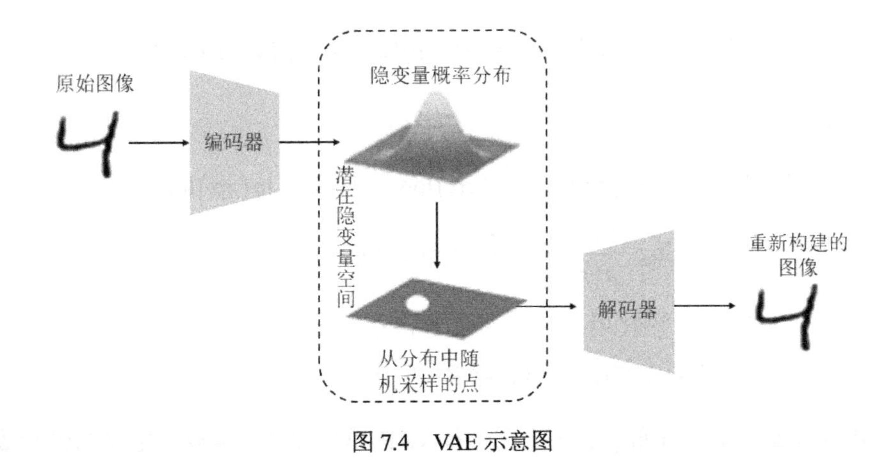

图 7.4　VAE 示意图

简单的理解就是，VAE 将原始图像编码为潜在隐变量空间的概率分布 $p(z\mid x)$，在解码时从该概率分布中采样一个点进行解码，达到生成图像的目的。根据贝叶斯公式有

$$p(z\mid x)=\frac{p(x|z)\,p(z)}{p(x)}$$

上式中，$p(x)$ 一般来说是比较难求的[①]。因此，后验分布 $p(z\mid x)$ 也是不好直接求解的。这样，人们可以用一个容易求解的分布 $q(z\mid x)$ 去近似后验分布 $p(z\mid x)$，由于 $q(z\mid x)$ 和 $p(z\mid x)$ 是两个概率分布，人们希望它们比较接近或差异很小，根据 KL 散度，$q(z\mid x)$ 和 $p(z\mid x)$ 差异最小可转化为

$$\min \mathrm{KL}(q(z\mid x)\,\|\,p(z\mid x))$$

根据 KL 散度的定义，有

$$\mathrm{KL}(q(z\mid x)\,\|\,p(z\mid x))=\int q(z|x)\log\frac{q(z|x)}{p(z|x)}\mathrm{d}z=\int q(z|x)\log\frac{q(z|x)}{\frac{p(x|z)\,p(z)}{p(x)}}\mathrm{d}z$$

$$=\int q(z|x)\log q(z|x)\mathrm{d}z+\int q(z|x)\log p(x)\mathrm{d}z-\int q(z|x)\log\big(p(x\mid z)p(z)\big)\mathrm{d}z$$

利用 $\int q(z|x)\mathrm{d}z=1$，有

$$\mathrm{KL}(q(z\mid x)\,||\,p(z|x))=\int q(z|x)\log q(z|x)\mathrm{d}z+\log\big(p(x)\big)-\int q(z|x)\log\big(p(x\mid z)p(z)\big)\mathrm{d}z$$

上式是关于隐变量 z 的两个分布的 KL 散度，x、$\log p(x)$ 是确定的。因此，最小化 $\mathrm{KL}(q(z\mid x)\,||\,p(z|x))$，等价于最小化以下表达式。

① 这是因为 $p(x)=\int p(x|z)\,p(z)\mathrm{d}z$，当隐变量 z 的维度比较高时，$p(x)$ 对应的是一个高维积分，很难求解。另外，也可以从 $p(x)$ 的含义来理解，它代表数据的真实分布，从某种意义上说，机器学习就是要学习或求解这个分布。

$$\min L=\int q(z|x)\log q(z|x)\mathrm{d}z-\int q(z|x)\log\big(p(x\mid z)p(z)\big)\mathrm{d}z$$

其中，L 可变形为

$$\begin{aligned}L&=\int q(z|x)\log q(z|x)\mathrm{d}z-\int q(z|x)\log p(x|z)\mathrm{d}z-\int q(z|x)\log p(z)\mathrm{d}z\\&=\int q(z|x)\log\frac{q(z\mid x)}{p(z)}\mathrm{d}z-\int q(z|x)\log p(x|z)\mathrm{d}z\\&=\mathrm{KL}(q(z\mid x)\|p(z))-E\big(\log p(x\mid z)\big)\\&=-E\big(\log p(x|z)\big)+\mathrm{KL}(q(z\mid x)\|p(z))\end{aligned}$$

上式中隐变量 z 服从分布 $q(z\mid x)$。在进行 VAE 模型训练时需要先定义损失函数，然后采用反向传播算法对模型的参数进行迭代更新。实际上，上面给出的 L 就可以作为训练 VAE 模型时的损失函数，它由重构误差项和正则化项构成。重构误差项表达的含义是，不断在 $z\sim q(z|x)$ 分布上采样，使得被重构的样本中出现 x 的概率最大，也就是重构误差最小。正则化项表达的含义是，使得假设的隐变量后验分布 $q(z\mid x)$ 与它的先验分布 $p(z)$ 差异最小。

由于人们一般选择标准高斯分布作为编码分布或隐变量分布的先验分布，因此损失函数中的正则化项就是要使编码器返回的分布接近标准高斯分布，从而达到规范隐变量空间的目的，有助于编码器学习具有良好结构的潜在隐变量空间，这也是 VAE 与普通自编码器的本质区别。

变分自编码器的原始论文见文献[6]，变分自编码器的 Python 实现代码见文献[7]。

本章参考文献

[1] 唐宇迪，李琳，侯惠芳，等. 人工智能数学基础[M]. 北京：北京大学出版社, 2020.

[2] SUN W Z. Python 实现决策树——以对天气是否适合打网球做出预测的简单样例实现[DB/OL]. [2019-5-15]. https://blog.csdn.net/qq_36318271/article/details/89448176.

[3] 雷明. 机器学习的数学[M]. 北京：人民邮电出版社, 2021.

[4] 邱锡鹏. 神经网络与深度学习[M]. 北京：机械工业出版社, 2020.

[5] MICHELUCCI U. An introuction to autoencoders [DB/OL]. [2022-1-11].https://doi.org/10.48550/arXiv.2201.03898.

[6] KINGMA D P, WELLING M. Auto-encoding variational bayes[DB/OL]. [2022-12-10]. https://arxiv.org/pdf/1312.6114.pdf.

[7] BOJONE. Vae[DB/OL]. [2021-5-18]. https://github.com/bojone/vae.